豫南常见园林植物花历与景观应用

主 编 闫创新

中国林业出版社

内容简介

本书以花为历，以月为序，介绍了豫南常见园林植物的开花季节与最佳观赏时间，阐述了植物的习性、景观应用、形态特征以及部分植物文化。作者经过多年的调查研究，收集了豫南室外常见园林植物235种，拍摄了植物图片400多张，总结了豫南常见园林植物开花规律与景观应用的成果案例，图文并茂，内容翔实，语言通俗，专业实用。本书可帮助人们正确认识园林植物，科学配置植物种类，合理布局空间与时序景观，既为豫南地区打造美好生活目的地，践行习近平总书记"两个更好"的殷殷嘱托提供了科学依据，又可作为园林造景、科学研究、学校教学、社会科普用书。

图书在版编目（CIP）数据

豫南常见园林植物花历与景观应用 / 闫创新主编 . —北京：中国林业出版社 , 2022.9
ISBN 978-7-5219-1863-2

Ⅰ . ①豫… Ⅱ . ①闫… Ⅲ . ①园林植物—开花期—河南
②园林植物—景观设计—河南 Ⅳ . ① S68 ② TU986.2

中国版本图书馆 CIP 数据核字 (2022) 第 164736 号

责任编辑：贾麦娥

出版发行：中国林业出版社（100009　北京西城区刘海胡同 7 号）

网　　址：http://www.forestry.gov.cn/lycb.html

印　　刷：河北京平诚乾印刷有限公司

版　　次：2022 年 9 月第 1 版

印　　次：2022 年 9 月第 1 次

开　　本：710mm×1000mm　1/16

印　　张：24.5

字　　数：374 千字

定　　价：156.00 元

《豫南常见园林植物花历与景观应用》

编委会

主　　编：闫创新

副主编：梅方亮　梅　烨　张慧远　杨树山　张泽军　张　鹏

编　　委：（按姓氏笔画排序）

王　冠　甘海珊　刘　璐　闫创新　杜　伟　李祖平

李　莎　李　慧　杨树山　邹抒衡　张　迪　张泽军

张继生　张　鹏　张慧远　张耀君　陈柯蒙　林东燕

胡秀琴　涂延斌　殷军昌　梅方亮　梅　烨　曹琳琳

董安国　蔡鹏飞

前言

　　花开是生命的绽放，花开是心灵的激荡，有花开的生活总是那么的美好与惬意。

　　暖气潜催次第春，梅花已谢杏花新。植物开花都有一定的季节性、规律性、时序性，季节到了，植物便会先后开放，亘古不变。同样，花开而时节至，不同的植物会在不同的季节开花，花开了，对应的季节也就来了，这便是花历。掌握植物花历及其规律，对科学配置植物种类，合理布局空间与时序景观，充分利用园林造景因素，打造四季花开、人与自然和谐共生的花园美景，具有非常重要的实践意义。

　　明代程羽文撰《花月令》，以花为历，阐述了一年 12 个月的花容花事，这对当时的园林发展和社会进步具有积极的促进作用，但于科技高度发达的今日今时，只可欣赏、研究，而不够实用。一则，该月令为明代月历，明代技术不够先进，计时不够精准，故花时花事也不够准确；二则，不同地区，由于地理位置和气候的差异，即便是同一种植物，其开花时间也会有所不同，例如美人梅，在信阳 3 月上旬即芬芳，而北京 4 月中旬始开放，所以该花历并不适用于全国各地，不利于人们对园林植物的科学认知和正确应用。

　　本书作者在多年的园林工作中，以信阳为中心，对豫南各地园林植物开花情况进行调查研究，持续观测记录了常见园林植物开花的时间、特征、习性，分析研究开花的规律和景观特点，查阅了大量的专业资料，经整理汇总，编写了本书。

本书收集了豫南室外常见园林植物235种，拍摄了植物开花与景观图片400余幅，以花开的月份为历，按照乔木、灌木、藤本植物、草本花卉、草坪地被、水生植物的顺序，分别对植物的花期、习性、景观应用、形态特征以及重要常用园林植物的文化进行了阐述，为豫南地区打造美好生活目的地，践行习近平总书记"两个更好"的殷殷嘱托提供了科学依据，同时也为园林造景、科学研究、学校教学、社会科普提供了科学依据和工作便利。

因一、二年生花卉植物播种或栽植时间不一，开花时间变化很大，常采用温室育苗，全年可开花，不能真实反映自然花期，本书未予收录；室内花卉、生长不良的引种植物，不宜在园林绿化中推广应用，竹类植物未见开花，均未予收录。

文中图片除注明外，均由闫创新拍摄。

由于作者水平有限，不妥之处，敬请批评指正。

作者

2022.8

目录

4 月 开花植物 / 115

5月开花植物 / 212

6月开花植物 /283

7 月开花植物 / 325

8 月开花植物 / 339

9 月开花植物 / 348

1月 开花植物

1为始，1月是一年中最寒冷的季节，也是孕育生命的季节，代表着新的开始。1月的风，凛冽刺骨；1月的雪，洁白无瑕；1月的冰天雪地中，唯有梅花，不畏严寒，傲然绽放。张岱《夜航船》记载，孟浩然情怀旷达，常冒雪骑驴寻梅，曰："吾诗思在灞桥风雪中驴背上。"

图1-1　梅（摄于信阳羊山公园）

图1-2　梅（摄于信阳百花园）

图1-3　梅（摄于信阳百花园）

图1-4　梅（摄于大别山干部学院）

图 1-5　**梅**（摄于大别山干部学院）

图 1-6　**梅**（摄于信阳百花园）

1. 梅 *Prunus mume*

俗名梅花、红梅、春梅、绿梅、干枝梅、白梅花等。蔷薇科李属。

花期：花艳，香浓，花色丰富，1月上旬始花，最佳观赏期1月中旬至3月上旬，花期1～3月；果熟期5～6月。见图1-1至图1-6。

习性：喜光，喜温暖湿润气候，适应性强，耐寒，耐旱，耐瘠薄，不耐阴，不耐积水，在土层深厚、疏松肥沃、湿润而排水良好的微酸性或中性土壤中生长较好；生长快，寿命长，耐修剪。嫁接、播种繁殖。

景观应用：梅花树形或仰或卧，其干苍劲，其枝嶙峋，花繁色艳，暗香幽远，清逸淡雅，是我国"十大名花"之一，被誉为"花中之魁"。梅花孤植高雅，丛植惊艳，列植游龙，片植霞蔚，植于溪畔、桥首、松下、竹边、窗前，薄雪微照，夕阳霞映，柔月轻洒，琴笛一曲，如诗如画，如醉如痴；与假山岩石构景，与亭台楼阁配置，或缤纷怒放，或艳如朝霞，或轻柔素雅，美不胜收；做盆景，理造型，盘根错节，曲干虬枝，苍劲挺拔，风韵飘逸。园林中多用于居住小区、单位庭院、城市街区、道路绿化、广场绿地及各类公园游园绿化，豫南广为栽培。

植物文化：梅花位居我国"十大名花"之首，与兰、竹、菊齐名，被誉为"花中四君子"，与松、竹并称为"岁寒三友"。梅花凌寒傲雪，开百花之先，代表着高洁、坚强、谦虚、不畏严寒、不怕苦难的优秀品格。中国古代文人对梅花情有独钟，宋代范成大著《范村梅谱》，宋代张功甫撰《梅品》，元代梅花大师王冕著《梅谱》，而赞梅、咏梅、以梅之品自喻者甚多。唐代高僧黄檗禅师《上堂开示颂》诗曰"尘劳迥脱事非常，紧把绳头做一场。不经一番寒彻骨，怎得梅花扑鼻香"激励一代又一代人；宋代文学家王安石《梅花》一诗"墙角数枝梅，凌寒独自开。遥知不是雪，为有暗香来"家喻户晓；宋代林逋的《山园小梅》"众芳摇落独暄妍，占尽风情向小园。疏影横斜水清浅，暗香浮动月黄昏"则被誉为写梅的传神之作；卢梅坡作诗《雪梅》赞曰"梅雪争春未肯降，骚人阁笔费评章。梅须逊雪三分白，雪却输梅一段香"；元代诗人王冕的《墨梅》"吾家洗砚池前树，朵朵花开淡墨痕。不要人夸好颜色，只流清气满乾坤"则写出了梅花的高尚品格；毛泽东曾赋词《卜算子·咏梅》"风雨送春归，飞雪迎春到。已是悬崖百丈冰，犹有花枝俏。俏也不争春，只把春来报。待到山花烂漫时，她在丛中笑"，讴歌了梅花不畏严寒、敢为人先、不求名利、无私奉献的革命精神。

形态特征：落叶小乔木，高 4～10m；树皮浅灰色或带绿色，小枝绿色，光滑无毛。叶芽和花芽并生，2～3 个簇生于叶腋。

花：花两性，红色、粉红、白色、白绿色等，直径 2～2.5cm，先叶开放，单生或有时 2 朵同生于 1 芽内。花梗短；花萼红褐色、绿色，萼筒宽钟形，萼片 5 枚，卵形或近圆形；花瓣 5 枚，重瓣多枚，倒卵形，着生于花萼口部；雄蕊 15～45 枚，短或稍长于花瓣；花柱 1 枚，顶生，与雄蕊近等长。

果：核果近球形，直径 2～3cm，黄色或绿白色，两侧多少扁平，有明显纵沟，成熟时不开裂。

叶：单叶互生，叶片卵形或椭圆形，长 4～8cm，宽 2.5～5cm，先端尾尖，基部宽楔形至圆形，叶边常具小锐锯齿；叶柄长 1～2cm，常有腺体。

品种：有果梅和花梅之分。花梅品种变异较大，常分为直脚梅类、照水梅类、龙游梅类、杏梅类。按照花型和花色，园林中常用的有：

红梅，花色大红，艳丽，花多。

宫粉梅，花色粉红，重瓣。

江梅，花色纯白或桃红，单瓣。

绿梅，花色白绿，花萼绿色。

洒金梅，花色有白、红、粉、白底红斑各种颜色；等等。

其他用途：鲜花可提取香精，花、叶、根和种仁均可入药；果可食、盐渍或干制，或熏制成乌梅入药，有止咳、止泻、生津、止渴之效。

2月 开花植物

2月，冰雪消融，气温回升，新芽始发，草色遥看近却无。2月，除了梅花暗香外，等不及的，还有水杉、迎春、结香，早早的，便陆续开放。

图 2-1 水杉（摄于罗山县）

图 2-2 水杉（摄于信阳南湾湖风景区）

图 3-1 迎春（摄于信阳百花园）

图 3-2 迎春（摄于信阳百花园）

图 4-1　结香（摄于大别山干部学院）

图 4-2　结香（摄于信阳百花园）

图 4-3　结香（摄于新县）

2. 水杉 *Metasequoia glyptostroboides*

裸子植物。杉科水杉属。

花期： 2月下旬开花，2月下旬至3月上旬盛花，花期2～3月；果熟期11月。观叶植物，叶片对生秀丽，春、夏、秋景观均佳。见图2-1、图2-2。

习性： 喜光，稍耐阴，喜温暖湿润气候，不耐寒，稍耐旱，适应性强，在土层深厚、疏松肥沃、湿润的酸性或微酸性壤土中生长较好；根系发达，抗病性强，生长快，寿命长。扦插、播种繁殖。

景观应用： 水杉为我国特产，是珍稀的孑遗植物，有植物界"活化石"之称，树冠整齐，树姿优美，主干明显，高大通直，果圆如球，叶形秀丽奇特，秋季金黄，观赏性极强，孤植则挺拔苍劲，列植则整齐划一，如仪仗队般威武壮观，为优良的行道树，丛植、片植则郁郁葱葱，生机盎然，可植于院落、房前屋后、溪流岸边、地势地洼、常年湿润及季节性水淹地，在亚热带地区大量栽植。

形态特征： 落叶乔木，高可达35m；树干端直，树皮灰色或灰褐色，长条状脱落，内皮淡紫褐色；幼树树冠尖塔形，老树树冠广圆形；大枝不规则轮生，小枝对生或近对生；侧生小枝排成羽状，长4～15cm，冬季凋落。

花： 球花单性，雌雄同株，基部有交叉对生的苞片。雄球花单生叶腋或枝顶，有短梗，球花枝呈总状花序状或圆锥花序状，雄蕊交叉对生，约20枚，花丝短，药隔显著；雌球花有短梗，单生于去年生枝顶或近枝顶，梗上有交叉对生的条形叶，珠鳞11～14对，交叉对生，每珠鳞有5～9枚胚珠，珠鳞与苞鳞半合生。

果： 球果下垂，近四棱状球形或矩圆状球形，当年成熟，熟时张开，深褐色，长1.8～2.5cm，径1.6～2.5cm，梗长2～4cm，其上有交叉对生的条形叶。种鳞木质，盾形，交叉对生，鳞顶扁菱形，高7～9mm，能育种鳞有5～9粒种子。

叶： 单叶交叉对生，条形，扁平，柔软，长0.8～3.5cm，宽1～2.5mm，沿中脉有两条较边带稍宽的淡黄色气孔带；叶在侧生小枝上基部扭转排成二列，羽状，冬季与小枝一同脱落。

其他用途： 材质轻软，纹理直，可供家具及木纤维工业原料等用。

3. 迎春花 *Jasminum nudiflorum*

俗名迎春。木樨科素馨属。

花期： 2 月下旬开花，最佳观赏期 2 月下旬至 4 月上旬，花期 2～4 月。见图 3-1、图 3-2。

习性： 喜光，耐半阴，喜温暖湿润气候，耐寒，耐旱，不耐涝，在土层深厚、疏松肥沃、排水良好的砂质土壤中生长较好；根蘖能力强，生长快；枝条着地部分极易生根。扦插、压条、分株、播种繁殖。

景观应用： 迎春株形优雅，枝条披垂，花色金黄，孤植、丛植、片植效果均佳，可配置在湖边、溪畔、桥头，或在林缘、坡地、树下作地被，或在建筑四周、假山旁边栽植，金黄一片，景色宜人，园林中多用于单位庭院、居住小区、街头绿地、道路绿化、广场游园及各类公园绿地的绿化。

形态特征： 落叶灌木，直立或匍匐，高 0.3～5m；枝条下垂，枝稍扭曲，光滑无毛，小枝四棱形，棱上多少具狭翼。

花：花两性，黄色，直径 2～2.5cm，芳香，单生于一年生小枝的叶腋，先叶开放。苞片小叶状，披针形、卵形或椭圆形；花萼绿色，裂片 5～6 枚，叶状窄披针形，长 4～6mm，先端锐尖；花冠管漏斗状，长 0.8～2cm，基部直径 1.5～2mm，向上逐渐扩大，裂片 5～6 枚，长圆形或椭圆形，长 0.8～1.3cm，先端锐尖或圆钝；雄蕊 2 枚，内藏，着生于花冠管近中部；花柱异长，丝状，柱头头状或 2 裂。

果：浆果双生或其中一个不育而成单生，球形或椭圆形，成熟时黑色或蓝黑色。

叶：三出复叶，对生，全缘，小枝基部常具单叶，叶轴具狭翼；叶柄长 3～10mm，小叶片卵形、长卵形或椭圆形，先端锐尖或钝，基部楔形，叶缘反卷；顶生小叶片较大，长 1～3cm，宽 0.3～1.1cm；侧生小叶片稍小，长 0.6～2.3cm，宽 0.2～11cm；单叶卵形或椭圆形，长 0.7～2.2cm，宽 0.4～1.3cm。

4. 结香 *Edgeworthia chrysantha*

俗名打结花、黄瑞香、雪里开。瑞香科结香属。

花期： 花艳，香浓，2月下旬开花，最佳观赏期2月下旬至3月中旬，花期2～4月；果熟期5～6月。枝、叶观赏效果也较好。见图4-1至图4-3。

习性： 半喜光，也耐阴，喜温暖湿润环境，稍耐寒，喜疏松、肥沃、湿润而又排水良好的土壤。枝干韧皮纤维坚韧，可任意打结，耐拉。分株、扦插、压条繁殖。

景观应用： 观花、观叶、观茎，可孤植、丛植、片植成景，景观独特，多用于单位绿地小区庭院、公园游园造景，是花境建设的重要植物，也可与建筑、小品、景石、假山配置，相映成趣。

形态特征： 落叶灌木，高约1.5m；小枝粗壮，棕褐色，常作三叉分枝，幼枝常被短柔毛；叶痕大，直径约5mm。

花： 花两性，黄色，先叶开放，各部被白色长毛。头状花序，由30～50朵单花组成绒球状，顶生或侧生，外围总苞10枚左右；花序梗长1～2cm，基部具关节；花朵无梗，花瓣缺，花萼花冠状，筒状圆柱形，常内弯，长1.3～2cm，顶端4裂，裂片卵形，长约3.5mm；雄蕊8枚，二列；花柱线形，柱头棒状，具乳突。

果： 核果椭圆形，绿色，长约8mm，直径约3.5mm，顶端被毛，基部为宿存萼所包被。

叶： 单叶互生，常簇生于枝顶，叶片厚膜质，全缘，长椭圆形或倒披针形，先端短尖，基部楔形或渐狭，长8～20cm，宽2.5～5.5cm，两面均被银灰色绢状毛，背面较多；羽状叶脉，主脉粗，侧脉纤细，弧形；叶柄短，基部具关节。

其他用途： 茎皮可做高级纸，全株入药，能舒筋活络，消炎止痛，治跌打损伤、风湿痛。

3月 开花植物

　　豫南的3月，春暖花开，万物复苏，绿杨烟外晓寒轻，红杏枝头春意闹。3月是花开最多的月份，常见的有玉兰、深山含笑、垂柳、樱花、美人梅、桃、李、杏、梨、映山红、垂丝海棠等，收集63种，红的、黄的、白的……一团团、一簇簇，争奇斗艳，万紫千红。

图 5　榆树（摄于信阳羊山）

图 6　望春玉兰（摄于信阳羊山）

图 7-1　玉兰（摄于信阳平桥）

图 7-2　玉兰（摄于信阳百花园）

图 8-1 深山含笑（摄于信阳百花园）

图 8-2 深山含笑（摄于信阳羊山）

图 9-1 圆柏（摄于信阳平桥）

图 9-2 圆柏（摄于信阳平桥）

图 10-1 侧柏（摄于信阳平桥）

图 10-2 侧柏（摄于信阳平桥）

图 11-1 刺柏（摄于信阳震雷山）

图 11-2 刺柏（摄于信阳震雷山）

图 12-1　落羽杉（摄于鸡公山）

图 12-2　落羽杉（摄于信阳羊山植物园）

图 13-1　池杉（摄于鸡公山）

图 13-2　池杉（摄于信阳羊山植物园）

图 14　樱桃（刘璐摄于信阳游河）

图 15-1　垂柳（摄于信阳紫薇园）

图 15-2　垂柳（摄于信阳紫薇园）

图 16-1　旱柳（摄于信阳浉河）

图 16-2　旱柳（摄于信阳浉河）

图 17-1　东京樱花（摄于信阳浉河公园）

图 17-2　东京樱花（摄于信阳浉河公园）

图 18-1　美人梅（摄于信阳百花园）

图 18-2 美人梅（摄于信阳百花园）

图 18-3 美人梅（摄于信阳百花园）

图 18-4 美人梅（摄于信阳百花园）

图 19 杏（摄于信阳平桥）

图 20-1　**紫叶李**（摄于信阳平桥）

图 20-2　**紫叶李**（摄于信阳百花园）

图 21　**李**（摄于信阳羊山）

图 22-1　**二乔玉兰**（摄于信阳百花园）

图 22-2　二乔玉兰（摄于信阳震雷山）

图 23-1　豆梨（摄于信阳震雷山）

图 23-2　豆梨（摄于信阳震雷山）

图 24-1　桃（摄于信阳羊山）

图24-2　桃（摄于信阳平桥）

图24-3　桃（摄于驻马店）

图24-4　桃（摄于信阳茶韵广场）

图25　杉木（摄于信阳羊山公园）

图 26-1　朴树（摄于信阳羊山）

图 26-2　朴树（摄于信阳羊山）

图 27　枫杨（摄于信阳浉河公园）

图 28　加杨（摄于信阳羊山公园）

图29　麻栎（摄于信阳羊山公园）

图30　栓皮栎（摄于信阳羊山公园）

图31-1　榉树（摄于信阳羊山公园）

图31-2　榉树（摄于信阳羊山公园）

图 32-1 白梨（摄于信阳百花园）

图 32-2 白梨（摄于信阳百花园）

图 33-1 垂丝海棠（摄于信阳浉河）

图 33-2 垂丝海棠（摄于信阳天伦广场）

图 34-1 西府海棠（摄于信阳百花园）

图 34-2 西府海棠（摄于信阳百花园）

图 35 红花檵（摄于信阳羊山）

图 36 杜仲（摄于信阳百花园）

图 37 黄连木（摄于信阳羊山公园）

图 38 白花泡桐（摄于鸡公山）

图 39 一球悬铃木（摄于信阳羊山）

图 40-1 木瓜（摄于信阳百花园）

图 40-2　木瓜（摄于信阳百花园）

图 41-1　北美海棠（摄于信阳百花园）

图 41-2　北美海棠（摄于信阳百花园）

图 42-1　枫香（摄于信阳羊山）

图42-2　枫香（摄于信阳浉河）

图43　三角槭（摄于信阳浉河）

图44-1　鸡爪槭（摄于信阳羊山）

图44-2　鸡爪槭（摄于信阳百花园）

29

图 45-1　杜梨（摄于信阳羊山公园）

图 45-2　杜梨（摄于信阳羊山公园）

图 46-1　日本晚樱（摄于信阳百花园）

图 46-2　日本晚樱（摄于信阳震雷山）

图 46-3　日本晚樱（摄于信阳浉河公园）

图 47-1　银杏（摄于信阳羊山）

图 47-2　银杏（摄于信阳浉河）

图 47-3　银杏（摄于信阳奥运园）

图 48　皂荚（摄于罗山县）

图 49-1　山茶（摄于信阳百花园）

图 49-2　山茶（摄于信阳百花园）

图 49-3　山茶（摄于大别山干部学院）

图 50 **野迎春**（摄于信阳百花园）

图 51 **皱皮木瓜**（摄于信阳百花园）

图 52-1 **连翘**（摄于信阳浉河）

图 52-2 **连翘**（摄于信阳浉河）

图 53-1　金钟花（摄于信阳百花园）

图 53-2 金钟花　（摄于信阳百花园）

图 54-1　李叶绣线菊（摄于信阳百花园）

图 54-2　李叶绣线菊（摄于信阳羊山）

图 55-1 紫荆（摄于信阳百花园）

图 55-2 紫荆（摄于信阳百花园）

图 56-1 红花檵木（摄于信阳奥运园）

图 56-2 红花檵木（摄于信阳奥运园）

图 56-3　红花檵木（摄于信阳羊山）

图 57　紫玉兰（摄于信阳百花园）

图 58　紫丁香（摄于信阳浉河）

图 59　枸骨（摄于信阳浉河）

图 60-1　杜鹃（摄于信阳紫薇园）

图 60-2　杜鹃（摄于大别山干部学院）

图 61　花叶蔓长春花（摄于信阳平桥）

图 62-1　棣棠花（摄于信阳百花园）

图 62-2　棣棠花（摄于信阳百花园）

图 63　春兰（摄于信阳平桥）

图 64-1　丛生福禄考（摄于信阳震雷山）

图 64-2　丛生福禄考（摄于信阳羊山）

图 65-1　郁金香（摄于信阳百花园）

图 65-2　郁金香（摄于信阳百花园）

图 66-1　白车轴草（摄于信阳羊山公园）

图 66-2　白车轴草（摄于信阳平桥公园）

图 67-1　石竹（摄于信阳平桥）

图 67-2　石竹（摄于信阳平桥）

5. 榆树 *Ulmus pumila*

俗名白榆、家榆、榆、钱榆、琅琊榆。榆科榆属。

花期： 花小，花期短，3 月初开花，有时 2 月下旬开花，3 月上旬盛花，花期 3 月；果熟期 4 月。观果植物，果如铜钱，观赏效果好。见图 5。

习性： 喜光，喜温暖湿润气候，耐寒、耐旱、耐瘠薄，适应性强，对土壤要求不严，在土层深厚、疏松肥沃、排水良好的砂壤土中生长较好；萌芽力强，耐修剪；根系发达，抗风，生长快，寿命长。播种繁殖。

景观应用： 树冠高大，枝繁叶茂，果如铜钱，可孤植、列植、丛植或片植，园林中多用于单位庭院、居住小区、行道树、广场绿地、道路绿化、各类公园游园绿化，常作为上层木配置。

形态特征： 落叶乔木，高达 25m；幼树树皮平滑，灰褐色或浅灰色，大树皮暗灰色，不规则深纵裂，粗糙；小枝淡黄灰色、淡褐灰色或灰色，有散生皮孔，无膨大的木栓层及凸起的木栓翅；植物体内无乳汁。冬芽近球形或卵圆形，芽鳞覆瓦状，顶芽早死，枝端萎缩成小距状残存，其下的腋芽代替顶芽。

花： 花两性，红褐色，先叶开放，在去年生枝的叶腋成簇生状。花被钟形，4～9 浅裂，裂片等大或不等大，膜质，先端常丝裂，宿存。花果梗短，不下垂，花梗与花被之间有关节。雄蕊与花被裂片同数而对生，花丝细直，白色，扁平；花柱极短，柱头 2 枚，条形，柱头面被毛。

果： 翅果近圆形，稀倒卵状圆形，长 1.2～2cm，对称或近对称，果翅膜质；果核部分位于翅果的中部，上端不接近或接近缺口，成熟前后其色与果翅相同，初淡绿色，后白黄色；宿存花被无毛，4 浅裂，裂片边缘有毛；果梗短，长 1～2mm。

叶： 单叶互生，二列，椭圆状卵形、长卵形、椭圆状披针形或卵状披针形，长 2～8cm，宽 1.2～3.5cm，先端渐尖或长渐尖，基部偏斜或近对称，一侧楔形至圆，另一侧圆至半心脏形，叶面平滑无毛，边缘具重锯齿或单锯齿；羽状脉直或上部分叉，脉端伸入锯齿，侧脉每边 9～16 条，上面中脉常凹陷，侧脉微凹或平，下面叶脉隆起；叶柄长4～10mm，托叶膜质，早落。

品种：

龙爪榆，小枝卷曲或扭曲而下垂。

金叶榆，叶片金黄色。

垂枝榆，树干上部的主干不明显，分枝较多，树冠伞形；树皮灰白色，较光滑；1～3年生枝下垂而不卷曲或扭曲。

其他用途：木材供家具用；树皮内含淀粉及黏性物，磨成粉称榆皮面，可食用，并为制醋原料；枝皮纤维坚韧，可代麻制绳索、麻袋或作人造棉与造纸原料；幼果可食，老果含油25%，可供医药和工业用；叶可作饲料，嫩叶可食；树皮、叶及翅果均可药用，能安神、利小便。

6. 望春玉兰 *Yulania biondii*

木兰科木兰属。

花期：花大而美丽，芳香，花期短，3月上旬开花，有时2月底开花，最佳观赏期3月上中旬，花期3月；果熟期9月。叶大而美，观赏效果较好。见图6。

习性：喜光，喜温暖湿润气候，喜肥，稍耐寒，稍耐旱，不耐水湿，在土层深厚、疏松肥沃、湿润而又排水良好的微酸性或中性砂质土壤中生长良好；生长中等，寿命长，萌发力稍弱。嫁接、播种繁殖。

景观应用：花大色艳，花形独特，是常用园林观赏植物，可孤植、列植、丛植、片植，园林中多用于单位庭院、居住小区、城市节点、行道树、道路绿地、广场游园等各类公园绿化。

形态特征：落叶乔木，高可达12m；树皮淡灰色，光滑；小枝细长，灰绿色。顶芽卵圆形或宽卵圆形，长1.7～3cm，密被淡黄色展开的长柔毛。芽有二型：营养芽腋生或顶生，具芽鳞2，膜质，镊合状合成盔状托叶，包裹着次一幼叶和生长点，与叶柄连生；混合芽顶生，具1至数枚次第脱落的佛焰苞状苞片，包着1至数个节间，每节间有1腋生的营养芽，末端2节膨大，顶生着较大的花蕾；花柄上有数个环状苞片脱落痕。

花：花两性，红色至紫红色或近白色，直径 6～8cm，单生枝顶，先叶开放。花梗顶端膨大，长约 1cm，具 3 苞片脱落痕；花蕾为佛焰苞状苞片所包围；花被 9 片，外轮 3 片紫红色，近狭倒卵状条形，长约 1cm，外轮远比内轮小，呈萼片状，中内两轮近匙形，白色，外面基部常紫红色，长 4～5cm，宽 1.3～2.5cm，内轮的较狭小；雌蕊和雄蕊均多数，分离，螺旋状排列在伸长的花托上；雄蕊群排列在花托下部，雄蕊长 8～10mm，花药长 4～5mm，线形，花丝长 3～4mm，紫色；雌蕊群排列在花托上部，无柄，长 1.5～2cm，花柱向外弯曲，沿近轴面为具乳头状突起的柱头面。雌蕊常先熟，为甲壳虫传粉。

果：聚合果圆柱形，长 8～14cm，常因部分不育而扭曲；果梗长约 1cm，径约 7mm，残留长绢毛；蓇葖浅褐色，近圆形，侧扁，互相分离，沿背缝线开裂，具凸起瘤点。种子 1～2 颗，心形，外种皮鲜红色，内种皮深黑色，顶端凹陷，具 V 形槽，中部凸起，腹部具深沟，种脐有丝状假珠柄与胎座相连，悬挂种子于外。

叶：单叶互生，纸质，全缘，叶椭圆状披针形、卵状披针形、狭倒卵形或卵形，长 10～18cm，宽 3.5～6.5cm，先端急尖或短渐尖，基部阔楔形或圆钝，边缘干膜质，下延至叶柄，上面暗绿色，下面浅绿色；羽状脉，侧脉每边 10～15 条；叶柄长 1～2cm；托叶膜质，贴生于叶柄，早落，托叶痕为叶柄长的 1/5～1/3。

其他用途：花可提出浸膏作香精；可作玉兰及其他同属种类的砧木；药同辛夷。

7.玉兰 *Yulania denudata*

俗名白玉兰、应春花、望春花、迎春花、玉堂春、木兰。木兰科木兰属。

花期：花白色，大而美丽，芳香，3 月上旬开花，有时 2 月底开花，最佳观赏期 3 月上中旬，花期 3 月，花开后持续 7～10 天，花期短；果熟期 8～9 月。叶大而美，观赏效果较好。见图 7-1、图 7-2。

习性：喜光，喜温暖湿润气候，喜肥，较耐寒，稍耐旱，不耐水湿，在土层深厚、疏松肥沃、湿润而又排水良好的微酸性砂质土壤中生长良好；生长慢，寿命长，萌发力稍弱；对二氧化硫、氯气有一定的抗性。嫁接、播种繁殖。

景观应用： 花大色艳，花形娇俏，绚烂洁白，幽香外溢，花、果、叶均具较强观赏性，是名贵的园林植物，好植于庭院之内，可孤植、列植、丛植、片植，园林中多用于单位庭院、居住小区、城市节点、行道树、道路绿地、广场游园、各类公园和工厂矿区绿化。

形态特征： 落叶乔木，高达 25m，枝广展形成宽阔的树冠；树皮深灰色，粗糙开裂；小枝稍粗壮，灰褐色；冬芽及花梗密被淡灰黄色长绢毛。芽有二型：营养芽腋生或顶生，具芽鳞 2，膜质，镊合状合成盔状托叶，包裹着次一幼叶和生长点，与叶柄连生；混合芽顶生，具 1 至数枚次第脱落的佛焰苞状苞片，包着 1 至数个节间，每节间有 1 腋生的营养芽，末端 2 节膨大，顶生着较大的花蕾；花柄上有数个环状苞片脱落痕。

花：花两性，直径 10～16cm，直立，单生枝顶，先叶开放。花梗显著膨大，密被淡黄色长绢毛；花蕾卵圆形，为佛焰苞状苞片所包围；花被片 9 枚，基部常带粉红色，近相似，长圆状倒卵形，长 6～10cm，宽 2.5～6.5cm；雌蕊和雄蕊均多数，分离，螺旋状排列在伸长的花托上；雄蕊群排列在花托下部，雄蕊长 7～12mm，花药长 6～7mm，线形，药隔宽约 5mm，顶端伸出成短尖头；雌蕊群排列在花托上部，无柄，淡绿色，无毛，圆柱形，长 2～2.5cm；雌蕊狭卵形，长 3～4mm，具长 4mm 的锥尖花柱，花柱向外弯曲，沿近轴面为具乳头状突起的柱头面。雌蕊常先熟，为甲壳虫传粉。

果：聚合果圆柱形，常因部分心皮不育而弯曲，长 12～15cm，直径 3.5～5cm；蓇葖厚木质，红褐色，互相分离，沿背缝线开裂，具白色皮孔。种子 1～2 颗，心形，侧扁，高约 9mm，宽约 10mm，外种皮肉质红色，内种皮硬骨质黑色，种脐有丝状假珠柄与胎座相连，悬挂种子于外。

叶：单叶互生，纸质，全缘，倒卵形、宽倒卵形或倒卵状椭圆形，基部徒长枝叶椭圆形，长 10～18cm，宽 6～12cm，先端宽圆、平截或稍凹，具短突尖，中部以下渐狭成楔形，叶上深绿色，下面淡绿色，沿脉上被柔毛；

羽状脉，侧脉每边 8～10 条，网脉明显；叶柄长 1～2.5cm，被柔毛，上面具狭纵沟；托叶膜质，贴生于叶柄，早落，托叶痕为叶柄长的 1/4～1/3。

变种：飞黄玉兰，花淡黄白色，花被片 8～9 枚，基部常不带粉红色，花期稍晚。

其他用途：材质优良，供家具、图板、细木工等用；花蕾入药与辛夷功效同；花含芳香油，可提取配制香精或制浸膏；花被片食用或用以熏茶；种子榨油供工业用。

8. 深山含笑 *Michelia maudiae*

俗名光叶白兰花、莫夫人含笑花。木兰科含笑属。

花期：花色洁白，芳香，3 月上旬开花，有时 2 月底开花，最佳观赏期 3 月，花期 3～4 月，常于 9～10 月二次开花；果熟期 9～10 月。常绿，叶大而美，观赏效果较好。见图 8-1、图 8-2。

习性：喜光，幼时较耐阴，喜温暖湿润气候，不耐寒，稍耐旱，喜土层深厚、疏松、肥沃而湿润的酸性砂质土；根系发达，萌芽力强；对二氧化硫有较强抗性；生长稍慢，寿命长。嫁接、播种繁殖。

景观应用：四季常绿，树姿优美，叶形美观，大而艳丽，花、果、叶均有极高的观赏价值，可孤植、丛植、列植、片植，豫南多栽植于庭院，园林中常用于单位庭院、居住小区、街头景观、道路绿化、广场绿地及各类公园游园绿化。

形态特征：常绿乔木，高达 20m；树皮薄，浅灰色或灰褐色；各部均无毛，芽、嫩枝、叶下面、苞片均被白粉。

花：花大，两性，单生于叶腋。佛焰苞状苞片 3 枚，淡褐色，薄革质，长约 3cm，包裹花蕾，次第脱落；花梗绿色，具 3 环状苞片脱落痕；花被片 9 枚，基部稍呈淡红色，大小不等，排成 3 轮，外轮的倒卵形，长 5～7cm，宽 3.5～4cm，顶端具短急尖，基部具长约 1cm 的爪，内两轮则渐狭小，近匙形，顶端尖；雄蕊多数，长 1.5～2.2cm，分离，螺旋状排列在伸长的花托下部，花丝宽扁粗短，淡紫色，长约 4mm，药隔伸出长 1～2mm

的尖头；雌蕊多数，分离，螺旋状排列在伸长的花托上部，形成雌蕊群，长1.5～1.8cm，雌蕊群柄长5～8mm，花柱长5～6mm，近着生于顶端。

果：聚合果，长7～15cm，蓇葖长圆形、倒卵圆形、卵圆形，顶端圆钝或具短突尖头，沿背缝线或同时沿腹缝线2瓣开裂。种子红色，1至数粒，斜卵圆形，长约1cm，宽约5mm，稍扁，成熟时悬垂于一延长丝状而有弹性的假珠柄上，伸出于蓇葖之外。

叶：单叶互生，革质，全缘，长圆状椭圆形，少卵状椭圆形，长7～18cm，宽3.5～8.5cm，先端骤狭短渐尖或短渐尖而尖头钝，基部楔形、阔楔形或近圆钝，上面深绿色，有光泽，下面灰绿色，被白粉；羽状脉，侧脉每边7～12条，直或稍曲，至近叶缘开叉网结，网眼致密；叶柄长1～3cm，无托叶痕；托叶与叶柄离生，膜质，盔帽状，两瓣裂，早落，脱落后小枝具环状托叶痕。

其他用途：木材纹理直，结构细，易加工，供家具、板料、绘图板、细木工用材。花可提取芳香油，亦供药用。

9. 圆柏 *Juniperus chinensis*

俗名桧柏、桧、刺柏、珍珠柏、红心柏。裸子植物。柏科圆柏属。

花期：3月上旬开花，有时2月下旬开花，最佳观赏期3月，花期3～4月；果熟期翌年10～11月。四季常绿，叶形独特，观叶效果较好。见图9-1、图9-2。

习性：喜光，也较耐阴，喜温凉湿润气候，耐寒，耐旱，耐高温，耐瘠薄，适应性强，忌积水，对土壤要求不严，在酸性、中性及石灰质土壤上均能生长，但以土层深厚、疏松肥沃、湿润而排水良好的中性和微酸性土壤为佳；耐修剪，易整形；深根性树种，侧根发达；能抗氯气、氟化氢、二氧化硫等有害气体，能吸收一定量的硫和汞；生长慢，寿命极长；易成为锈病的越冬寄主，应避开苹果、梨、海棠、石楠等易感染锈病的树种。播种繁殖。

景观应用：四季常绿，树姿优美，枝叶奇特，观赏性强，可孤植、列植、丛植、片植，可作行道树，可作造型、桩景、盆景，干枝扭曲，盘枝错节，景观极佳，可与假山、岩石配置，亦是山体绿化的先锋树种，园林中常用于道路绿化、广场绿地、公园游园及工厂矿区绿化，景区、陵园、寺庙应用较多。

形态特征： 常绿乔木，高可达 20m；树皮深灰色，纵裂，呈条片开裂；幼树的枝条通常斜上伸展，形成尖塔形树冠，老则下部大枝平展，形成广圆形的树冠；幼树皮灰褐色，纵裂，裂成不规则的薄片脱落；小枝通常直或稍成弧状弯曲，生鳞叶的小枝近圆柱形或近四棱形；有叶小枝不排成一平面。

花： 球花单性，雌雄异株，稀同株，单生短枝顶端。雄球花黄色，椭圆形，长 2.5～3.5mm，雄蕊 5～7 对，交互对生；雌球花具 4～8 枚交叉对生的珠鳞，或珠鳞 3 枚轮生。

果： 球果近圆球形，径 6～8mm，两年成熟，熟时暗褐色，被白粉或白粉脱落，有 1～4 粒种子。种鳞合生，肉质，苞鳞与种鳞结合而生，仅苞鳞顶端尖头分离，熟时不开裂。

叶： 叶二型，即刺叶及鳞叶：刺叶生于幼树之上，老龄树则全为鳞叶，壮龄树兼有刺叶与鳞叶；鳞叶交叉对生，生于一年生小枝的一回分枝的鳞叶 3 叶轮生，直伸而紧密，近披针形，先端微渐尖，长 2.5～5mm，背面近中部有椭圆形微凹的腺体；刺叶 3 叶交互轮生，斜展，疏松，披针形，先端渐尖，长 6～12mm，上面微凹，有两条白粉带，基部下延生长，无关节，腹面有气孔带。

品种、变种及变型：

偃柏，又名偃桧，变种，匍匐灌木，小枝上升成密丛状，刺叶通常交叉对生，长 3～6mm，排列较紧密，微斜展，球果带蓝色。

龙柏，品种，树冠圆柱状或柱状塔形；枝条向上直展，常有扭转上升之势，小枝密、在枝端成几相等长之密簇；鳞叶排列紧密，幼嫩时淡黄绿色，后呈翠绿色；球果蓝色，微被白粉。

垂枝圆柏，又名垂枝柏、垂条桧，变型，枝长，小枝下垂。

匍地龙柏，品种，植株无直立主干，枝就地平展。

球柏，品种，矮型丛生圆球形灌木，枝密生，叶鳞形，间有刺叶。

金叶桧，品种，直立灌木，鳞叶初为深金黄色，后渐变为绿色。

塔柏，栽培变种，枝向上直展，密生，树冠圆柱状或圆柱状尖塔形；叶多为刺叶，稀间有鳞叶。

其他用途： 心材淡褐红色，边材淡黄褐色，有香气，坚韧致密，耐腐力强；可作房屋建筑、家具、文具及工艺品等用材；树根、树干及枝叶可提取柏木脑的原料及柏木油；枝叶入药，能祛风散寒，活血消肿、利尿；种子可提润滑油。

10. 侧柏 *Platycladus orientalis*

俗名扁柏、扁桧、香柏、黄柏、香柯树、香树。裸子植物。柏科侧柏属。

花期： 3月上旬开花，有时2月下旬开花，最佳观赏期3月，花期3～4月；果熟期翌年10月。四季常绿，叶形独特，观叶效果较好。见图10-1、图10-2。

习性： 喜光，幼时稍耐阴，耐寒，耐旱，耐瘠薄，抗盐碱，适应性强，对土壤要求不严，在酸性、中性、石灰性和轻盐碱土壤中均可生长，在土层深厚、疏松肥沃、湿润而排水良好的钙质土壤中生长较好；萌芽能力强，耐修剪，耐高温；浅根性，侧根发达，抗风能力弱；抗烟尘，抗二氧化硫、氯化氢等有害气体；生长慢，寿命长。播种繁殖。

景观应用： 四季常绿，树姿优美，枝叶奇特，观赏性强，可孤植、列植、丛植、片植，可作行道树，可作造型、桩景、盆景，干枝扭曲，盘枝错节，景观极佳，可与假山、岩石配置，亦是山体绿化的先锋树种，园林中常用于道路绿化、广场绿地、公园游园及工厂矿区绿化，景区、陵园、寺庙应用较多。

形态特征： 常绿乔木，高达20余米；树皮薄，浅灰褐色，纵裂成条片；枝条向上伸展或斜展，幼树树冠卵状尖塔形，老树树冠则为广圆形；生鳞叶的小枝细，向上直展或斜展，扁平，排成一平面，两面同型。

花： 球花单性，雌雄同株，单生于小枝顶端。雄球花黄色，卵圆形，长约2mm，有6对交叉对生的雄蕊；雌球花近球形，径约2mm，被白粉，有4对交叉对生的珠鳞，仅中间2对珠鳞各生1～2枚直立胚珠，最下一对珠鳞短小，有时退化而不显著；苞鳞与珠鳞完全合生。

果：球果近卵圆形，长 1.5 ~ 2.5cm，当年成熟，成熟前近肉质，蓝绿色，被白粉，成熟后木质，开裂，红褐色。种鳞 4 对，木质，厚，近扁平，背部顶端的下方有一弯曲的钩状尖头；中间两对种鳞发育，倒卵形或椭圆形，鳞背顶端的下方有一向外弯曲的尖头，各有 1 ~ 2 粒种子；上部 1 对种鳞窄长，近柱状，顶端有向上的尖头；下部 1 对种鳞极小，长达 1.3mm，稀退化而不显著。

叶：叶鳞形，交叉对生，排成 4 列，长 1 ~ 3mm，先端微钝，基部下延生长，小枝中央的叶的露出部分呈倒卵状菱形或斜方形，背面中间有条状腺槽，两侧的叶船形，先端微内曲，背部有钝脊，尖头的下方有腺点。

品种：

千头柏，又名凤尾柏、扫帚柏、子孙柏，丛生灌木，无主干；枝密，上伸；树冠卵圆形或球形；叶绿色。

金球柏，又名洒金柏，矮型灌木，树冠球形，叶全年为金黄色。

金塔柏，树冠塔形，叶金黄色。

其他用途：木材淡黄褐色，富树脂，材质细密，纹理斜行，耐腐力强，坚实耐用，可供建筑、器具、家具、农具及文具等用材；种子可为强壮滋补药，生鳞叶的小枝可作健胃药，又为清凉收敛药及淋疾的利尿药。

11. 刺柏 *Juniperus formosana*

俗名山刺柏、台桧、台湾柏、刺松、矮柏木。裸子植物。柏科刺柏属。

花期：3 月上旬开花，最佳观赏期 3 月，花期 3 ~ 4 月；果熟期翌年 10 ~ 11 月。四季常绿，叶形独特，观叶效果也较好。见图 11-1、图 11-2。

习性：喜光，耐寒，耐旱，耐瘠薄，耐湿，适应性强，在土层深厚、疏松肥沃、排水良好的通透砂质土壤中生长最好；根系发达，生长慢，寿命长。播种繁殖。

景观应用：四季常绿，树姿优美，枝叶奇特，观赏性强，可孤植、列植、丛植、片植，可作行道树，可作造型、桩景、盆景，干枝扭曲，盘枝错节，景观极佳，可与假山、岩石配置，亦是山体绿化的先锋树种，园林中常用于道路绿化、广场绿地、公园游园及工厂矿区绿化，景区、陵园、寺庙应用较多。

形态特征： 常绿乔木，高达 12m；树皮褐色，纵裂成长条薄片脱落；枝条斜展或直展，树冠塔形或圆柱形；小枝下垂，三棱形。冬芽显著。

花： 球花单性，雌雄同株，单生叶腋。雄球花圆球形或椭圆形，长 4～6mm，雄蕊约 5 对，交叉对生，药隔先端渐尖，背有纵脊；雌球花近圆球形，有 3 枚轮生的珠鳞，胚珠 3 枚，生于珠鳞之间。

果： 球果浆果状，近球形或宽卵圆形，长 6～10mm，径 6～9mm，2 年或 3 年成熟，熟时淡红褐色，被白粉或白粉脱落。种鳞 3 枚，合生，肉质，苞鳞与种鳞结合而生，仅顶端尖头分离，成熟时不张开或仅球果顶端微张开。

叶： 单叶，全为刺形，3 叶轮生，条状披针形或条状刺形，长 1.2～2cm，很少长达 3.2cm，宽 1.2～2mm，先端渐尖具锐尖头，上面稍凹，中脉微隆起，绿色，两侧各有 1 条白色、很少紫色或淡绿色的气孔带，气孔带较绿色边带稍宽，下面绿色，有光泽，具纵钝脊，横切面新月形；基部有关节，不下延生长。

其他用途： 边材淡黄色，心材红褐色，纹理直、均匀，结构细致，有香气，可作船底、桥柱、桩木、工艺品、文具及家具等用材。

12. 落羽杉 *Taxodium distichum*

俗名落羽松。裸子植物。杉科落羽杉属。

花期： 3 月上旬开花，3 月中下旬盛花，花期 3～4 月；果熟期 10 月。观叶植物，叶形秀丽，生长期及秋季景观效果较好。见图 12-1、图 12-2。

习性： 喜光，耐半阴，喜温暖湿润气候，不耐寒，不耐旱，耐水湿，在土层深厚、疏松肥沃、湿润的酸性或微酸性壤土中生长较好；根系发达，抗病性强，生长快，寿命长。扦插、播种繁殖。

景观应用： 树冠整齐，树姿优美，高大通直，叶形秀丽奇特，秋季金黄，观赏性极强，孤植挺拔，列植整齐，丛植、片植则郁郁葱葱，为优良的行道树，可植于院落、房前屋后、溪流岸边、地势低洼、常年湿润及季节性水淹地，在亚热带地区大量栽植，园林中应用广泛，也是农田林网的优良树种。

形态特征：落叶乔木，高可达 50m；树干端直，尖削度大，干基通常膨大，常有屈膝状的呼吸根；树皮棕色，裂成长条片脱落；大枝轮生或近轮生，枝条水平开展，幼树树冠圆锥形，老树宽圆锥状；新生幼枝绿色，冬季变为棕色；生叶的侧生小枝排成二列。小枝有两种：主枝宿存，侧生小枝冬季脱落。

花：球花单性，雌雄同株。雄球花卵圆形，有短梗，在小枝顶端排列成圆锥花序状，有多数螺旋状排列的雄蕊，每雄蕊有 4～9 花药，药隔显著；雌球花单生于去年生小枝的顶端，由多数螺旋状排列的珠鳞所组成，每珠鳞的腹面基部有 2 胚珠，苞鳞与珠鳞几全部合生。

果：球果球形或卵圆形，有短梗，向下斜垂，当年成熟，熟时张开，淡褐黄色，有白粉，径约 2.5cm。种鳞木质，盾形，顶部有明显或微明显的纵槽，螺旋状着生，宿存，能育种鳞腹面有 2 粒种子。

叶：单叶条形，扁平，螺旋状互生，基部扭转在小枝上排成二列，羽状，长 1～1.5cm，宽约 1mm，先端尖，上面中脉凹下，淡绿色，下面黄绿色或灰绿色，中脉隆起，每边有 4～8 条气孔线，凋落前变成暗红褐色。

其他用途：木材重，纹理直，结构较粗，硬度适中，耐腐力强。可作建筑、电杆、家具、造船等用。

13. 池杉 *Taxodium distichum* var. *imbricatum*

俗名沼落羽松、池柏。裸子植物。杉科落羽杉属。

花期：3 月上旬开花，3 月中下旬盛花，花期 3～4 月；果熟期 10 月。观叶植物，生长期及秋季景观效果较好。见图 13-1、图 13-2。

习性：喜光，稍耐阴，喜温暖湿润气候，不耐寒，不耐旱，气生根发达，耐水湿，在土层深厚、疏松肥沃、湿润的酸性或微酸性壤土中生长较好；根系发达，抗病性强，生长快，寿命长。扦插、播种繁殖。

景观应用：树冠整齐，树姿优美，高大通直，叶形秀丽奇特，秋季金黄，观赏性极强，孤植挺拔，列植整齐，丛植、片植则郁郁葱葱，为优良的行道树，可植于院落、房前屋后、溪流岸边、地势低洼、常年湿润及季节性水淹地，在亚热带地区大量栽植，园林中应用广泛，也是农田林网的优良树种。

形态特征：落叶乔木，高可达 25m；树干端直，基部膨大，通常有屈膝状的呼吸根，水湿地呼吸根生长尤为显著；树皮褐色，纵裂，成长条片脱落；大枝轮生或近轮生，枝条向上伸展，树冠较窄，呈尖塔形；当年生小枝绿色，细长，常微向下弯垂，2 年生小枝褐红色。小枝有两种：主枝宿存，侧生小枝冬季脱落。

花：球花单性，雌雄同株。雄球花卵圆形，在球花枝上排成圆锥花序状，生于小枝顶端，有多数或少数（6～8）螺旋状排列的雄蕊，每雄蕊有 4～9 花药，药隔显著，花丝短；雌球花单生于去年生小枝的顶端，由多数螺旋状排列的珠鳞所组成，每珠鳞的腹面基部有 2 胚珠，苞鳞与珠鳞几全部合生。

果：球果圆球形或矩圆状球形，有短梗，向下斜垂，当年成熟，熟时张开，褐黄色，长 2～4cm，径 1.8～3cm。种鳞木质，盾形，螺旋状着生，中部种鳞高 1.5～2cm，能育种鳞腹面有 2 粒种子。

叶：单叶钻形，微内曲，不成二列，在枝上螺旋状排列伸展，上部微向外伸展或近直展，下部通常贴近小枝，基部下延，长 4～10mm，基部宽约 1mm，向上渐窄，先端有渐尖的锐尖头，下面有棱脊，上面中脉微隆起，每边有 2～4 条气孔线。

14. 樱桃 *Prunus pseudocerasus*

俗名莺桃、荆桃、牛桃、英桃、楔桃、樱珠等。蔷薇科李属。

花期：花期短，3 月上旬开花，最佳观赏期 3 月上中旬，花期 3 月；果熟期 4～5 月。可观花观果，花果期均较短。见图 14。

习性：喜光，喜肥，喜温暖湿润气候，耐寒，不耐旱，不耐涝，在土层深厚、疏松肥沃、湿润而又排水良好的壤土中生长较好；生长快，寿命稍短。播种、扦插、嫁接繁殖。

景观应用：树形优美，花开烂漫，果实红艳，可食可赏，是常用园林绿化植物，孤植、丛植、列植、片植，与假山、岩石、园林建筑、景观小品配置，均有较好的景观，园林中多用于单位庭院、居住小区、城市街区、广场绿地及各类公园绿化。

形态特征： 落叶小乔木，高达 6m；树皮灰白色，枝条髓部坚实；小枝灰褐色，嫩枝绿色，无毛或被疏柔毛。冬芽卵形，具鳞片，具顶芽，腋芽单生。

花： 花两性，白色或稍带粉红色，先叶开放。花序伞房状或近伞形，有花 3～6 朵；总苞倒卵状椭圆形，褐色，长约 5mm，宽约 3mm，边有腺齿；花梗长 0.8～1.9cm，被疏柔毛；萼筒钟状，长 3～6mm，宽 2～3mm，外面被疏柔毛，萼片 5 枚，三角卵圆形或卵状长圆形，先端急尖或钝，全缘，长为萼筒的一半或过半，反折；花瓣 5 枚，卵圆形，先端下凹或 2 裂；雄蕊 30～35 枚，栽培者可达 50 枚；雌蕊 1 枚，花柱顶生，与雄蕊近等长，无毛。

果： 核果近球形，红色，直径 0.9～1.3cm，成熟时肉质多汁，不开裂，光滑无毛；核球形或卵球形，核面平滑或稍有皱纹。

叶： 单叶互生，卵形或长圆状卵形，长 5～12cm，宽 3～5cm，先端渐尖或尾状渐尖，基部圆形，边有尖锐重锯齿，齿端有小腺体，上面暗绿色，近无毛，下面淡绿色，沿脉或脉间有稀疏柔毛；羽状脉，侧脉 9～11 对；叶柄长 0.7～1.5cm，被疏柔毛，先端有 1 或 2 个大腺体；托叶早落，披针形，有羽裂腺齿。

其他用途： 果实含蛋白质、糖、磷、铁、胡萝卜素及维生素 C 等，营养价值高，供食用，也可酿樱桃酒，制作果酱、果酒、果汁、蜜饯以及罐头等；枝、叶、根、花也可供药用。

15. 垂柳 *Salix babylonica*

俗名柳树、水柳、垂丝柳。杨柳科柳属。

花期： 3月上旬开花，最佳观赏期 3月中旬，花期 3月；果熟期 3～4月。枝条柔美，叶片秀丽，生长期观叶效果较佳。见图 15-1、图 15-2。

习性： 喜光，喜温暖湿润气候，耐寒，稍耐旱，耐水湿，适应性强，在土层深厚、疏松肥沃、湿润的微酸性或中性土壤中生长良好；根系发达，生长快，寿命短；萌芽能力强，生命力强；对二氧化硫等有毒气体有一定的抗性。扦插、压条、播种繁殖。

景观应用： 垂柳冠大荫浓，姿态秀丽，随风摇曳，轻盈柔美，婀娜多姿，是难得的园林观赏植物，可孤植、列植、丛植、片植，园林中多用于单位庭院、居住小区、城市节点、行道树、道路绿地、广场游园、各类公园和工厂矿区绿化，尤以水边为佳，栽植于溪流、河湖、水池岸畔，映照水榭、景亭、廊舫，其情依依，其景幽幽，最具风情。如瘦西湖的长堤春柳，桃红柳绿；西湖的柳浪闻莺，旖旎柔美；大明湖"四面荷花三面柳"，柳柔荷香，交相辉映。

植物文化： 垂柳自古就是早春美景、离别伤感、爱情浪漫的表现题材，唐代贺知章的《咏柳》"碧玉妆成一树高，万条垂下绿丝绦。不知细叶谁裁出，二月春风似剪刀"；李商隐的《柳》"曾逐东风拂舞筵，乐游春苑断肠天。如何肯到清秋日，已带斜阳又带蝉"；白居易的《杨柳枝词》"一树春风千万枝，嫩于金色软于丝。永丰西角荒园里，尽日无人属阿谁？"；最凄凉伤怀当属宋代柳永，一首《雨霖铃·秋别》"执手相看泪眼，竟无语凝噎。……今宵酒醒何处？杨柳岸，晓风残月"，道出了离愁别恨、凄楚惆怅之情。

形态特征： 落叶乔木，高可达 18m，树冠开展而疏散；树皮灰黑色，不规则开裂，通常味苦；枝细，柔软，下垂，淡褐黄色、淡褐色或带紫色，无毛，枝圆柱形，髓心近圆形。芽线形，先端急尖，无顶芽，侧芽通常紧贴枝上，芽鳞单一。

花：花单性，雌雄异株，着生于苞片与花序轴间，无花被。柔荑花序先叶开放，或与叶同时开放。雄花序长 1.5～3cm，直立，有短梗，轴有毛；雄蕊 2 枚，花丝与苞片近等长或较长，花药红黄色，花丝与苞片离生；苞片全缘，披针形，外面有毛；腺体 2 枚。雌花序长达 2～5cm，有梗，基部有 3～4 枚小叶，轴有毛；花柱短，柱头 2～4 深裂；苞片披针形，长 1.8～2.5mm，外面有毛；腺体 1 枚。

果：蒴果长 3～4mm，带绿黄褐色，2 瓣裂。种子微小，暗褐色，种皮薄，基部围有多数白色丝状长毛。

叶：单叶互生，狭披针形或线状披针形，长 9～16cm，宽 0.5～1.5cm，先端长渐尖，基部楔形，两面无毛或微有毛，上面绿色，下面淡绿色，羽状脉，锯齿缘；叶柄长 3 ～ 10mm，有短柔毛；托叶斜披针形或卵圆形，边缘有齿牙，渐落。

品种：

曲枝垂柳，枝条卷曲。

金丝垂柳，枝条金黄色。

其他用途： 木材可制家具；枝条可编筐；树皮含鞣质，可提制栲胶。

16. 旱柳 *Salix matsudana*

杨柳科柳属。

花期： 3 月上旬开花，3 月中旬盛花，花期 3 月；果熟期 3 ～ 4 月。观叶效果较好。见图 16–1、图 16–2。

习性： 喜光，喜温暖湿润气候，耐寒，耐旱，耐水湿，适应性强，在土层深厚、疏松肥沃、湿润而又排水良好的土壤中生长良好；根系发达，生长快，寿命短；萌芽能力强，抗风能力强。扦插、压条、播种繁殖。

景观应用： 冠大荫浓，树形优美，可孤植、列植、丛植、片植，园林中多用于单位庭院、居住小区、城市节点、行道树、道路绿地、广场游园、各类公园绿化。

形态特征： 落叶乔木，高达 18m；大枝斜上，树冠广圆形；树皮暗灰黑色，有裂沟，味苦；枝细长，直立或斜展，浅褐黄色或带绿色，后变褐色，无毛，幼枝有毛，枝圆柱形，髓心近圆形。无顶芽，侧芽通常紧贴枝上，芽鳞单一。

花： 花单性、雌雄异株，着生于苞片与花序轴间，无花被。柔荑花序与叶同时开放。雄花序圆柱形，直立，长 1.5 ～ 3cm，粗 6 ～ 8mm，多少有花序梗，轴有长毛；雄蕊 2 枚，花丝基部有长毛，花药卵形，黄色，花丝与苞片离生；苞片全缘，卵形，黄绿色，先端钝，基部多少有短柔毛；腺体 2。雌花序较雄花序短，长达 2cm，粗 4mm，有 3 ～ 5 小叶生于短花序梗上，轴有长毛；无花柱或很短，柱头卵形，近圆裂；苞片同雄花；腺体 2，背生和腹生。

果：果序长达 2.5cm，蒴果 2 瓣裂。种子微小，暗褐色，种皮薄，基部围有多数白色丝状长毛。

　　叶：单叶互生，披针形，长 5～10cm，宽 1～1.5cm，先端长渐尖，基部窄圆形或楔形，上面绿色，有光泽，下面苍白色或带白色，羽状脉，有细腺锯齿缘，幼叶有丝状柔毛；叶柄短，长 5～8mm，在上面有长柔毛；托叶披针形或缺，边缘有细腺锯齿。

　　品种：

　　绦柳，枝长而下垂，小枝黄色；叶为披针形，下面苍白色或带白色，叶柄长 5～8mm；雌花有 2 腺体。

　　龙爪柳，枝条卷曲。

　　馒头柳，枝条丛生，树冠半圆形，馒头状。

　　其他用途：木材白色，质轻软，供建筑器具、造纸、人造棉、火药等用；细枝可编筐；早春蜜源树；叶为冬季羊饲料。

17. 东京樱花 *Prunus yedoensis*

　　俗名日本樱花、樱花。蔷薇科李属。

　　花期：3 月上中旬开花，最佳观赏期 3 月中旬，花开后持续时间较短，花期 3 月；果熟期 4～5 月。见图 17-1、图 17-2。

　　习性：喜光，喜肥，喜温暖湿润气候，耐寒，不耐旱，不耐涝，在土层深厚、疏松肥沃、湿润而又排水良好的砂壤土中生长较好；生长快，寿命短。播种、扦插、嫁接繁殖。

　　景观应用：树形优美，花开烂漫，朵大色艳，是常用园林绿化植物，孤植、丛植、列植、片植，与假山、岩石、园林建筑、景观小品配置，均有较好的景观，园林中多用于单位庭院、居住小区、城市街区、行道树、道路绿化、广场绿地及各类公园游园绿化。

　　形态特征：落叶乔木，高达 16m，树皮灰色；小枝淡紫褐色，无毛，嫩枝绿色，被疏柔毛，枝条髓部坚实。冬芽卵圆形，无毛，具鳞片，具顶芽，腋芽单生。

花：花两性，白色或稍带粉红色，先叶开放。伞形总状花序，总梗极短，有花 3～4 朵，花直径 3～3.5cm；总苞片褐色，椭圆卵形，长 6～7mm，宽 4～5mm，两面被疏柔毛；苞片褐色，匙状长圆形，长约 5mm，宽 2～3mm，边有腺体；花梗长 2～2.5cm，被短柔毛；萼筒管状，长 7～8mm，宽约 3mm，被疏柔毛；萼片 5 枚，三角状长卵形，长约 5mm，先端渐尖，边有腺齿，直立或开张；花瓣 5 枚，椭圆卵形，先端下凹；雄蕊约 32 枚，短于花瓣；雌蕊 1 枚，花柱顶生，基部有疏柔毛。

果：核果近球形，直径 0.7～1cm，黑色，成熟时肉质多汁，不开裂，光滑无毛；果核表面略具棱纹。

叶：单叶互生，椭圆卵形或倒卵形，长 5～12cm，宽 2.5～7cm，先端渐尖或骤尾尖，基部圆形，稀楔形，边有尖锐重锯齿，有小腺体；羽状脉，侧脉微弯，7～10 对；叶柄长 1.3～1.5cm，密被柔毛，顶端有 1～2 个腺体或有时无腺体；托叶披针形，有羽裂腺齿，被柔毛，早落。

18. 美人梅 *Prunus × blireana* 'Meiren'

俗名樱李梅，重瓣宫粉梅与紫叶李杂交种。蔷薇科李属。

花期：花艳，3 月上中旬开花，最佳观赏期 3 月中下旬，花期 3～4 月；果熟期 5～6 月。见图 18-1 至图 18-4。

习性：喜光，喜温暖湿润气候，耐寒，耐旱，适应性强，但不耐水湿，在土层深厚、疏松肥沃、排水良好的微酸性或中性土壤中生长良好；萌发力强，生长快，寿命长；对氟化物、二氧化硫、汽车尾气、乐果等农药比较敏感。嫁接、压条繁殖。

景观应用：梅花树形或仰或卧，其干苍劲，其枝嶙峋，花繁色艳，暗香幽远，清逸淡雅，是我国十大名花之一，被誉为花中之魁。梅花孤植高雅，丛植惊艳，列植游龙，片植霞蔚，植于溪畔、桥首、松下、竹边、窗前，薄雪微照，夕阳霞映，柔月轻洒，琴笛一曲，如诗如画，如醉如痴；与假山岩石构景，与亭台楼阁配置，或缤纷怒放，或艳如朝霞，或轻柔素雅，美不胜收；做盆景，理造型，盘根错节，曲干虬枝，苍劲挺拔，风韵飘逸。园林中多用于居住小区、单位庭院、城市街区、道路绿化、广场绿地及各类公园游园绿化，豫南广为栽培。但因美人梅花繁色艳，花开一簇簇、一团团，缤纷绚丽，妩媚妖娆，更能吸引游人，近年来景观应用非常广泛。

形态特征：落叶小乔木，高 5～8m；枝暗灰色，小枝暗褐色或绿褐色，无毛，常有棘刺和皮孔，枝条髓部坚实。顶芽常缺，腋芽单生，冬芽卵圆形，先端急尖，有数枚覆瓦状排列鳞片，紫红色。

花：花两性，粉红色至粉紫红色，具香气，色艳，繁密，直径 2.5～3cm，单生或 2 朵同生于 1 芽内，先花后叶。花梗长 1～1.5cm，红褐色，无毛；花萼红褐色，萼筒宽钟状，萼片 5 枚，覆瓦状排列，近圆形至扁圆形，反曲，边缘有细齿；花被近蝶形，重瓣，花瓣多枚，覆瓦状排列，层层疏叠，花心常有碎瓣；雄蕊多数，短于花瓣，花丝淡紫红色，花药小，先浅黄色逐渐变为红色；雌蕊 1 枚，紫红色，花柱顶生，下部发达，有毛。

果：核果近球形，紫红色，有纵沟，无毛，常被蜡粉；核两侧扁平，平滑，背缝具沟，果肉可食。

叶：单叶互生，卵圆形或卵状椭圆形，嫩叶鲜红色，老叶紫红色渐变紫绿色，长 5～9cm，宽 2～5cm，先端尾尖，基部楔形或宽楔形，叶边具细锯齿，叶背有短柔毛，沿主脉和侧脉基部有明显棕色毛；羽状脉，中脉和侧脉均叶背突起，侧脉 5～8 对，斜出与主脉呈 45°角；叶柄长 1～2cm，基部紫红色，微被柔毛，老时脱落；托叶膜质，披针形，先端渐尖，边有带腺细锯齿，早落。

19. 杏 *Prunus armeniaca*

俗名杏树、杏花。蔷薇科李属。

花期：花期短，3 月上中旬开花，最佳观赏期 3 月中旬，花期 3 月；果熟期 5～6 月。见图 19。

习性：喜光，喜温暖湿润气候，耐旱，抗寒，适应性强，在土层深厚、疏松肥沃、排水良好的土壤中生长较好；深根性树种，抗风，生长快，寿命长。播种、嫁接繁殖。

景观应用： 树冠高大，花、果均具观赏性，可孤植、列植、丛植、片植，园林中多用于单位庭院、居住小区、道路绿化、广场绿地、各类公园游园绿化。

形态特征： 落叶乔木，高 5～12m；树冠圆形、扁圆形或长圆形；树皮灰褐色，纵裂；多年生枝浅褐色，皮孔大而横生，一年生枝浅红褐色，有光泽，具多数小皮孔。叶芽和花芽并生，2～3 个簇生于叶腋，顶芽缺；冬芽常具数个鳞片。

花： 花两性，白色或带红色，单生，直径 2～3cm，先叶开放。花梗短，长 1～3mm，被短柔毛；花萼紫绿色或紫褐色，萼筒圆筒形，外面基部被短柔毛，萼片 5 枚，卵形至卵状长圆形，先端急尖或圆钝，花后反折；花瓣 5 枚，圆形至倒卵形，着生于花萼口部，具短爪；雄蕊 20～45 枚，稍短于花瓣；花柱 1 枚，顶生，与雄蕊等长或稍长，下部具柔毛。

果： 核果球形，稀倒卵形，直径约 2.5cm，白色、黄色至黄红色，常具红晕，微被短柔毛，两侧多少扁平，有明显纵沟；果肉肉质多汁，成熟时不开裂；核卵形或椭圆形，两侧扁平，顶端圆钝，基部对称，表面稍粗糙或平滑，腹棱较圆，常稍钝，背棱较直，腹面具龙骨状棱。

叶： 单叶互生，叶片宽卵形或圆卵形，长 5～9cm，宽 4～8cm，先端急尖至短渐尖，基部圆形至近心形，叶边有圆钝单锯齿，两面无毛或下面脉腋间具柔毛；叶柄长 2～3.5cm，基部常具 1～6 腺体。

品种： 野杏，又名山杏，叶片基部楔形或宽楔形；花常 2 朵，淡红色；果实近球形，红色；核卵球形，离肉，表面粗糙而有网纹，腹棱常锐利。

杏的品种很多，主要以食用为主，兼顾观赏，不再赘述。

其他用途： 种仁（杏仁）入药，有止咳祛痰、定喘润肠之效。

20. 紫叶李 *Prunus cerasifera* 'Atropurpurea'

俗名红叶李，樱桃李的变种。蔷薇科李属。

花期： 3 月上中旬开花，最佳观赏期 3 月中旬，花期 3 月；果熟期 6～7 月。亦是观叶植物，叶片暗紫红色，观赏效果好。见图 20-1、图 20-2。

习性： 喜光，喜温暖湿润气候，耐寒，耐旱，耐水湿，适应性强，对土壤要求不严，在土层深厚、疏松肥沃、湿润而又排水良好的微酸性或中性土壤中生长良好；萌发能力强，生长快，寿命长。嫁接、压条、播种繁殖。

景观应用： 紫叶李适应性强，树形优美，叶色红艳，观赏性强，是常用彩叶植物，对丰富园林色彩作用很大，孤植、列植、丛植、片植均可，多以丛植为主，点缀在墙边、路旁、房前、溪畔，配置在假山、景石、小品、建筑侧旁，与各类乔灌花草搭配，均有较好的景观效果，作花境主景、配景均可，园林中常用于单位庭院、居住小区、城市节点、道路绿化、广场绿地、各类公园和工厂矿区绿化。

形态特征： 落叶小乔木，高达 8m；多分枝，枝条细长，暗灰色，有棘刺，枝条髓部坚实；小枝暗褐色，无毛。顶芽常缺，腋芽单生，冬芽卵圆形，先端急尖，有数枚覆瓦状排列鳞片，紫红色。

花： 花两性，白色或稍带粉红色，直径 2～2.5cm，单朵腋生，稀 2 朵，与叶同时开放。花梗长 1～2.2cm，红褐色，无毛或微被短柔毛；萼筒钟状，萼片 5 枚，覆瓦状排列，长卵形，先端圆钝，边有疏浅锯齿，与萼片近等长，萼筒和萼片外面均无毛，萼筒内面有疏生短柔毛；花瓣 5 枚，覆瓦状排列，长圆形或匙形，边缘波状，基部楔形，着生在萼筒边缘；雄蕊 25～30 枚，花丝长短不等，紧密地排成不规则 2 轮，比花瓣稍短；雌蕊 1 枚，周位花，子房上位，心皮被长柔毛，1 室具 2 个胚珠，柱头盘状，花柱顶生，比雄蕊稍长，基部被稀长柔毛。

果： 核果近球形，长宽几相等，直径 2～3cm，紫红色或黑红色，微被蜡粉，无毛，具有浅侧沟，黏核；核椭圆形或卵球形，先端急尖，浅褐带白色，表面平滑或粗糙或有时呈蜂窝状，背缝具沟，腹缝有时扩大具 2 侧沟。

叶： 单叶互生，椭圆形、卵形或倒卵形，长 3～6cm，宽 2～4cm，先端急尖，基部楔形或近圆形，边缘有圆钝锯齿，正面无毛，中脉微下陷，背面沿中脉或脉腋有柔毛；中脉和侧脉均突起，侧脉 5～8 对，斜出与主脉呈 45°角；嫩叶鲜红色，老叶紫红色或紫绿色；叶柄长 6～12mm，紫红色，通常无毛或幼时微被短柔毛，无腺；托叶膜质，披针形，先端渐尖，边有带腺细锯齿，早落。

21. 李 *Prunus salicina*

俗名李子、山李子、玉皇李、嘉庆子、嘉应子。蔷薇科李属。

花期: 3 月上中旬开花,最佳观赏期 3 月中旬,花期 3 月;果熟期 7～8 月。见图 21。

习性: 喜光,喜温暖湿润气候,耐寒,耐旱,适应性强,对土壤要求不严,在土层深厚、疏松肥沃、湿润而又排水良好的微酸性或中性土壤中生长良好;萌发能力强,生长快,寿命长。嫁接、播种繁殖。

景观应用: 花、果均具观赏性,园林中常用于单位庭院、居住小区、各类公园游园绿化。

形态特征: 落叶乔木,高 9～12m;树冠广圆形,树皮灰褐色,起伏不平;老枝紫褐色或灰褐色,无毛,枝条髓部坚实;小枝浅褐色,无毛,嫩枝绿色。顶芽常缺,腋芽单生,冬芽卵圆形,红紫色,有数枚覆瓦状排列鳞片,通常无毛,稀鳞片边缘有极稀疏毛。

花: 花两性,白色,直径 1.5～2.2cm,常 3 朵并生,与叶同时开放。花梗 1～2cm,通常无毛;萼筒钟状,萼片 5 枚,覆瓦状排列,长圆卵形,长约 5mm,先端急尖或圆钝,边有疏齿,与萼筒近等长,萼筒和萼片外面均无毛,内面在萼筒基部被疏柔毛;花瓣 5 枚,覆瓦状排列,长圆倒卵形,先端啮蚀状,基部楔形,有明显带紫色脉纹,具短爪,着生在萼筒边缘,比萼筒长 2～3 倍;雄蕊多数,花丝长短不等,排成不规则 2 轮,比花瓣短;雌蕊 1 枚,柱头盘状,花柱顶生,比雄蕊稍长。

果: 核果球形、卵球形或近圆锥形,直径 3.5～7cm,黄色、红色、绿色或紫色,梗凹陷入,顶端微尖,基部有纵沟,外被蜡粉,无毛;核卵圆形或长圆形,有皱纹。

叶: 单叶互生,长圆倒卵形、长椭圆形,长 6～8(～12)cm,宽 3～5cm,先端渐尖、急尖或短尾尖,基部楔形,边缘有圆钝重锯齿,常混有单锯齿,幼时齿尖带腺,上面深绿色,有光泽;侧脉 6～10 对,不达到叶片边缘,与主脉成 45°角,两面均无毛,有时下面沿主脉有稀疏柔毛或脉腋有髯毛；托叶膜质，线形，先端渐尖，边缘有腺，早落；叶柄长 1～2cm，通常无毛，顶端有 2 个腺体或无，有时在叶片基部边缘有腺体。

其他用途： 果可生食，制作李脯、李干或罐头；优良蜜源植物。

22. 二乔玉兰 *Yulania soulangeana*

玉兰与紫玉兰杂交种。木兰科木兰属。

花期： 花大而美丽，3 月中旬开花，最佳观赏期 3 月中下旬，花期 3 月，常于 8～9 月二次开花；果熟期 9～10 月。叶大，观叶效果较好。见图 22-1、图 22-2。

习性： 喜光，喜温暖湿润气候，喜肥，耐寒，稍耐旱，不耐水湿，在土层深厚、疏松肥沃、湿润而又排水良好的微酸性或中性砂质土壤中生长良好；生长慢，寿命长，萌发力稍弱。嫁接、播种、压条繁殖。

景观应用： 花、果、叶均具较强观赏性，花大色艳，花形艳丽，是常用园林观赏植物，可孤植、列植、丛植、片植，园林中多用于单位庭院、居住小区、城市节点、行道树、道路绿地、广场游园、各类公园绿化。

形态特征： 落叶小乔木，高 6～10m，小枝无毛。芽有二型：营养芽腋生或顶生，具芽鳞 2，膜质，镊合状合成盔状托叶，包裹着次一幼叶和生长点，与叶柄连生；混合芽顶生，具 1 至数枚次第脱落的佛焰苞状苞片，包着 1 至数个节间，每节间有 1 腋生的营养芽，末端 2 节膨大，顶生较大的花蕾；花柄上有数个环状苞片脱落痕。

花： 花大，两性，浅红色至深红色或近白色，直立，单生枝顶，先叶开放。花蕾卵圆形，为佛焰苞状苞片所包围；花被片 6～9 枚，外轮 3 枚花被片常较短，约为内轮长的 2/3，大小形状不等；雌蕊和雄蕊均多数，分离，螺旋状排列在伸长的花托上；雄蕊群排列在花托下部，雄蕊长 1～1.2cm，花药长约 5mm，线形，药隔伸出成短尖；雌蕊群排列在花托上部，无柄，无毛，圆柱形，长约 1.5cm，花柱向外弯曲，沿近轴面为具乳头状突起的柱头面。雌蕊常先熟，为甲壳虫传粉。

果： 聚合果长约 8cm，直径约 3cm，蓇葖卵圆形或倒卵圆形，长

1～1.5cm，熟时黑色，互相分离，沿背缝线开裂，具白色皮孔。种子1～2粒，深褐色，宽倒卵圆形或倒卵圆形，侧扁，外种皮肉质红色，内种皮硬骨质，种脐有丝状假珠柄与胎座相连，悬挂种子于外。

叶：单叶互生，纸质，全缘，倒卵形，长6～15cm，宽4～7.5cm，先端短急尖，2/3以下渐狭成楔形，上面基部中脉常残留有毛，下面多少被柔毛；羽状脉，侧脉每边7～9条，干时两面网脉凸起；叶柄长1～1.5cm，被柔毛；托叶膜质，贴生于叶柄，早落，托叶痕约为叶柄长的1/3。

23. 豆梨 *Pyrus calleryana*

俗名鹿梨、赤梨、阳檖、梨丁子。蔷薇科梨属。

花期：3月中旬开花，最佳观赏期3月中下旬，花期3月；果熟期8～9月。见图23-1、图23-2。

习性：喜光，喜温暖湿润气候，稍耐阴，不耐寒，耐旱、耐水湿、耐瘠薄，适应性强，在土层深厚、疏松肥沃、排水良好的砂质壤土中生长较好；根系发达，生长慢，寿命长。播种、嫁接繁殖。

景观应用：果可食，花可赏，孤植、丛植、片植均可，园林中多用于单位庭院、居住小区、广场绿地及各类公园绿化。

形态特征：落叶乔木，高达8m；小枝粗壮，圆柱形，幼嫩时有茸毛，不久脱落，2年生枝条灰褐色。冬芽三角卵形，先端短渐尖，具鳞片，微具茸毛。

花：花两性，白色，直径2～2.5cm，花叶同放。伞形总状花序，具花6～12朵，直径4～6cm，无毛；总花梗和花梗均无毛，花梗长1.5～3cm；苞片膜质，线状披针形，长8～13mm，内面具茸毛；萼筒无毛，萼片5枚，披针形，先端渐尖，全缘，长约3mm，外面无毛，内面具茸毛，边缘较密；花瓣5枚，卵形，长约13mm，宽约10mm，基部具短爪；雄蕊20枚，稍短于花瓣；花柱2枚稀3枚，离生，基部无毛。

果：梨果球形，直径约1cm，黑褐色，有斑点，萼片脱落，2～3室，有细长果梗，各室有1～2枚种子；果肉多汁，富含石细胞，子房壁软骨质。

叶：单叶互生，宽卵形至卵形，稀长椭卵形，长4～8cm，宽3.5～6cm，先端渐尖，稀短尖，基部圆形至宽楔形，边缘有钝锯齿，两面无毛；叶柄长2～4cm，无毛；托叶叶质，线状披针形，长4～7mm，无毛。

其他用途： 木材致密可作器具；通常用作沙梨砧木。

24. 桃 *Prunus persica*

俗名桃子、桃树。蔷薇科李属。

花期： 花色丰富，鲜艳，3月中旬开花，最佳观赏期3月中下旬，花期3～4月；果熟期6～9月。见图24-1至图24-4。

习性： 喜光，喜肥，耐旱，耐寒，耐瘠薄，适应性强，不耐水湿，忌涝，对土壤要求不严，喜土层深厚、疏松肥沃、排水良好的砂质壤土；耐修剪，萌枝力强；根系发达，生长快，寿命短。嫁接、播种、压条繁殖。

景观应用： 桃树花多而色艳，果大而香浓，枝疏而优雅，是我国传统的观赏花卉，人人喜爱的美味佳果。单株或数株植于厅前院内，满树繁花，"小园几许，收尽春光"；列植或片植于溪旁水畔，落英缤纷，"渔舟逐水爱山春，两岸桃花夹古津"；或植于校园，"有桃花红，李花白，菜花黄""天下桃李，悉在公门矣"；或与杨柳配置，桃红柳绿，"小桃灼灼柳鬖鬖，春色满江南"；或与假山、岩石、亭、台、楼、阁构景，"画楼春早，一树桃花笑""山泉散漫绕阶流，万树桃花映小楼"；同时也是制作盆景的材料，螭蟠蠖曲，苍劲洒脱。园林中被广泛应用于居住小区、单位庭院、城市街区、道路绿化、广场绿地及各类公园游园绿化。

植物文化： 桃在中国传统文化中，有春天、吉祥、美好、长寿的寓意。中国的神话传说，把桃作为神仙吃的果实、仙桃；民间祝寿，离不开"寿桃"，把桃作为健康长寿的象征；桃花开，春天到，《诗经》曰"桃之夭夭，灼灼其华"；晋代文学家陶渊明《桃花源记》，营造了一个与世隔绝、没有剥削、人人平等、太平和谐的理想世界；唐代元稹《桃花》"桃花浅深处，似匀深浅妆。春风助肠断，吹落白衣裳"，唐代崔护《题都城南庄》"去年今日此门中，人面桃花相映红。人面不知何处去，桃花依旧笑春风。"，唐代王维《田园乐七首·其六》"桃红复含宿雨，柳绿更带朝烟。花落家童未扫，莺啼山客犹眠"，宋代苏轼《惠崇春江晚景》"竹外桃花三两枝，春江水暖鸭先知"，宋代陆游《泛舟观桃花》"桃源只在镜湖中，影落清波十里红。自别西川海棠后，初将烂醉答春风"，宋代徐俯《春游湖》"双飞燕子几时回？夹岸桃花蘸水开。春雨断桥人不渡，小舟撑出柳阴来"，元代赵孟頫《东城》"野店桃花红粉姿，陌头杨柳绿烟丝。不因送客东城去，过却春光总不知"，均以桃花慰春风；明代文学家唐寅，则在桃花坞筑室而居，淡泊功名，与世无争，自由闲适，作《桃花庵歌》，自喻为桃花仙人；而唐代白居易《奉和令公绿野堂种花》诗曰"令公桃李满天下，何用堂前更种花？"，把桃李比喻学生，栋梁之材，遍布天下。

形态特征：落叶小乔木，高 5～8m；树冠宽广而平展，树皮暗红褐色，老时粗糙呈鳞片状，枝条髓部坚实；小枝细长，无毛，有光泽，绿色，向阳处转变成红色，具大量小皮孔。冬芽圆锥形，顶端钝，外被短柔毛，常 2～3 个簇生，中间为叶芽，两侧为花芽，具鳞片，有顶芽。

花：花两性，红色、粉红色，罕为白色，直径 2.5～3.5cm，单生，先叶开放。花梗极短或无梗；萼筒钟形，被短柔毛，绿色而具红色斑点，萼片5 枚，卵形至长圆形，顶端圆钝，外被短柔毛；花瓣5 枚，重瓣多枚，长圆状椭圆形至宽倒卵形；雄蕊 20～30 枚，花药绯红色；雌蕊 1 枚，花柱顶生，几与雄蕊等长或稍短。

果：核果，形状和大小变异较大，卵形、宽椭圆形或扁圆形，直径 3～12cm，长几与宽相等，色泽变化由淡绿白色至橙黄色，常在向阳面具红晕，外面密被短柔毛，稀无毛，腹缝明显；果梗短而深入果洼；果肉白色、浅绿白色、黄色、橙黄色或红色，多汁有香味，甜或酸甜，不开裂；核大，离核或黏核，椭圆形或近圆形，两侧扁平，顶端渐尖，表面具纵、横沟纹和孔穴。

叶：单叶互生，长圆披针形、椭圆披针形或倒卵状披针形，长 7～15cm，宽 2～3.5cm，先端渐尖，基部宽楔形，上面无毛，下面在脉腋间具少数短柔毛或无毛，叶边具细锯齿或粗锯齿，齿端具腺体或无腺体；侧脉不直达叶缘，在叶边结合成网状；叶柄粗壮，长 1～2cm，常具 1 至数枚腺体，有时无腺体。

品种：桃有食用桃和观赏桃之分。

食用桃。按桃核情况有离核和黏核之分。离核毛桃，又名离核桃，果皮被短柔毛，果肉与核分离；离核光桃，又名离核油桃，果皮光滑无毛，果肉与核分离；黏核毛桃，又名黏核桃，果皮被短柔毛，果肉与核不分离；黏核光桃，又名黏核油桃，果皮光滑无毛，果肉与核不分离；蟠桃，果实扁平，核小，圆形，有深沟纹。按栽培类群，可划分为 5 个品种群：北方桃品种群，果实顶端尖而突起，缝合线较深，树形较直，中、短果枝比例较大，耐旱，抗寒；南方桃品种群，果实顶端圆钝，果肉柔软多汁，树冠开展，通常长枝结果，花芽多为复芽，抗旱及耐寒力稍弱；黄肉桃品种群，果皮和果肉均金黄色，肉质较紧密强韧，适于加工和制罐头；蟠桃品种群，果实扁平，两端凹入，树冠开展，枝条短密，花多，丰产；油桃品种群，果实外面光滑无毛。

观赏桃。品种很多，以花形花色来分，常见有以下品种：碧桃，花重瓣，淡红色；绯桃，花重瓣，鲜红色；红花碧桃，花半重瓣，红色；绛桃，花半重瓣，深红色；千瓣红桃，花半重瓣，淡红色；单瓣白桃，花单瓣，白色；千瓣白桃，花半重瓣，白色；撒金碧桃，花半重瓣，白色，有时一枝兼有红色、白色或白花具红色条纹；紫叶桃，叶紫色；寿星桃，树形矮，花重瓣。

其他用途：果可生食，制作罐头、桃脯、桃酱及桃干等；根、叶、花、种仁等均可入药；桃胶可作黏合剂，可食用，也供药用，有破血、和血、益气之效。

25. 杉木 *Cunninghamia lanceolata*

俗名杉、杉树、刺杉、正木、正杉、沙树、沙木。裸子植物。杉科杉木属。

花期：3 月中旬开花，3 月中下旬盛花，花期 3～4 月；果熟期 10～11 月。观叶植物，一年四季常绿，观赏效果均佳。见图 25。

习性：喜光，耐半阴，喜温暖湿润、多雾静风气候，不耐寒，不耐旱，不耐水湿，怕风，对土壤要求严，适于土层深厚、疏松肥沃、湿润而又排水良好的酸性或微酸性砂壤土；浅根性树种，侧根须根发达，萌蘖性强；生长快，寿命长。扦插、播种繁殖。

景观应用：树姿优美，层次分明，树干通直，果圆叶美，四季常绿，观赏性强，可孤植、列植、丛植、片植，多栽植于山地，园林中多用于郊野公园、植物园、森林公园等各类有山地的公园绿化。

形态特征：常绿乔木，高达 30m；大树树冠圆锥形；树皮灰褐色，裂成长条片脱落，内皮淡红色；大枝轮生或近轮生，平展，小枝近对生或轮生，常成二列状，幼枝绿色，光滑无毛。冬芽近圆形，有小型叶状的芽鳞，花芽圆球形，较大。

花：球花单性，雌雄同株。雄球花圆锥状，黄棕色，长 0.5～1.5cm，有短梗，通常 40 余个簇生枝顶，雄蕊多数，螺旋状着生，花药 3 枚，下垂，纵裂，药隔伸展，鳞片状，边缘有细缺齿；雌球花单生或 24 个集生枝顶，绿色，苞鳞横椭圆形，与珠鳞下部合生，螺旋状排列，先端急尖，上部边缘膜质，有不规则的细齿，长宽几相等，为 3.5～4mm；珠鳞甚小，先端 3 裂，腹面基部着生 3 枚胚珠。

果：球果卵圆形，长 2.5～5cm，径 3～4cm，熟时张开。苞鳞革质，扁平，棕黄色，三角状卵形，螺旋状着生，长约 1.7cm，宽 1.5cm，先端有坚硬的刺状尖头，边缘有不规则的锯齿，向外反卷或不反卷，基部心脏形，背面的中肋两侧有 2 条稀疏气孔带，不脱落。种鳞很小，着生于苞鳞的腹面中下部与苞鳞合生，上部分离，先端 3 裂，侧裂较大，裂片分离，先端有不规则细锯齿，腹面着生 3 粒种子。种子扁平，遮盖着种鳞，长卵形或矩圆形，暗褐色，有光泽，两侧边缘有窄翅，长 7～8mm，宽 5mm。

叶：单叶，螺旋状着生，在主枝上辐射伸展，侧枝之叶基部扭转成二列状；披针形或条状披针形，通常微弯、呈镰状，革质，坚硬，长 2～6cm，宽 3～5mm，边缘有细缺齿，先端渐尖，稀微钝，基部下延；上面深绿色，有光泽，除先端及基部外两侧有窄气孔带，微具白粉或白粉不明显；下面淡绿色，沿中脉两侧各有 1 条白粉气孔带；老树之叶通常较窄短、较厚，上面无气孔线。

其他用途：木材黄白色，质软，细致，有香气，纹理直，易加工，耐腐力强，不易受白蚁蛀食。供建筑、桥梁、造船、矿柱、木桩、电杆、家具及木纤维工业原料等用。

26. 朴树 *Celtis sinensis*

俗名黄果朴、紫荆朴、小叶朴。榆科朴属。

花期: 3月中旬开花,3月中下旬盛花,花期3～4月;果熟期9～10月。观叶观果植物,生长期及果期效果佳。见图26-1、图26-2。

习性: 喜光,稍耐阴,喜温暖湿润气候,不耐寒,耐旱,稍耐水湿,耐瘠薄,适应性强,在土层深厚、疏松肥沃、湿润而排水良好的壤土中生长较好;深根性树种,根系发达,生长快,寿命长。播种繁殖。

景观应用: 树冠高大,枝繁叶茂,是作行道树的良好树种,可孤植、列植、丛植或片植,园林中多用于单位庭院、居住小区、行道树、广场绿地、道路绿化、各类公园绿化。

形态特征: 落叶乔木,高达30m,树皮灰白色;当年生小枝幼时密被黄褐色短柔毛,老后脱落,2年生小枝褐色至深褐色,有时还可残留柔毛;植物体内无乳汁。冬芽棕色,鳞片无毛;顶芽败育,在枝端萎缩成一小距状残迹。

花: 花小,两性或单性,有柄,集成小聚伞花序或圆锥花序,或因总梗短缩而成簇状,或因退化而花序仅具一两性花或雌花。花序生于当年生小枝上,雄花序多生于小枝下部无叶处或下部的叶腋,在杂性花序中,两性花或雌花多生于花序顶端;花被片4～5枚,仅基部稍合生;雄蕊4～5枚,着生于通常具柔毛的花托上;雌蕊具短花柱,柱头2枚,线形,先端全缘或2裂。

果: 核果小,近球形,成熟时黄色至橙黄色,直径5～7mm,内果皮骨质,顶端无宿存的花柱基;核近球形,直径约5mm,具4条肋,表面有网孔状凹陷;果梗常2～3枚生于叶腋,其中1枚果梗(实为总梗)常有2果,其他的具1果,无毛或被短柔毛,长7～17mm。种子1枚,充满核内,胚弯,子叶宽。

叶: 单叶互生,厚纸质至近革质,多为卵形或卵状椭圆形,长5～13cm,宽3～5.5cm,基部对称或稍偏斜,宽楔形,偏斜时一侧楔形一侧近圆形，先端尖至渐尖，但不成尾状尖，边缘变异较大，近全缘至具钝齿，幼时叶背常和幼枝、叶柄一样，密生黄褐色短柔毛，老时或脱净或残存，变异也较大；叶基部 3 出脉或羽状脉，侧脉先端在未达叶缘前弧曲，不伸入锯齿；托叶膜质，早落。

27. 枫杨 *Pterocarya stenoptera*

俗名皮柳、麻柳、蜈蚣柳。胡桃科枫杨属。

花期： 3 月中旬开花，3 月中下旬盛花，花期 3～4 月；果熟期 8～9 月。果期观赏效果佳。见图 27。

习性： 喜光，喜温暖湿润气候，耐湿，稍耐寒，不耐旱，喜土层深厚、疏松肥沃、湿润的土壤；深根性树种，根系发达，生长快，寿命短；对二氧化硫、氯气等有害气体较敏感，抗性弱。播种繁殖。

景观应用： 树冠高大，枝叶茂密，果形奇特，园林中常用于单位庭院、行道树、道路绿化、各类公园游园绿化。

形态特征： 落叶乔木，高达 30m；具树脂，有芳香；幼树树皮平滑，浅灰色，老时则深纵裂；小枝灰色至暗褐色，具灰黄色皮孔。芽无芽鳞而裸出，具柄，数枚重叠生于叶腋，密被锈褐色盾状着生的腺体。

花： 花单性，柔荑花序，雌雄同株，花叶同放。雄性柔荑花序长 6～10cm，单独生于去年生枝条上叶腋内，花序轴常有稀疏的星芒状毛，下垂；雄花多数，无柄，花被片 4 枚，常 1 枚发育；雄蕊 5～12 枚，具明显凸起的线形花托；苞片 1 枚，小苞片 2 枚；花丝极短或不存在。雌性柔荑花序顶生，长 10～15cm，花序轴密被星芒状毛及单毛，具 2 枚长达 5mm 的不孕性苞片，雌花多，开花时俯垂，果时下垂；雌花无梗，苞片 1 枚，小苞片 2 枚，离生，基部常有细小的星芒状毛，并密被腺体，苞片长不到 2mm；花被片 4 枚，贴生于子房，在子房顶端与子房分离；雌蕊 1 枚，花柱短，柱头 2 裂，裂片羽状。

果： 果序长 20～45cm，果序轴常被有宿存的毛。果实为干坚果，长椭圆形，长 6～7mm，基部常有宿存的星芒状毛及具 2 革质翅，顶端留有 4 枚宿存的花被片及花柱；外果皮薄革质，内果皮木质；果翅狭，条形或阔条形，向果实两侧或向斜上方伸展，长 12～20mm，宽 3～6mm，具近于平行的脉。

叶： 叶互生，常集生于小枝顶端；偶数稀奇数羽状复叶，长 8～25cm，叶柄长 2～5cm，叶轴具翅至翅不甚发达；小叶 6～25 枚，无小叶柄，对生或近对生，长椭圆形至长椭圆状披针形，长 8～12cm，宽 2～3cm，顶端常钝圆，基部歪斜，上方一侧楔形至阔楔形，下方一侧圆形，边缘有向内弯的细锯齿；羽状脉，小叶的侧脉在近叶缘处相互联结成环；无托叶。

其他用途： 树皮含鞣质，可提取栲胶；果实可作饲料和酿酒，种子可榨油。

28. 加杨 *Populus × canadensis*

俗名加拿大杨、欧美杨、美国大叶白杨。杨柳科杨属。

花期： 3 月中旬开花，3 月中下旬及 4 月上旬盛花，花期 3～4 月；果熟期 4～5 月。观叶植物，叶片大，观赏效果好。见图 28。

习性： 喜光，喜温暖湿润气候，耐寒、耐旱、耐瘠薄，适应性强，喜土层深厚、疏松肥沃、湿润而又排水良好的砂质壤土；深根性树种，根系发达；生长快，寿命短。扦插繁殖。

景观应用： 树冠高大，树干通直，枝繁叶茂，园林中常用于行道树、道路绿化、各类公园游园绿化。

形态特征： 落叶乔木，高 30 多米；干直，树冠卵形；树皮粗厚，纵深沟裂，下部暗灰色，上部褐灰色，味苦，大枝微向上斜伸；枝有长短枝之分，萌枝及苗茎棱角明显，小枝圆柱形，稍有棱角，无毛。芽大，先端反曲，初为绿色，后变为褐绿色，富黏质，有顶芽，芽鳞多数。雄株多，雌株少。

花： 花单性，雌雄异株，柔荑花序下垂，常先叶开放。花着生于苞片与花序轴间，无花被；苞片淡绿褐色，不整齐，丝状深裂，膜质，早落；花盘斜杯状，全缘，淡黄绿色，宿存；雄花序较雌花序稍早开放，雄花序长 7～15cm，花序轴光滑，每花有雄蕊 15～40 枚，着生于花盘内，花药近球形或椭圆形，暗红色，花丝细长，白色，超出花盘，离生；雌花序有花45～50朵，无花柱，柱头2枚，4裂。

果：果序长达27cm；蒴果卵圆形，长约8mm，先端锐尖，2～3瓣裂。种子小，多数，基部围有多数白色丝状长毛，子叶椭圆形。

叶：单叶互生，三角形或三角状卵形，长7～10cm，长枝和萌枝叶较大，长10～20cm，一般长大于宽，先端渐尖，基部截形或宽楔形，无或有1～2腺体，边缘有半透明窄边，有圆锯齿，近基部较疏，具短缘毛，上面暗绿色，下面淡绿色，有气孔；叶柄侧扁而长，带红色（苗期特明显），先端常有腺点，稀无；托叶早落。

品种：人工杂交品种很多，品系繁杂，豫南生长较好、常见的优良品种：

沙兰杨，树皮基部浅裂，上部光滑，具明显较大散生菱形皮孔；侧枝稀疏，枝层明显，灰白色或灰绿色，短枝黄褐色；子房黄褐色，具光泽，圆形，柱头2裂，花盘碗形，边缘波状，苞片三角形；果序长20～25cm，蒴果长卵圆形，长达1cm，2瓣裂，具柄；种子灰白色，纺锤形，长约2mm。只有雌株。抗病虫能力强。

波兰15号杨，树冠倒卵形，枝层明显；树皮灰白色，基部色深，浅纵裂；小枝黄褐色，长枝具棱；叶柄侧扁，长2.5～7cm；苞片先端黑褐色。只有雄株。

意大利214杨，侧枝发达，密集；树皮初光滑，后变厚，沟裂；幼叶红色，叶长15cm，叶柄带红色；果序长16～25cm；蒴果较小，柱头2裂。抗病性较强，抗寒性差。

其他用途：木材供箱板、家具、火柴杆、牙签和造纸等用；树皮含鞣质，可提制栲胶，也可作黄色染料。

29. 麻栎 *Quercus acutissima*

俗名栎、橡子树、橡碗树。壳斗科栎属。

花期：3月中旬开花，最佳观赏期3月中下旬及4月上旬，花期3～4月；果熟期翌年9～10月。见图29。

习性：喜光，喜温暖湿润气候，耐寒，耐旱，耐瘠薄，适应性强，在土层深厚、疏松肥沃、排水良好的砂质壤土中生长较好；深根性树种，根系发达，根蘖和萌芽能力强；抗风、抗病虫害能力强；生长慢，寿命长。播种繁殖。

景观应用：树冠高大，树形雄伟，花序下垂，果形奇特，具有较强的观赏性，园林绿化中常用于综合公园、郊野公园、植物园等各类公园绿化，也可作行道树。

形态特征：落叶乔木，高达 30m；树皮深灰褐色，深纵裂；幼枝被灰黄色柔毛，后渐脱落，老时灰黄色，具淡黄色皮孔。冬芽圆锥形，具数枚芽鳞，覆瓦状排列，被柔毛。

花：花单性，浅绿色或微带红色，雌雄同株。雄花序为下垂柔荑花序，常数个集生于当年生枝下部叶腋；雄花 1～3 朵单花或小花束，即变态的二歧聚伞花序，散生于总花序轴上呈穗状；花被杯形，4～7 裂或更多，基部合生，干膜质，1 轮；雄蕊 4～7 枚，花丝细长，退化雌蕊细小，为卷丛毛遮盖。雌花序直立，单朵散生或 2～3 朵聚生成簇，生于一总苞内，花被5～6 深裂，有时具细小退化雄蕊；花柱 3 枚，柱头侧生带状或顶生头状；壳斗（总苞）杯形，包着坚果约 1/2，连小苞片直径 2～4cm，高约 1.5cm；小苞片钻形或扁条形，覆瓦状排列，向外反曲，被灰白色茸毛。

果：每壳斗内有 1 个坚果；坚果卵形或椭圆形，直径 1.5～2cm，高 1.7～2.2cm，顶端圆形，有凸起柱座，底部果脐凸起疤痕状，占底部大部分面积。种子 1 粒，无胚乳。

叶：单叶，螺旋状互生，形态多样，通常为长椭圆状披针形，长 8～19cm，宽 2～6cm，顶端长渐尖，基部圆形或宽楔形，叶缘有刺芒状锯齿，叶片两面同色，幼时被柔毛，老时无毛或叶背面脉上有柔毛；羽状脉，侧脉每边 13～18 条，直达齿端；叶柄长 1～5cm，幼时被柔毛，后渐脱落；托叶早落。

其他用途：材质坚硬，纹理通直，耐腐朽，供枕木、坑木、桥梁、地板等用材；叶含蛋白质，可饲柞蚕；种子含淀粉，可作饲料和工业用淀粉；壳斗、树皮可提取栲胶。

30. 栓皮栎 *Quercus variabilis*

俗名软木栎、粗皮青冈。壳斗科栎属。

花期： 3月中旬开花，最佳观赏期3月中下旬及4月上旬，花期3～4月；果熟期翌年9～10月。见图30。

习性： 喜光，喜温暖湿润气候，耐寒，耐旱，耐瘠薄，适应性强，在土层深厚、疏松肥沃、排水良好的砂质壤土中生长较好；深根性树种，根系发达，根蘖和萌芽能力强；抗风、抗病虫害能力强；生长慢，寿命长。播种繁殖。

景观应用： 树冠高大，树形雄伟，花序下垂，果形奇特，具有较强的观赏性，园林绿化中常用于综合公园、郊野公园、植物园等各类公园绿化，也可作行道树。

形态特征： 落叶乔木，高达30m；树皮黑褐色，深纵裂，木栓层发达；小枝灰棕色，无毛。芽圆锥形，具数枚芽鳞，芽鳞褐色，覆瓦状排列，具缘毛。

花： 花单性，浅绿色，雌雄同株。雄花序为下垂柔荑花序，长达14cm，单个散生或数个簇生于花序轴下，花序轴密被褐色茸毛；花被杯形，4～6裂，基部合生，干膜质；雄蕊10枚或较多，花丝细长，退化雌蕊细小。雌花序生于新枝上端叶腋，直立，有时单朵或2～3朵聚生成簇，生于一总苞内，花被5～6深裂，有时具细小退化雄蕊，为卷丛毛遮盖；花柱3枚，柱头侧生带状或顶生头状；壳斗（总苞）杯形，包着坚果2/3，连小苞片直径2.5～4cm，高约1.5cm；小苞片钻形，覆瓦状排列，反曲，被短毛。

果： 每壳斗内有1个坚果；坚果近球形或宽卵形，高、径约1.5cm，顶端圆，有凸起柱座，底部果脐凸起疤痕状，占底部大部分面积。种子1粒，无胚乳。

叶： 单叶，螺旋状互生，卵状披针形或长椭圆形，长8～20cm，宽2～8cm，顶端渐尖，基部圆形或宽楔形，叶缘具刺芒状锯齿，叶背密被灰白色星状茸毛；羽状脉，侧脉每边13～18条，直达齿端；叶柄长1～5cm，无毛；托叶早落。

其他用途：树皮木栓层发达，是生产软木的主要原料；树皮含蛋白质，栎实、树皮含淀粉、单宁，可提取栲胶。

31. 榉树 *Zelkova serrata*

俗名光叶榉、红榉树、鸡油树、光光榆、马柳光树。榆科榉属。

花期：3月中旬开花，3月中下旬及4月上旬盛花，花期3～4月，花期较短；果熟期10～11月。观叶植物，生长期观赏效果好。见图31-1、图31-2。

习性：喜光，喜温暖湿润气候，稍耐寒，不耐旱，不耐水涝，不耐瘠薄，适生于土层深厚、疏松肥沃、湿润而排水良好的土壤；耐烟尘及有害气体；深根性树种，根系发达，抗风，生长中等，寿命长。播种繁殖。

景观应用：树冠高大，枝繁叶茂，是作行道树的良好树种，可孤植、列植、丛植或片植，园林中多用于单位庭院、居住小区、行道树、广场绿地、道路绿化、各类公园绿化。

形态特征：落叶乔木，高达30m；树皮灰白色或褐灰色，呈不规则的片状剥落；当年生枝紫褐色或棕褐色，疏被短柔毛，后渐脱落；体内无乳汁。冬芽圆锥状卵形或椭圆状球形。

花：花杂性，与叶同时开放。雄花数朵簇生于幼枝的下部叶腋，具极短的梗；花径约3mm，花被钟形，裂片5～8枚，裂至中部，不等大，外面被细毛；雄蕊5～8枚，花丝短而直立。雌花或两性花通常单生于幼枝的上部叶腋，近无梗；花径约1.5mm，花被片4～6枚，深裂，覆瓦状排列，外面被细毛，花柱短，柱头2枚，条形，偏生；退化雄蕊缺或多少发育，稀具发育的雄蕊。

果：核果无梗，淡绿色，斜卵状圆锥形，上面偏斜，凹陷，直径2.5～3.5mm，具背腹脊，网肋明显，表面被柔毛，具宿存的花被，宿存的柱头偏生呈喙状，内果皮多少坚硬。种子1粒，上下多少压扁，顶端凹陷，胚乳缺。

叶：单叶互生，薄纸质至厚纸质，大小形状变异很大，卵形、椭圆形或卵状披针形，长3～10cm，宽1.5～5cm，先端渐尖或尾状渐尖，基部有的稍偏斜，圆形或浅心形，叶面绿色，幼时疏生糙毛，后脱落平滑，叶背浅绿，幼时被短柔毛，后脱落或仅沿主脉两侧残留有稀疏的柔毛，边缘有圆齿状锯齿，具短尖头；羽状脉，侧脉直，5～14 对，脉端直达齿尖；叶柄粗短，长 2～6mm，被短柔毛；托叶成对离生，膜质，紫褐色，披针形，长 7～9mm，狭窄，早落。

其他用途：榉树皮和叶供药用。

32. 白梨 *Pyrus bretschneideri*

俗名罐梨、白挂梨。蔷薇科梨属。

花期：3 月中旬开花，最佳观赏期 3 月中下旬，花期 3～4 月；果熟期 8～9 月。见图 32-1、图 32-2。

习性：喜光，喜肥，耐寒，耐旱、耐水湿、耐盐碱，适应性强，在土层深厚、疏松肥沃、排水良好的砂质壤土中生长较好；根系发达，生长慢，寿命长。播种、嫁接繁殖。

景观应用：可观花，可观果，可食可赏，可孤植、丛植、片植，园林中多用于单位庭院、居住小区、广场绿地及各类公园游园绿化。

形态特征：落叶乔木，高达 8m，树冠开展；小枝粗壮，圆柱形，微屈曲，嫩时密被柔毛，不久脱落，2 年生枝紫褐色，具稀疏皮孔。冬芽卵形，先端圆钝或急尖，鳞片边缘及先端有柔毛，暗紫色。

花：花两性，白色，直径 2～3.5cm，先叶开放或花叶同放。伞形总状花序，有花 7～10 朵，直径 4～7cm；总花梗和花梗嫩时有茸毛，不久脱落，花梗长 1.5～3cm；苞片膜质，线形，长 1～1.5cm，先端渐尖，全缘，内面密被褐色长茸毛；萼片 5 枚，三角形，先端渐尖，边缘有腺齿，外面无毛，内面密被褐色茸毛；花瓣 5 枚，卵形，长 1.2～1.4cm，宽 1～1.2cm，先端常呈啮齿状，基部具有短爪；雄蕊 20，长约等于花瓣之半；花柱 5 或 4，离生，与雄蕊近等长，无毛。

果：梨果卵形或近球形，长 2.5～3cm，直径 2～2.5cm，先端萼片脱落，基部具肥厚果梗，黄绿色，有细密斑点，4～5 室，各室有 1～2 枚种子；

果肉多汁，富含石细胞，子房壁软骨质。种子倒卵形，微扁，长 6～7mm，褐色。

叶： 单叶互生，卵形或椭圆卵形，长 5～11cm，宽 3.5～6cm，先端渐尖稀急尖，基部宽楔形，稀近圆形，边缘有尖锐锯齿，齿尖有刺芒，微向内合拢，嫩时紫红绿色，两面均有茸毛，不久脱落，老叶无毛；叶柄长 2.5～7cm，嫩时密被茸毛，不久脱落；托叶膜质，线形至线状披针形，先端渐尖，边缘具有腺齿，长 1～1.3cm，外面有稀疏柔毛，内面较密，早落。

品种： 食用梨，栽培品种较多，如河北的鸭梨、蜜梨、雪梨、秋梨，山东的茌梨、窝梨、鹅梨、坠子梨、长把梨，山西的黄梨、油梨、夏梨、红梨等，果大，直径 10cm 以上，味甜。

33. 垂丝海棠 *Malus halliana*

蔷薇科苹果属。

花期： 花艳，3 月中旬开花，最佳观赏期 3 月中下旬及 4 月上中旬，花期 3～4 月；果熟期 9～10 月。见图 33-1、图 33-2。

习性： 喜光，喜温暖湿润气候，耐寒，耐旱，不耐涝，适应性强，对土壤要求不严，在土层深厚、疏松肥沃、排水良好的土壤中生长较好；根系发达，生长快，寿命长；对二氧化硫有较强的抗性。嫁接、播种、压条繁殖。

景观应用： 树形丰盈，枝繁叶茂，花娇色艳，多单株栽植于庭院，或于房前屋后对植，或于亭台周围、假山旁侧、溪湖水畔丛植，或于公园步道两旁列植，或片植成林，或作为主景的花境，绰约多姿，繁花似锦，美不胜收，园林中广泛应用于居住小区、单位庭院、行道树、道路绿化、城市街区、广场绿地、各类公园游园和工厂矿区绿化。作盆景或沧桑古雅，或娇柔红艳，或风姿飘逸，别具一番风味。

植物文化： 宋代王淇的《春暮游小园》"一从梅粉褪残妆，涂抹新红上海棠"，苏轼的《海棠》"东风袅袅泛崇光，香雾空蒙月转廊。只恐夜深花睡去，故烧高烛照红妆"，李清照的《如梦令》"昨夜雨疏风骤，浓睡不消残酒，试问卷帘人，却道海棠依旧。知否，知否，应是绿肥红瘦"，道出了海棠的艳丽与魅力。

形态特征： 落叶小乔木，高达 5m，树冠开展；小枝细弱，微弯曲，圆柱形，最初有毛，不久脱落，紫色或紫褐色。冬芽卵形，先端渐尖，外被覆瓦状鳞片，无毛或仅在鳞片边缘具柔毛，紫色；幼叶在芽中呈席卷状。

花： 花两性，粉红色，直径 3～3.5cm，先叶开放或花叶同放。伞形总状花序，具花 4～6 朵；花梗细弱，长 2～4cm，下垂，有稀疏柔毛，紫色；萼筒外面无毛，萼片 5 枚，三角卵形，长 3～5mm，先端钝，外面无毛，内面密被茸毛，与萼筒等长或稍短；花瓣倒卵形，长约 1.5cm，基部有短爪，常在 5 数以上；雄蕊 20～25 枚，花丝白色，长短不齐，约等于花瓣之半，花粉红色；花柱 4 或 5 枚，基部合生，有长茸毛，较雄蕊为长，顶花有时缺少雌蕊。

果： 梨果梨形或倒卵形，直径 6～8mm，略带紫色，成熟很迟，萼片脱落，果肉无石细胞；果梗长 2～5cm；子房壁软骨质，3～5 室，每室有 1～2 粒种子。

叶： 单叶互生，卵形或椭圆形至长椭圆状卵形，不分裂，长 3.5～8cm，宽 2.5～4.5cm，先端长渐尖，基部楔形至近圆形，边缘有圆钝细锯齿，中脉有时具短柔毛，其余部分均无毛，上面深绿色，有光泽并常带紫晕；叶柄长 5～25mm，幼时被稀疏柔毛，老时近于无毛；托叶小，膜质，披针形，内面有毛，早落。

品种： 重瓣垂丝海棠，花重瓣。

34. 西府海棠 *Malus × micromalus*

俗名小果海棠、子母海棠、海红。蔷薇科苹果属。

花期： 3 月中旬开花，最佳观赏期 3 月中下旬至 4 月上中旬，花期 3～4 月；果熟期 8～9 月。见图 34-1、图 34-2。

习性： 喜光，喜温暖湿润气候，耐旱，耐寒，不耐涝，适应性强，对土壤要求不严，在土层深厚、疏松肥沃、排水良好的土壤中生长较好；根系发达，生长快，寿命长。嫁接、播种、压条繁殖。

景观应用： 树形丰盈，枝繁叶茂，花娇色艳，多单株栽植于庭院，或于房前屋后对植，或于亭台周围、假山旁侧、溪湖水畔丛植，或于公园步道两旁列植，或片植成林，或作为主景的花境，绰约多姿，繁花似锦，美不胜收，园林中广泛应用于居住小区、单位庭院、行道树、道路绿化、城市街区、广场绿地、各类公园游园和工厂矿区绿化。做盆景或沧桑古雅，或娇柔红艳，或风姿飘逸，别具一番风味。

形态特征： 落叶小乔木，高达 5m；树冠紧凑，枝条直立；小枝细弱圆柱形，嫩时被短柔毛，老时脱落，紫红色或暗褐色，具稀疏皮孔。冬芽卵形，先端急尖，外被覆瓦状鳞片，无毛或仅边缘有茸毛，暗紫色；幼叶在芽中呈席卷状。

花： 花两性，粉红色，直径约 4cm，花叶同放。伞形总状花序，有花 4～7 朵，集生于小枝顶端；花梗长 2～3cm，嫩时被长柔毛，逐渐脱落；苞片膜质，线状披针形，早落；萼筒外面密被白色长茸毛，萼片 5 枚，三角状卵形、三角状披针形至长卵形，先端急尖或渐尖，全缘，长 5～8mm，内面被白色茸毛，外面较稀疏，萼片与萼筒等长或稍长；花瓣 5 枚，近圆形或长椭圆形，长约 1.5cm，基部有短爪；雄蕊约 20 枚，花丝白色，长短不等，比花瓣稍短，花药黄色；花柱 5 枚，基部合生，具茸毛，约与雄蕊等长。

果： 梨果近球形，直径 1～1.5cm，红色，果肉无石细胞；萼洼梗洼均下陷，萼片少数宿存；子房壁软骨质，3～5 室，每室有 1～2 粒种子。

叶： 单叶互生，长椭圆形或椭圆形，不分裂，长 5～10cm，宽 2.5～5cm，先端急尖或渐尖，基部楔形稀近圆形，边缘有尖锐锯齿，嫩叶被短柔毛，下面较密，老时脱落；叶柄长 2～3.5cm；托叶膜质，线状披针形，先端渐尖，边缘有疏生腺齿，近于无毛，早落。

品种： 栽培品种多食用，树姿直立，花朵密集，果实较大，直径多在 2cm 以上，果味酸甜。

35. 红花槭 *Acer rubrum*

俗名美国红枫。槭树科槭属。

花期： 3月中旬开花，最佳观赏期3月中下旬至4月上旬，花期3～4月。果期，观果效果很好。见图35。

习性： 喜光，幼树稍耐阴，喜温暖湿润气候，耐寒，稍耐旱，不喜强光高温，不耐水涝，适应性强，喜土层深厚、疏松肥沃、排水良好的酸性或微酸性土壤；生长快，寿命长。播种繁殖。

景观应用： 冠大干直，叶形奇特，花小而繁艳，春季红花，秋季红叶，绚烂美丽，是著名的观叶树种，适于庭院绿化、风景区造景、作行道树，园林中常用于单位庭院、居住小区、道路绿化、广场绿地、街头造景及各类公园游园绿化。

形态特征： 落叶乔木，高达30m；树冠呈椭圆形或广圆形；枝干光滑无毛，有皮孔。冬芽红褐色，具多数覆瓦状排列的鳞片。

花： 花小，红色或淡黄褐色，两性或单性，整齐，同株或异株，先叶开放；花瓣小，卵形，4～5枚；雄蕊4～9枚，花丝细长，花药棕褐色，花柱2裂。

果： 小坚果2枚相连，红色，近圆形，凸起，侧面有长翅，张开成钝角或锐角，长2.5～5cm，有时翅一长一短。

叶： 单叶对生，阔卵形，正面绿色，背面灰绿色，3～5裂，裂片边缘齿状浅裂，基部心形或截形；基生3～5出脉，掌状；无托叶。

36. 杜仲 *Eucommia ulmoides*

杜仲科杜仲属。

花期： 3月中旬开花，最佳观赏期3月下旬及4月上旬，花期3～4月；果熟期10～11月。见图36。

习性： 喜光，喜温暖湿润气候，耐寒，耐旱，适应性强，在土层深厚、疏松肥沃、湿润而排水良好的微酸性砂壤土中生长较好；生长速度中等。播种、扦插、压条繁殖。

景观应用： 树形美观，季相分明，可孤植、丛植、列植、片植，园林中多用于单位庭院、居住小区、道路绿化及各类公园游园绿化。

形态特征： 落叶乔木，高达20m；树皮灰褐色，粗糙，内含橡胶，折断拉开有多数细丝；嫩枝有黄褐色毛，不久变秃净，老枝有明显的皮孔；芽体卵圆形，外面发亮，红褐色，有鳞片6～8片，边缘有微毛。

花： 花单性，雌雄异株，无花被，生于当年枝基部，先叶开放，或与新叶同时从鳞芽长出。雄花簇生，有短柄，花梗长约3mm，无毛；苞片倒卵状匙形，长6～8mm，顶端圆形，边缘有睫毛，早落；雄蕊5～10枚，线形，长约1cm，无毛，花丝极短，长约1mm，药隔突出，花粉囊细长，无退化雌蕊。雌花单生，苞片倒卵形，花梗长8mm，柱头先端反折。

果： 翅果扁平，长椭圆形，长3～3.5cm，宽1～1.3cm，先端2裂，基部楔形，周围具薄翅，果皮薄革质，不开裂；坚果位于中央，稍突起。种子1粒，扁平，线形，长1.4～1.5cm，宽3mm，两端圆形，垂生于顶端。

叶： 单叶互生，椭圆形、卵形或矩圆形，薄革质，长6～15cm，宽3.5～6.5cm，基部圆形或阔楔形，先端渐尖，边缘有锯齿，上面暗绿色，初时有褐色柔毛，不久变秃净，老叶略有皱纹，下面淡绿，初时有褐毛，以后仅在脉上有毛；羽状脉，侧脉6～9对，与网脉在上面下陷，在下面稍突起；叶柄长1～2cm，上面有槽，被散生长毛；无托叶。叶内含橡胶质，折断拉开有多数细丝。

其他用途： 树皮药用，作为强壮剂及降血压，并能医腰膝痛、风湿及习惯性流产等；树皮分泌的硬橡胶供工业原料及绝缘材料，抗酸、碱及化学试剂腐蚀的性能高，可制造耐酸、碱容器及管道的衬里；种子含油率达27%；木材供建筑及制家具。

37. 黄连木 *Pistacia chinensis*

俗名楷木、黄连茶、凉茶树、黄连树、木黄连等。漆树科黄连木属。

花期： 3月中下旬开花，最佳观赏期3月下旬及4月上旬，花期3～4月。观叶植物，羽状叶优美。见图37。

习性： 喜光，喜温暖湿润气候，稍耐寒，耐旱，耐瘠薄，适应性强，对土壤要求不严，在土层深厚、疏松肥沃、湿润而排水良好的土壤中生长较好；深根性树种，主根发达，抗风力强；萌芽力强，生长慢，寿命长；抗二氧化硫、氯化氢、煤烟。播种繁殖。

景观应用：树干高大，枝叶繁茂，多作庭荫树、行道树，园林中常用于单位庭院、居住小区、行道树、道路绿化、广场绿地、各类公园游园及工厂矿区的绿化。

形态特征：落叶乔木，高达20余米；树干扭曲，树皮暗褐色，呈鳞片状剥落，具树脂，韧皮部具裂生性树脂道；幼枝灰棕色，具细小皮孔，疏被微柔毛或近无毛。

花：花小，红色至红绿色，单性，辐射对称，雌雄异株，先花后叶，圆锥花序腋生。单被花，无花萼；雄花序排列紧密，长6～7cm；雌花序排列疏松，长15～20cm，均被微柔毛；花梗长约1mm，被微柔毛；苞片1枚，披针形或狭披针形，内凹，长1.5～2mm，外面被微柔毛，边缘具睫毛。雄花：花被片2～4枚，披针形或线状披针形，大小不等，长1～1.5mm，边缘具睫毛；雄蕊3～5枚，花丝极短，长不到0.5mm，分离；花药长圆形，较大，长约2mm；雌蕊缺。雌花：花被片7～9枚，膜质，半透明，大小不等，长0.7～1.5mm，宽0.5～0.7mm，外面2～4片远较狭，披针形或线状披针形，外面被柔毛，边缘具睫毛，里面5片卵形或长圆形，外面无毛，边缘具睫毛；不育雄蕊缺；花柱极短，柱头3裂，厚，肉质，红色。

果：核果倒卵状球形，略压扁，径约5mm，成熟时紫红色，干后具纵向细条纹，先端细尖，无毛，外果皮薄，内果皮骨质。种子1颗，压扁，种皮膜质。

叶：奇数羽状复叶互生，有小叶5～6对；叶轴具条纹，被微柔毛；叶柄上面平，被微柔毛；小叶对生或近对生，纸质，全缘，披针形、卵状披针形或线状披针形，长5～10cm，宽1.5～2.5cm，先端渐尖或长渐尖，基部偏斜，两面沿中脉和侧脉被卷曲微柔毛或近无毛，侧脉和细脉两面突起；小叶柄长1～2mm；无托叶。

其他用途：木材鲜黄色，可提黄色染料，材质坚硬致密，可供家具和细工用材；种子榨油可作润滑油或制皂；幼叶可充蔬菜，并可代茶。

38. 白花泡桐 *Paulownia fortunei*

俗名白花桐、泡桐、大果泡桐。玄参科泡桐属。

花期: 3月下旬开花,最佳观赏期3月下旬至4月上旬,花期3~4月;果熟期7~8月。叶大,观叶效果也较好。见图38。

习性: 喜光,稍耐阴,喜温暖湿润气候,稍耐寒,耐旱,适应性强,喜土层深厚、疏松肥沃、湿润而排水良好的砂质壤土;生长快,寿命短。播种、埋根繁殖。

景观应用: 花大,色艳,园林中常用于居住小区、广场绿地、各类公园游园绿化,也是农田林网的优良树种。

形态特征: 落叶乔木,高达30m;树冠圆锥形,主干直;树皮灰褐色,有纵裂,幼树皮平滑有显著皮孔;枝对生,假二歧分枝;幼枝、叶、花序各部和幼果均被黄褐色星状茸毛,但叶柄、叶片上面和花梗渐变无毛。

花: 花大,两性,白色,仅背面稍带紫色或浅紫色,长8~12cm,3~8朵形成小聚伞花序。花序枝几无或仅有短侧枝,花序狭长成圆柱形,长约25cm;总花梗几与花梗等长,或下部者长于花梗,上部者略短于花梗;萼倒圆锥形,长2~2.5cm,花后逐渐脱毛,分裂至1/4或1/3处,萼齿5枚,厚革质,卵圆形至三角状卵圆形,至果期变为狭三角形;花冠管状漏斗形,管部在基部以上逐渐向上扩大,稍稍向前曲,外面有星状毛,腹部无明显纵褶,内部密布紫色细斑块,檐部二唇形,上唇2裂,多少向后翻卷,下唇3裂,伸长;雄蕊4枚,二强,不伸出,长3~3.5cm,有疏腺,花丝近基处扭卷,花药叉分;花柱上端微弯,长约5.5cm。

果: 蒴果长圆形或长圆状椭圆形,长6~10cm,顶端之喙长达6mm,宿萼漏斗状,果皮厚木质,厚3~6mm,室背开裂。种子小而多,有膜质翅,连翅长6~10mm,具少量胚乳。

叶: 单叶对生,生长旺盛的新枝上有时3枚轮生,叶片大,长卵状心脏形,有时为卵状心脏形,长达20cm,长大于宽,顶端长渐尖或锐尖头,其凸尖长达2cm,全缘,新枝上的叶有时2裂,基部心形,叶下面有星毛及腺,成熟叶片下面密被茸毛，有时毛很稀疏至近无毛；叶柄长达 12cm；无托叶。

其他用途：材质优良，轻而韧，具有很强的防潮隔热性能，耐酸耐腐，导音性好，在工农业上用途广泛，还可制作各种乐器、雕刻手工艺品等；叶、花、木材有消炎、止咳、利尿、降压等功效。

39. 一球悬铃木 *Platanus occidentalis*

俗名美国梧桐。悬铃木科悬铃木属。

花期：3 月下旬开花，最佳观赏期 3 月下旬及 4 月上旬，花期 3～4 月；果熟期 9～10 月。亦为观叶植物，叶片大，叶形奇特。见图 39。

习性：喜光，耐寒，耐旱，耐水湿，耐瘠薄，适应性强，在土层深厚、疏松肥沃、湿润而排水良好的壤土中生长较好；生长快，寿命长。扦插、播种繁殖。

景观应用：冠大荫浓，树形高大，季相分明，常作行道树，可孤植、列植，园林中多用于道路绿化、各类公园游园及工厂矿区绿化。

形态特征：落叶大乔木，高可达 40 余米；树皮有浅沟，表面平滑，苍白色，呈小块状剥落；嫩枝有黄褐色茸毛。侧芽卵圆形，先端稍尖，有单独一块鳞片包着，藏于膨大叶柄的基部，不具顶芽。

花：花单性，绿色，常 4～6 数，雌雄同株，排成紧密球形的头状花序。雌雄花序同形，生于不同的花枝上，雄花头状花序无苞片，雌花头状花序有苞片；花被退化。雄花的萼片及花瓣均短小，同数，3～8 枚，萼片三角形，有短柔毛，花瓣倒披针形；雄蕊 3～8 枚，花丝极短，花药伸长。雌花基部有长茸毛，萼片短小，花瓣比萼片长 4～5 倍；花柱伸长，比花瓣为长，突出头状花序外，柱头位于内面。

果：头状果序圆球形，单生，稀为 2 个，直径约 3cm，宿存花柱极短；果为聚合果，由多数狭长倒锥形的小坚果组成；小坚果先端钝，基部的茸毛长为坚果之半，不突出头状果序外。每个坚果有种子 1 粒，线形。

叶：单叶互生，叶大，阔卵形，常 3 浅裂，稀 5 浅裂，宽 10～22cm，长比宽略小；基部截形，阔心形，或稍呈楔形；裂片短三角形，宽度远较长度为大，边缘有数个粗大锯齿；上下两面初时被灰黄色茸毛，不久脱落，上面秃净，下面仅在脉上有毛；掌状脉3条，离基约1cm；叶柄长4～7cm，密被茸毛；托叶较大，长2～3cm，基部鞘状，上部扩大呈喇叭形，早落。

40. 木瓜 *Chaenomeles sinensis*

俗名木李、楙楂、海棠、木瓜海棠。蔷薇科木瓜属。

花期： 3月下旬开花，最佳观赏期3月下旬至4月上旬，花期3～4月；果熟期9～10月。果实大，观果效果也很好。见图40-1、图40-2。

习性： 喜光，喜温暖湿润气候，稍耐寒，耐旱，不耐积水，适应性强，对土壤要求不严，喜土层深厚、疏松肥沃、湿润而排水良好的土壤；分蘖能力强，生长慢，寿命长。播种、分株繁殖。

景观应用： 果大香浓，花色艳丽，园林上多在单位庭院、居住小区、公园游园栽植，也可做支路行道树及盆景造型。

形态特征： 落叶乔木，高可达10m；树皮灰色或灰褐色，呈片状脱落；小枝无刺，圆柱形，幼时被柔毛，不久即脱落，紫红色，2年生枝无毛，紫褐色。冬芽半圆形，先端圆钝，无毛，紫褐色，具2枚外露鳞片。

花： 花两性，淡粉红色，直径2.5～3cm，单生于叶腋，后叶开放。花梗短粗，长5～10mm，无毛；萼筒钟状，外面无毛，萼片5枚，三角披针形，长6～10mm，先端渐尖，边缘有腺齿，外面无毛，内面密被浅褐色茸毛，反折；花瓣5枚，倒卵形；雄蕊多数，长不及花瓣之半；花柱3～5枚，基部合生，被柔毛，柱头头状，与雄蕊等长或稍长，常宿存。

果： 梨果大，长椭圆形，长10～15cm，暗黄色，木质，味芳香；萼片脱落，果梗短。种子多数，褐色，种皮革质，无胚乳。

叶： 单叶互生，椭圆卵形或长椭圆形，稀倒卵形，长5～8cm，宽3.5～5.5cm，先端急尖，基部宽楔形或圆形，边缘有刺芒状尖锐锯齿，齿尖有腺，幼时下面密被黄白色茸毛，不久即脱落无毛；叶柄长5～10mm，微被柔毛，有腺齿；托叶膜质，卵状披针形，先端渐尖，边缘具腺齿，长约7mm。

其他用途：果实可供食用，入药有解酒、祛痰、顺气、止痢之效。

41. 北美海棠 *Malus* 'American'

蔷薇科苹果属。

花期：3 月下旬开花，最佳观赏期 3 月下旬及 4 月上中旬，花期 3 ～ 4 月；果熟期 8 ～ 10 月。秋季观果效果也很好。见图 41-1、图 41-2。

习性：喜光，喜肥，耐寒，耐旱，耐瘠薄，适应性强，稍耐水湿，忌积水，对土壤要求不严，在土层深厚、疏松肥沃、排水良好的砂壤土中生长较好。生长中等，寿命较长。嫁接、播种繁殖。

景观应用：树形优美，花色、叶色、果色丰富多彩，持续时间长，观赏性强，孤植、丛植、列植、片植均有较好的景观效果，常与假山、岩石、水景、园林建筑、景观小品配置，或作花境主景，园林中多用于单位庭院、居住小区、道路绿化、广场绿地、各类公园游园绿化。

形态特征：落叶小乔木，高达 7m；树冠多半圆形，开展，树皮灰色；分枝多变，互生或直立，无弯曲枝，老枝灰棕色，有光泽，新枝棕红色或黄绿色。冬芽卵形，先端尖，外被覆瓦状鳞片，紫色。

花：花两性，粉红色、紫红色、粉白色，颜色丰富，直径 3 ～ 3.5cm，有香味，先叶开放或花叶同放。伞形总状花序，具花多朵；花梗细弱，较长，有时下垂，有稀疏柔毛；萼筒无毛，萼片 5 枚，三角卵形，先端钝或尖，全缘或有锯齿；花瓣 5 枚，倒卵形，长约 1.5cm，基部有短爪；雄蕊多枚，花丝白色，长短不齐，约等于花瓣之半；花柱 5 枚左右，有长茸毛。

果：梨果梨形或近球形，红色或黄绿色，果肉无石细胞；子房壁软骨质，3 ～ 5 室，每室有 1 ～ 2 粒种子。

叶：单叶互生，卵形、椭圆形或椭圆状卵形，先端渐尖，基部楔形至近圆形，边缘有圆锯齿，叶绿色或紫红色；叶柄长 5 ～ 25mm；托叶小，膜质，披针形，早落。

品种：引自美国、加拿大等北美洲国家，品种较多，统称北美海棠。

42. 枫香树 *Liquidambar formosana*

俗名路路通、山枫香树。金缕梅科枫香树属。

花期： 3月下旬开花，最佳观赏期3月下旬至4月上旬，花期3~4月。见图42-1、图42-2。

习性： 喜光，喜温暖湿润气候，稍耐寒，稍耐旱，耐湿，不耐水涝，在土层深厚、疏松肥沃、湿润而排水良好的微酸性砂质壤土中生长较好；根系发达，萌生力极强；生长快，寿命长，耐火烧。播种繁殖。

景观应用： 树冠高大，枝叶浓密，叶形秀美，可孤植、列植、丛植、片植，园林中常用于单位庭院、居住小区、行道树、道路广场绿化、街头绿地、各类公园绿化。

形态特征： 落叶乔木，高达30m；树皮灰褐色，方块状剥落；小枝干后灰色，被柔毛，略有皮孔。芽体卵形，长约1cm，鳞状苞片敷有树脂，有光泽。

花： 花单性，雌雄同株，无花瓣。雄花序总状，由多个短穗状花序组成；每一个雄花序有苞片4枚，无萼片；雄蕊多而密集，花丝不等长，花药比花丝略短，卵形，药隔突出。雌花序为圆球形头状花序，有花24~43朵，花序柄长3~6cm，偶有皮孔，无腺体，有苞片1枚；萼齿4~7枚，针形，长4~8mm，宿存；花柱2枚，长6~10mm，先端常卷曲，柱头线形，有多数细小乳头状突起。

果： 头状果序圆球形，直径3~4cm；蒴果多数，木质，室间裂开为2片，果皮薄，下半部藏于花序轴内，有宿存花柱及针刺状萼齿。种子多数，褐色，多角形或有窄翅，种皮坚硬。

叶： 单叶互生，薄革质，阔卵形，掌状3裂，基部心形，边缘有锯齿，齿尖有腺状突；中央裂片较长，先端尾状渐尖，两侧裂片平展；掌状脉3~5条，在上下两面均显著，网脉明显可见；叶柄长达11cm，常有短柔毛；托叶线形，游离，或略与叶柄连生，长1~1.4cm，红褐色，被毛，早落。

其他用途： 树脂供药用，能解毒止痛，止血生肌；根、叶及果实亦入药，有祛风除湿、通络活血功效。木材稍坚硬，可制家具及贵重商品的包装箱。

43. 三角槭 *Acer buergerianum*

俗名三角枫。槭树科槭属。

花期： 3 月下旬开花，最佳观赏期 3 月下旬至 4 月上中旬，花期 3～4 月；果熟期 8～9 月。观果效果也很好。见图 43。

习性： 喜光，也稍耐阴，喜温暖湿润气候，耐寒，耐水湿，适应性强，在土层深厚、疏松肥沃、湿润而排水良好的中性至酸性壤土中生长较好；生长速度中等，寿命长；萌芽力强，耐修剪，根系发达。播种繁殖。

景观应用： 叶形秀美，果形奇特，入秋红色，园林中常用于单位庭院、居住小区、行道树、道路绿化、广场绿地及各类公园绿化。

形态特征： 落叶乔木，高 5～10m；树皮褐色或深褐色，粗糙；小枝细瘦，当年生枝紫色或紫绿色，无毛；多年生枝淡灰色或灰褐色，稀被蜡粉。冬芽小，褐色，长卵圆形，鳞片覆瓦状排列，内侧被长柔毛。

花： 花小，杂性，淡黄色，整齐，多数，雌雄异株，雄花与两性花同株。常成顶生被短柔毛的伞房花序，直径约 3cm，先叶后花；总花梗长 1.5～2cm；花梗长 5～10mm，细瘦，嫩时被长柔毛，渐老近于无毛；萼片 5 枚，黄绿色，卵形，无毛，长约 1.5mm；花瓣 5 枚，狭窄披针形或匙状披针形，先端钝圆，长约 2mm；雄蕊 8 枚，着生于花盘的内侧，与萼片等长或微短；花盘环状，无毛，微分裂，位于雄蕊外侧；花柱无毛，很短，2 裂，柱头平展或略反卷。

果： 小坚果 2 枚相连，特别凸起，直径 6mm；果两侧具翅，果翅张开成锐角或近于直立，黄褐色，中部最宽，基部狭窄；翅与小坚果共长 2～2.5cm，宽 9～10mm。种子无胚乳，外种皮薄，膜质。

叶： 单叶对生，纸质，基部近于圆形或楔形，外貌椭圆形或倒卵形，长 6～10cm，通常中段以上浅 3 裂，裂片向前延伸，稀全缘；中央裂片三角状卵形，急尖、锐尖或短渐尖，与侧裂片近于等长或较长；侧裂片短钝尖或甚小，以至于不发育；裂片边缘通常全缘，稀具少数锯齿；裂片间的凹缺钝尖；叶片上面深绿色，下面黄绿色或淡绿色，被白粉，略被毛，在叶脉上较密；初生脉 3 条，稀基部叶脉也发育良好，致成 5 条，在上面不显著，在下面显著，侧脉通常在两面都不显著；叶柄长 2.5～5cm，淡紫绿色，细瘦，无毛；无托叶。

44. 鸡爪槭 *Acer palmatum*

俗名七角枫、红枫。槭树科槭属。

花期： 3 月下旬开花，最佳观赏期 3 月下旬至 4 月上旬，花期 3～4 月；果熟期 8～9 月。观果效果也很好，红枫观叶效果最佳。见图 44-1、图 44-2。

习性： 喜光，也耐半阴，喜温暖湿润气候，夏天忌阳光暴晒，不耐西晒，耐寒、耐旱、耐瘠薄，适应性强，但不耐水涝，在土层深厚、疏松肥沃、湿润而排水良好的微酸性壤土中生长较好；生长速度中等偏慢，寿命长，易受病虫害；对二氧化硫和烟尘抗性较强。嫁接、播种繁殖。

景观应用： 其叶秀美，形如鸡爪，入秋红色，其果奇特，如飞鸟展翅，尤其是红枫，红艳如花，灿烂如霞，可孤植、列植、丛植、片植，栽于庭院、门前，红红火火，愉悦喜庆，与假山、置石、建筑、小品配置，轻盈活跃，风姿绰约，点缀于草坪、溪畔，美艳亮丽，如万绿丛中一点红，与高大乔木配置，则高低错落，红绿相间，花境组合中多为主景材料，也可建成色彩斑斓的专类园，是名贵的观赏树种，园林中常用于单位庭院、居住小区、道路绿化、街头绿地、广场游园、各类公园及工厂矿区绿化。

形态特征： 落叶小乔木；树皮深灰色；小枝细瘦，当年生枝紫色或淡紫绿色，多年生枝淡灰紫色或深紫色。冬芽小，鳞片通常 2～4 枚，基部覆叠或镊合状。

花： 花小，杂性，紫色，整齐，雌雄异株，雄花与两性花同株，常由少数几朵花组成伞房花序，花序下小枝有叶，先叶后花。花序无毛，总花梗长 2～3cm，花梗长约 1cm；萼片 5 枚，卵状披针形，先端锐尖，长 3mm，紫色或紫绿色；花瓣 5 枚，白色，椭圆形或倒卵形，先端钝圆，长约 2mm；雄蕊 8 枚，无毛，着生于花盘内侧，较花瓣略短而藏于其内；花盘环状，位于雄蕊的外侧，微裂；花柱长，2 裂，柱头扁平，细瘦，无毛。

果： 坚果小，2 枚相连，凸起，球形，直径 7mm，脉纹显著；果两侧具翅，张开成钝角，嫩时紫红色，成熟时淡棕黄色；翅与小坚果共长 2～2.5cm，宽 1cm。种子无胚乳，外种皮薄，膜质。

叶： 单叶对生，纸质，圆形，直径 7～10cm，掌状分裂，通常 7 裂，稀 5～9 裂，裂片长圆卵形或披针形，先端锐尖或长锐尖，边缘具紧贴的尖锐锯齿，基部心形或近心脏形稀截形；裂片间的凹缺钝尖或锐尖，深达叶片基部 1/2 或 1/3；叶片上面深绿色，无毛，下面淡绿色，在叶脉的脉腋被有白色丛毛；主脉在上面微显著，在下面凸起；叶柄长 4～6cm，细瘦，无毛；无托叶。

品种： 红枫，又名紫红鸡爪槭，叶、叶柄、嫩枝均紫红色，叶片极深裂，深达叶片基部 1/5 处或更深。

45. 杜梨 *Pyrus betulifolia*

俗名棠梨、土梨、灰梨、野梨子、海棠梨。蔷薇科梨属。

花期： 3 月下旬开花，最佳观赏期 3 月下旬至 4 月上旬，花期 3～4 月；果熟期 8～9 月。见图 45-1、图 45-2。

习性： 喜光，耐寒，耐旱，耐水湿，耐瘠薄，适应性强，在土层深厚、疏松肥沃、排水良好的砂质壤土中生长较好，常生长于水边；根系发达，生长慢，寿命长。播种、嫁接繁殖。

景观应用： 可观花，可观果，可食可赏，可孤植、丛植、片植，园林中多用于单位庭院、居住小区、广场绿地及各类公园游园绿化。

形态特征： 落叶乔木，高达 10m；树冠开展，枝常具刺；小枝嫩时密被灰白色茸毛，二年生枝条具稀疏茸毛或近于无毛，紫褐色。冬芽卵形，先端渐尖，具鳞片，外被灰白色茸毛。

花： 花两性，白色，直径 1.5～2cm，花叶同放。伞形总状花序，有花 10～15 朵；总花梗和花梗均被灰白色茸毛，花梗长 2～2.5cm；苞片膜质，线形，长 5 ～ 8mm，两面均微被茸毛，早落；萼筒外密被灰白色茸毛，萼片5 枚，三角卵形，长约 3mm，先端急尖，全缘，内外两面均密被茸毛；花瓣5 枚，宽卵形，长 5 ～ 8mm，宽 3 ～ 4mm，先端圆钝，基部具有短爪；雄蕊20 枚，花药紫色，长约花瓣之半；花柱 2 ～ 3 枚，离生，基部微具毛。

果：梨果近球形，直径 5 ～ 10mm，2 ～ 3 室，褐色，有淡色斑点，萼片脱落，基部具带茸毛果梗，各室有 1 ～ 2 枚种子；果肉多汁，富含石细胞，子房壁软骨质。

叶：单叶互生，菱状卵形至长圆卵形，长 4 ～ 8cm，宽 2.5 ～ 3.5cm，先端渐尖，基部宽楔形，稀近圆形，边缘有粗锐锯齿，幼叶上下两面均密被灰白色茸毛，成长后脱落，老叶上面无毛而有光泽，下面微被茸毛或近于无毛；叶柄长 2 ～ 3cm，被灰白色茸毛；托叶膜质，线状披针形，长约 2mm，两面均被茸毛，早落。

其他用途：木材致密可做各种器物；树皮含鞣质，可提制栲胶并入药。

本种小枝密被灰白色茸毛，叶缘具有粗锐锯齿，幼叶、叶柄、果梗均密被茸毛，区别于豆梨。

46. 日本晚樱 *Prunus serrulata* var. *lannesiana*

俗名矮樱、晚樱，山樱花的变种。蔷薇科李属。

花期：3 月下旬开花，最佳观赏期 3 月下旬至 4 月中旬，花期 3 ～ 4 月；果熟期 6 ～ 7 月。见图 46-1 至图 46-3。

习性：喜光，喜肥，喜温暖湿润气候，耐寒，不耐旱，不耐涝，在土层深厚、疏松肥沃、湿润而又排水良好的砂壤土中生长较好；生长快，寿命短。嫁接、播种、扦插、压条繁殖。

景观应用：树形优美，花开烂漫，朵大色艳，是常用园林绿化植物，孤植、丛植、列植、片植，与假山、岩石、园林建筑、景观小品配置，均有较好的景观，园林中多用于单位庭院、居住小区、城市街区、行道树、道路绿化、广场绿地及各类公园游园绿化。其花朵大、重瓣、颜色鲜艳、色彩丰富、气味芳香、花期长，比东京樱花应用更为广泛。

形态特征：落叶小乔木，高达 8m；树皮灰褐色或灰黑色；小枝灰白色或淡褐色，无毛。冬芽卵圆形，无毛，具鳞片，具顶芽，腋芽单生。

花：花两性，粉红色、白色、淡红色至淡紫色，有香气，花叶同放。花序伞房总状或近伞形，有花 2～3 朵；总苞片褐红色，倒卵长圆形，长约 8mm，宽约 4mm，外面无毛，内面被长柔毛；苞片褐色或淡绿褐色，长 5～8mm，宽 2.5～4mm，边有腺齿；总梗长 5～10mm，无毛；花梗长 1.5～2.5cm，无毛或被极稀疏柔毛；萼筒管状，长 5～6mm，宽 2～3mm，先端扩大，无毛，萼片 5 枚，三角状披针形，长约 5mm，先端渐尖或急尖，边全缘，直立或开张；花瓣重瓣，5 至多枚，倒卵形，先端下凹，有香气；雄蕊约 38 枚；雌蕊 1 枚，花柱顶生。

果：核果球形或卵球形，紫黑色，直径 8～10mm，成熟时肉质多汁，不开裂，光滑无毛；核球形或卵球形，核面平滑或稍有皱纹。

叶：单叶互生，卵状椭圆形或倒卵状椭圆形，长 5～9cm，宽 2.5～5cm，先端渐尖，基部圆形，边有渐尖单锯齿及重锯齿，齿端有长芒及小腺体，上面深绿色，无毛，下面淡绿色，无毛；羽状脉，有侧脉 6～8 对；叶柄长 1～1.5cm，无毛，先端有 1～3 圆形腺体；托叶线形，长 5～8mm，边有腺齿，早落。

47. 银杏 *Ginkgo biloba*

俗名白果树、公孙树、鸭掌树、鸭脚子。裸子植物。银杏科银杏属。

花期：3 月下旬开花，最佳观赏期 3 月下旬至 4 月上旬，花期 3～4 月；种子 9～10 月成熟。叶形优美奇特，生长期及秋季的观叶效果最好。见图 47-1 至图 47-3。

习性：喜光，喜肥，喜温暖湿润气候，耐寒，对气候、土壤的适应性强，不耐旱，不耐水涝，不耐瘠薄，在土层深厚、肥沃、湿润、疏松、排水良好的微酸性土壤中生长较好；深根性树种，肉质根，主根发达，萌蘖性强；生长慢，寿命长。播种、扦插、分株繁殖。

景观应用：银杏树干通直挺拔，树冠高大优美，气势雄伟，枝繁叶茂，叶形如扇，奇特美观，秋季落叶，满地金黄，美轮美奂，富丽堂皇，是豫南最常用的园林绿化树种之一，可孤植、列植、丛植、片植造景，可与建筑、小品、亭廊楼阁、假山、景石、水系配置，多用于单位庭院、居住小区、行道树、城市节点、道路绿化、广场绿地、各类公园游园和工厂矿区绿化。银杏枝条柔和，也是常用的盆景材料，干粗、枝曲、根露，造型独特，苍劲有力，潇洒飘逸，古朴沧桑。

植物文化：银杏为中生代孑遗珍稀树种，我国特产，被誉为植物界的"活化石"，是信阳的市树，在信阳自然生长的百年以上古树就有上千株。历代文人墨客多盛赞古老而神奇的银杏，不吝笔墨写下了很多名诗词赋，如宋代人文学家欧阳修《和圣俞李侯家鸭脚子》写银杏"鸭脚生江南，名实未相浮。绛囊因入贡，银杏贵中州"；宋代诗人张商英《银杏》"鸭脚半熟色犹青，纱囊驰寄江陵城。城中朱门翰林宅，清风六月吹帘旌。玉纤雪椀白相照，烂银壳破玻璃明"；宋代诗人葛绍体在《晨兴书所见》描写银杏"满地翻黄银杏叶，忽惊天地告成功"；清代诗人庞鸿书作《双银杏歌》赞银杏"霜林脱尽长风劲，老干凌空势特横。丛祠野岸俯寒潮，对立隐然君子正"。

形态特征：落叶乔木，树干高大端直，分枝繁茂，高达40m，胸径可达4m；幼树树皮浅纵裂，大树之皮呈灰褐色，深纵裂，粗糙；幼年及壮年树冠圆锥形，老则广卵形；枝近轮生，斜上伸展，雌株的大枝常较雄株开展。枝分长枝与短枝：1年生的长枝淡褐黄色，2年生以上变为灰色，并有细纵裂纹；短枝密被叶痕，黑灰色，短枝上亦可长出长枝。冬芽黄褐色，常为卵圆形，先端钝尖。

花：球花单性，淡黄绿色，雌雄异株，呈簇生状，生于短枝顶端的鳞片状叶腋内。雄球花具梗，柔荑花序状，下垂，雄蕊多数，螺旋状着生，排列疏松，具短梗；雌球花具长梗，梗端常分两叉，稀3～5叉或不分叉，每叉顶生一盘状珠座，1枚直立胚珠着生其上，裸生，通常仅一个叉端的胚珠发育成种子，风媒传粉。

果：无果皮，种子核果状裸露，具长梗，下垂，常为椭圆形、长倒卵形、卵圆形或近圆球形，长2.5～3.5cm，径为2cm。3层种皮，外种皮肉质，熟时黄色或橙黄色，外被白粉，有臭味；中种皮白色，骨质，具2～3条纵脊；内种皮膜质，淡红褐色。

叶：单叶，扇形，有长柄，淡绿色，无毛，有多数叉状并列细脉，顶端宽 5～8cm，在短枝上常具波状缺刻，在长枝上常 2 裂，基部宽楔形，柄长 5～8（有时 3～10）cm，幼树及萌生枝上的叶常较大而深裂（长达 13cm、宽 15cm），有时裂片再分裂，叶在 1 年生长枝上螺旋状散生，在短枝上 3～8 叶呈簇生状，秋季落叶前变为黄色。

品种：银杏选育优良栽培品种很多，以种子大、种仁品质好为主，提高种子产量，如江苏的洞庭皇、小佛手、佛指、鸭尾银杏，浙江的卵果佛手、圆底佛手、大梅核、大马铃，广西橄榄佛手、桐子果等，区别均在种子上，树的外部形态和景观没有变化，不单独阐述。

其他用途：材质优良，轻软细腻，富有弹性，不翘不裂，用于建筑、家具、室内装饰、雕刻等；种子可食用，外种皮含白果酸、白果醇及白果酚有毒；种子及叶可药用。

48. 皂荚 *Gleditsia sinensis*

俗名皂角、皂荚树、刀皂、牙皂、猪牙皂。豆科皂荚属。

花期：3 月下旬开花，最佳观赏期 3 月下旬至 4 月上旬，花期 3～4 月；果熟期 11～12 月。果实独特，观果效果好。见图 48。

习性：喜光，稍耐阴，耐寒，耐旱，适应性强，对土壤要求不严，喜土层深厚、疏松、肥沃、排水良好的壤土；深根性树种；生长慢，寿命长。播种繁殖。

景观应用：冠大荫浓，树形美观，适应性强，园林中常用于盆景造型和花境造景、单位庭院、街头景观、广场绿地及各类公园绿化。

形态特征：落叶乔木，高达 30m；枝灰色至深褐色；刺粗壮，圆柱形，常分枝，多呈圆锥状，长达 16cm。

花：花杂性，黄绿色至黄白色，直径 9～12mm，组成总状花序。花序腋生或顶生，长 5～14cm，被短柔毛。雄花：直径 9～10mm；花梗长 2～10mm；花托钟状，长 2.5～3mm，深棕色，外面被柔毛，里面无毛；萼片 4 枚，三角状披针形，长 3mm，两面被柔毛；花瓣 4 枚，长圆形，长

4～5mm，被微柔毛；雄蕊 6～8 枚，伸出，花丝中部以下稍扁宽并被长曲柔毛，退化雌蕊长 2.5mm。两性花：直径 10～12mm；花梗长 2～5mm；萼、花瓣与雄花的相似，唯萼片长 4～5mm，花瓣长 5～6mm；雄蕊 8 枚，与雄花的相似；花柱长于雄蕊，顶生柱头浅 2 裂。

果：荚果扁，带状，长 12～37cm，宽 2～4cm，劲直或扭曲，果肉稍厚，两面鼓起，不开裂；或有的荚果短小，多少呈柱形，长 5～13cm，宽 1～1.5cm，弯曲作新月形，通常称猪牙皂，内无种子；果颈长 1～3.5cm；果瓣革质，褐棕色或红褐色，常被白色粉霜。种子多颗，长圆形或椭圆形，长 11～13mm，宽 8～9mm，棕色，光亮。

叶：羽状复叶，互生，长 10～26cm，叶轴具槽；小叶 2～9 对，纸质，近对生，卵状披针形至长圆形，长 2～12.5cm，宽 1～6cm，先端急尖或渐尖，顶端圆钝，具小尖头，基部圆形或楔形，边缘具细锯齿，上面被短柔毛，下面中脉上稍被柔毛；网脉明显，在两面凸起；小叶柄长 1～5mm，被短柔毛；托叶小，早落。

其他用途：木材坚硬，为车辆、家具用材；荚果煎汁可代肥皂，洗涤丝毛织物；嫩芽油盐调食，其子煮熟糖渍可食；荚、子、刺均入药，有祛痰通窍、镇咳利尿、消肿排脓、杀虫治癣之效。

49. 山茶 *Camellia japonica*

俗名茶花、山茶花、耐冬。山茶科山茶属。

花期：花大，红艳，美丽，3 月上旬开花，最佳观赏期 3 月中下旬至 4 月，花期 3～5 月。见图 49-1 至图 49-3。

习性：半喜光，喜温暖湿润气候，喜肥，不耐旱，不耐寒，不耐积水，对土壤和气候要求严，怕高温，忌烈日，适宜水分充足、空气湿润、土层深厚、疏松肥沃、排水性好的酸性或微酸性土壤；生长慢，寿命长。嫁接、压条、播种繁殖。

景观应用：山茶四季常绿，叶色翠绿光亮，花朵红艳美丽，花期较长，是我国十大名花之一，被誉为"花中娇客"。山茶孤植、丛植、列植、片植，都有较好的景观效果，可与假山岩石构景，可与亭台楼阁配置，可点缀于小区庭院一角，可与乔木高低呼应，可自成山茶专类园，可盆栽于室内厅堂，雅致、清秀、美观，园林中常用于居住小区、单位庭院、广场绿地及各类公园绿化，深受人们喜爱。

植物文化：古往今来，很多文人写下了赞美山茶的诗句词赋，宋代诗人俞国宝《山茶花》写道"玉洁冰寒自一家，地偏惊此对山花。归来不负西游眼，曾识人间未见花"；宋代陶弼《山茶花》诗赞"江南池馆厌深红，零落空山烟雨中。却是北人偏爱惜，数枝和雪上屏风"；明代归有光赋《山茶》诗赞"虽具富贵姿，而非妖冶容。岁寒无后凋，亦自当春风"；郭沫若老先生一句"茶花一树早桃红，百朵彤云啸傲中"，道出了山茶花盛开的美丽景况。

形态特征：常绿灌木，嫩枝无毛。

叶：花大，红色艳丽，单朵顶生，直径 5～10cm，两性，无柄。苞被未分化，苞片及萼片约 10 枚，组成长 2.5～3cm 的杯状苞被，苞片半圆形至圆形，长 4～20mm，外面有绢毛，花后脱落；花瓣 6～7 枚，外侧 2 枚近圆形，几离生，长 2cm，外面有毛，内侧 5 枚基部连生，倒卵圆形，长 3～4.5cm，无毛，栽培种常为重瓣，覆瓦状排列；雄蕊 3 轮，无毛，长 2.5～3cm，外轮花丝基部连生成管，花丝管长 1.5cm，无毛，内轮雄蕊离生，稍短；花柱长 2.5cm，连生，先端 3 裂。

果：蒴果大，不正常发育，圆球形，直径 2.5～3cm，有中轴，2～3 室，每室有种子 1～2 粒，3 裂，果皮平滑，坚实木质，无毛。种子圆球形或半圆形，种皮角质。

叶：单叶互生，革质，椭圆形，长 5～10cm，宽 2.5～5cm，无毛，先端略尖，或急短尖而有钝尖头，基部阔楔形，上面深绿色发亮，下面浅绿色，羽状脉，侧脉 7～8 对，上下两面均能见，边缘有细锯齿；叶柄长 8～15mm，无毛；无托叶。

品种：各地广泛栽培，品种繁多，花色丰富，有红色、淡红色、粉红色、紫红色、白色等。

其他用途：花有止血功效，种子榨油，供工业用。

50. 野迎春 *Jasminum mesnyi*

俗名云南黄馨、云南黄素馨、云南迎春、南迎春。木樨科素馨属。

花期：3月上旬开花，最佳观赏期3月中旬至4月，花期3～6月；果熟期6～8月。见图50。

习性：喜光，耐半阴，喜温暖湿润气候，不耐寒，不耐旱，在土层深厚、疏松肥沃、湿润而排水良好的砂质土壤中生长较好；根蘖能力强，生长快。扦插、压条、分株、播种繁殖。

景观应用：迎春株形优雅，枝条披垂，花色金黄，孤植、丛植、片植效果均佳，可配置在湖边、溪畔、桥头，或在林缘、坡地、树下作地被，或在建筑四周、假山旁边栽植，金黄一片，景色宜人，园林中多用于单位庭院、居住小区、街头绿地、道路绿化、广场游园及各类公园绿地的绿化。

形态特征：常绿灌木，高0.5～5m；枝条下垂，小枝四棱形，具沟，光滑无毛。

花：花两性，黄色，芳香，直径2～4.5cm，通常单生于叶腋，稀2朵并生或单生于小枝顶端。苞片叶状，倒卵形或披针形，长5～10mm，宽2～4mm；花梗粗壮，长3～8mm；花萼钟状，裂片5～8枚，叶状，披针形，长4～7mm，宽1～3mm，先端锐尖；花冠漏斗状，花冠管长1～1.5cm，裂片6～8枚，宽倒卵形或长圆形，长1.1～1.8cm，宽0.5～1.3cm，栽培有重瓣；雄蕊2枚，内藏，着生于花冠管近中部，花丝短，花药背着；花柱常异长，丝状，柱头头状或2裂。

果：浆果双生或其中一个不育而成单生，椭圆形，两心皮基部愈合，径6～8mm，成熟时呈黑色或蓝黑色，果皮肥厚或膜质。

叶：叶对生，三出复叶或小枝基部具单叶；叶柄长0.5～1.5cm，具沟；叶片和小叶片近革质，两面几无毛，叶缘反卷，具睫毛，中脉在下面凸起，侧脉不甚明显；小叶片长卵形或长卵状披针形，全缘，先端钝或圆，具小尖头，基部楔形，顶生小叶片长2.5～6.5cm，宽0.5～2.2cm，基部延伸成短柄，侧生小叶片较小，长1.5～4cm，宽0.6～2cm，无柄；单叶为宽卵形或椭圆形，有时几近圆形，长 3～5cm，宽 1.5～2.5cm；无托叶。

和迎春花的主要区别：本种为常绿植物，花较大，花冠裂片极开展，长于花冠管，地理分布较南；迎春花为落叶植物，花较小，花冠裂片较不开展，短于花冠管，地理分布较北。

51. 皱皮木瓜 *Chaenomeles speciosa*

俗名贴梗海棠、贴梗木瓜、铁脚梨、楸、木瓜。蔷薇科木瓜属。

花期：3 月上旬开花，最佳观赏期 3 月中下旬至 4 月，花期 3～5 月；果熟期 9～10 月。见图 51。

习性：喜光，喜温暖湿润气候，稍耐寒，耐旱，不耐积水，适应性强，对土壤要求不严，喜土层深厚、疏松肥沃、排水良好的壤土；分蘖能力强，长势中等，寿命长。播种、分株、压条繁殖。

景观应用：花色红艳，果大香浓，是我国常用绿化植物，孤植、丛植、片植，均有较强观赏性，园林中常用于单位庭院、居住小区、道路绿化、广场绿地、公园游园的绿化；亦是盆景的好材料，树形矫健，刚柔相济，老桩嫩枝，横斜有致。

形态特征：落叶灌木，高达 2m；枝条直立开展，有刺；小枝圆柱形，微屈曲，无毛，紫褐色或黑褐色，有疏生浅褐色皮孔。冬芽三角卵形，先端急尖，近于无毛，紫褐色，具 2 枚外露鳞片。

花：花大，两性，猩红色，稀淡红色或白色，直径 3～5cm，先叶开放或与叶同时开放，3～5 朵簇生于 2 年生老枝上。花梗短粗，长约 3mm 或近于无柄；萼筒钟状，外面无毛，萼片 5 枚，直立，半圆形稀卵形，长 3～4mm，宽 4～5mm，长约萼筒之半，先端圆钝，全缘或有波状齿及黄褐色睫毛；花瓣 5 枚，重瓣多枚，倒卵形或近圆形，基部延伸成短爪，长 10～15mm，宽 8～13mm；雄蕊 45～50 枚，长约花瓣之半；花柱 5 枚，基部合生，无毛或稍有毛，柱头头状，有不显明分裂，约与雄蕊等长，常宿存。

果：梨果大，球形或卵球形，直径 4～6cm，黄色或带黄绿色，味芳香；

萼片脱落，果梗短或近于无梗。种子多数，褐色，种皮革质，无胚乳。

叶： 单叶互生，卵形至椭圆形，稀长椭圆形，长 3～9cm，宽 1.5～5cm，先端急尖稀圆钝，基部楔形至宽楔形，边缘具有尖锐锯齿，齿尖开展，无毛或在萌蘖上沿下面叶脉有短柔毛；叶柄长约 1cm；托叶大形，草质，肾形或半圆形，稀卵形，长 5～10mm，宽 12～20mm，边缘有尖锐重锯齿，无毛。

其他用途： 果实含苹果酸、酒石酸、枸橼酸及维生素 C 等，干制入药，有祛风、舒筋、活络、镇痛、消肿、顺气之效。

52. 连翘 *Forsythia suspensa*

俗名黄花杆、黄寿丹。木樨科连翘属。

花期： 3 月中旬开花，最佳观赏期 3 月中下旬至 4 月上旬，花期 3～4 月；果熟期 7～8 月。见图 52-1、图 52-2。

习性： 喜光，耐半阴，喜温暖湿润气候，耐寒，不耐旱，耐瘠薄，适应性强，在土层深厚、疏松肥沃、湿润而又排水良好的壤土中生长较好；根系发达，萌芽萌枝力强，耐修剪，生长快。播种、压条、分株繁殖。

景观应用： 树形优美，花繁色艳，缤纷灿烂，可孤植、丛植、片植，可作绿篱、球形植物、色块地被，是花境的常用材料，可与假山、岩石、小品、水景、建筑配置，金黄美艳，芬芳四溢，园林中多用于单位庭院、居住小区、街头景观、道路绿化、广场绿地、各类公园绿化。

形态特征： 落叶灌木；枝开展或下垂，棕色、棕褐色或淡黄褐色，小枝土黄色或灰褐色，略呈四棱形，疏生皮孔，节间中空，节部具实心髓。

花： 花两性，浅黄色，辐射对称，通常单生或 2 至数朵着生于叶腋，先叶开放。花梗长 5～6mm；花萼绿色，裂片 4 枚，长圆形或长圆状椭圆形，长 6～7mm，先端钝或锐尖，边缘具睫毛，与花冠管近等长；花冠钟状，裂片 4 枚，倒卵状长圆形或长圆形，长 1.2～2cm，宽 6～10mm；在雌蕊长 5～7mm 花中，雄蕊长 3～5mm，在雄蕊长 6～7mm 的花中，雌蕊长约 3mm；雄蕊 2 枚，着生于花冠管基部；花柱细长，柱头 2 裂。

果： 蒴果卵球形、卵状椭圆形或长椭圆形，长 1.2～2.5cm，宽

0.6～1.2cm，先端喙状渐尖，表面疏生皮孔，2室，室间开裂，每室具种子多粒；果梗长 0.7～1.5cm。种子一侧具翅。

叶： 叶对生，通常为单叶或 3 裂至三出复叶，叶片卵形、宽卵形或椭圆状卵形至椭圆形，长 2～10cm，宽 1.5～5cm，先端锐尖，基部圆形、宽楔形至楔形，叶缘除基部外具锐锯齿或粗锯齿，上面深绿色，下面淡黄绿色，两面无毛；叶柄长 0.8～1.5cm，无毛；无托叶。

其他用途： 果实入药，具清热解毒、消结排脓之效；叶入药，对治疗高血压、痢疾、咽喉痛有效。

53. 金钟花 *Forsythia viridissima*

俗名连翘、黄金条、迎春条等。木樨科连翘属。

花期： 3 月中旬开花，最佳观赏期 3 月中下旬至 4 月上旬，花期 3～4月；果熟期 8～10 月。见图 53-1、图 53-2。

习性： 喜光，稍耐阴，喜温暖湿润气候，不耐寒，稍耐旱，耐瘠薄，适应性强，在土层深厚、疏松肥沃、湿润而又排水良好的壤土中生长较好；萌芽萌枝力强，耐修剪，生长快。播种、压条、分株繁殖。

景观应用： 树形优美，花繁色艳，缤纷灿烂，可孤植、丛植、片植，可作绿篱、球形植物、色块地被，是花境的常用材料，可与假山、岩石、小品、水景、建筑配置，金黄美艳，芬芳四溢，园林中多用于单位庭院、居住小区、街头景观、道路绿化、广场绿地、各类公园绿化。

形态特征： 落叶灌木，高可达 3m；全株除花萼裂片边缘具睫毛外，其余均无毛；枝棕褐色或红棕色，直立，小枝绿色或黄绿色，呈四棱形，皮孔明显，具片状髓。

花： 花两性，深黄色，辐射对称，1～4 朵着生于叶腋，先叶开放。花梗长 3～7mm；花萼长 3.5～5mm，裂片 4 枚，绿色，卵形、宽卵形或宽长圆形，长 2～4mm，具睫毛；花冠钟状，长 1.1～2.5cm，花冠管长 5～6mm，裂片 4 枚，狭长圆形至长圆形，长 0.6～1.8cm，宽 3～8mm，内面基部具橘黄色条纹，反卷；在雄蕊长 3.5～5mm 花中，雌蕊长 5.5～7mm，在雄蕊长 6～7mm 的花中，雌蕊长约 3mm；雄蕊 2 枚，着生于花冠管基部，花药 2 室，纵裂；花柱细长，柱头 2 裂。

果：蒴果卵形或宽卵形，长 1～1.5cm，宽 0.6～1cm，基部稍圆，先端喙状渐尖，具皮孔，2 室，室间开裂，每室具种子多枚；果梗长 3～7mm。种子一侧具翅。

叶：单叶对生，长椭圆形至披针形或倒卵状长椭圆形，长 3.5～15cm，宽 1～4cm，先端锐尖，基部楔形，通常上半部具不规则锐锯齿或粗锯齿，稀近全缘，上面深绿色，下面淡绿色，两面无毛，中脉和侧脉在上面凹入，下面凸起；叶柄长 6～12mm；无托叶。

54. 李叶绣线菊 *Spiraea prunifolia*

俗名笑靥花、李叶笑靥花。蔷薇科绣线菊属。

花期： 3 月中旬开花，最佳观赏期 3 月中下旬，花期 3～4 月。见图 54-1、图 54-2。

习性： 喜光，喜温暖湿润气候，耐寒、耐旱、耐瘠薄，不耐涝，在土壤深厚、疏松肥沃的砂质壤土中生长良好。播种繁殖。

景观应用： 花色洁白如玉，花朵繁密，如白雪，如笑靥，是美丽的观赏花木，园林中常用于单位庭院、居住小区、广场绿地及各类公园绿化。

形态特征： 落叶灌木，高达 3m；小枝细长，稍有棱角，幼时被短柔毛，以后逐渐脱落，老时近无毛。冬芽小，卵形，无毛，有数枚鳞片。

花：花两性，白色，直径达 1cm。伞形花序无总梗，具花 3～6 朵，着生在去年生短枝的顶端，基部数枚小形叶片；花梗长 6～10mm，有短柔毛；花重瓣，常圆形，较萼片长；萼筒钟状，萼片 5 枚，通常稍短于萼筒；雄蕊 15～60 枚，短于花瓣，着生在花盘和萼片之间。

果：蓇葖果 5 枚，常沿腹缝线开裂，内具数粒细小种子。

叶：单叶互生，卵形至长圆披针形，长 1.5～3cm，宽 0.7～1.4cm，先端急尖，基部楔形，边缘有细锐单锯齿，上面幼时微被短柔毛，老时仅下面有短柔毛，具羽状脉；叶柄长 2～4mm，被短柔毛；无托叶。

55. 紫荆 *Cercis chinensis*

俗名紫珠、裸枝树、老茎生花、满条红。豆科紫荆属。

花期： 3月中旬开花，最佳观赏期3月中下旬，花期3~4月；果熟期8~9月。见图55-1、图55-2。

习性： 喜光，稍耐阴，喜肥，喜温暖湿润气候，耐寒，耐旱，不耐湿，适应性强，喜土层深厚、疏松肥沃、湿润而排水良好的壤土；萌芽力强，耐修剪；生长快，寿命短。播种、分株、嫁接繁殖。

景观应用： 树形优美，花繁色艳，一团团，一簇簇，缤纷灿烂，是常用园林绿化植物，可孤植、丛植、片植，与假山、岩石、园林建筑、景观小品、水溪配置，均有较好的效果，常作花境材料，园林中多用于单位庭院、居住小区、城市街区、道路绿化、广场绿地及各类公园绿化。

形态特征： 落叶灌木，单生或丛生，高2~5m；树皮和小枝灰白色。

花： 花两性，紫红色或粉红色，长1~1.3cm，两侧对称，2~10余朵成束，簇生于老枝和主干上，尤以主干上花束较多，越到上部幼嫩枝条则花越少，老枝上的花先叶开放，嫩枝或幼株上的花稍晚或与叶同时开放。花梗长3~9mm，无总花梗；苞片鳞片状，聚生于花束基部，覆瓦状排列，边缘常被毛，小苞片极小或缺；花萼短钟状，微歪斜，红色，喉部具一短花盘，先端不等的5裂，裂齿短三角状；花瓣5枚，近蝶形，具柄，不等大，旗瓣最小，位于最里面，龙骨瓣基部具深紫色斑纹；雄蕊10枚，分离，花丝下部常被毛；花柱线形，细长，柱头头状，顶生。

果： 荚果薄，扁狭长形，绿色，长4~8cm，宽1~1.2cm，先端急尖或短渐尖，喙细而弯曲，基部长渐尖，两侧缝线对称或近对称，腹缝线翅宽约1.5mm，通常不开裂；果颈长2~4mm。种子2~6粒，阔长圆形，长5~6mm，宽约4mm，黑褐色，光亮。

叶： 单叶互生，薄纸质，近圆形或三角状圆形，长5~10cm，宽与长相近或略短于长，先端急尖，基部浅至深心形，两面通常无毛，嫩叶绿色，仅叶柄略带紫色，叶缘膜质透明，新鲜时明显可见，全缘或先端微凹；掌状叶脉；托叶小，鳞片状或薄膜状，早落。

其他用途： 树皮可入药，有清热解毒、活血行气、消肿止痛之功效，可治产后血气痛、疔疮肿毒、喉痹；花可治风湿筋骨痛。

56.红花檵木 *Loropetalum chinense* var. *rubrum*

俗名红檵木、红檵花、红桎木、红花桎木、红花继木。檵木的变种，金缕梅科檵木属。

花期： 3月中旬开花，最佳观赏期3月中下旬和4月上中旬，花期3～4月；果熟期7～8月。见图56-1至图56-3。

习性： 喜光，稍耐阴，喜温暖湿润气候，耐寒，耐旱，耐瘠薄，适应性强，在土层深厚、疏松肥沃、湿润而又排水良好的微酸性壤土中生长较好；萌芽萌枝力强，耐修剪；生长慢，寿命长。播种、嫁接繁殖。

景观应用： 枝繁叶茂，树形优美，花开红艳，常作盆景和桩景，层次分明，错落有致，古朴大气，可孤植、丛植、片植，作绿篱、球形植物、造型植物、色块，美艳，壮观，是花境的常用材料，也可与假山、岩石、小品、建筑配置，质朴，别致，园林中多用于单位庭院、居住小区、街头景观、道路绿化、广场绿地、各类公园绿化。

形态特征： 常绿灌木或小乔木；多分枝，小枝有星毛。芽体无鳞苞。

花：花两性，紫红色，3～8朵簇生，先叶开放，或与叶同时开放，有短花梗。总状花序，花序柄长约1cm，被毛；苞片线形，长3mm；萼筒杯状，紫色，被星状毛，萼齿卵形，长约2mm，花后脱落；花瓣4枚，带状，长约2cm，先端圆或钝，花芽时向内卷曲；雄蕊4枚，周位着生，花丝极短；退化雄蕊4枚，鳞片状，与雄蕊互生；花柱2枚，极短，长约1mm。

果：蒴果卵圆形，长7～8mm，宽6～7mm，先端圆，被褐色星状茸毛，上半部2片裂开，每片2浅裂，下半部被宿存萼筒所包裹，并完全合生，萼筒长为蒴果的2/3。种子1粒，圆卵形，长4～5mm，黑色，发亮，种脐白色，种皮角质，胚乳肉质。

叶：单叶互生，革质，卵形，全缘，稍偏斜，长2～5cm，宽1.5～2.5cm，先端尖锐，基部钝，不等侧，上面略有粗毛或秃净，嫩叶紫红色，老叶暗紫色或暗紫绿色，无光泽，下面被星状毛，稍带灰白色；羽状脉，侧脉约 5 对，在上面明显，在下面凸起，全缘；叶柄长 2～5mm，有星毛；托叶膜质，三角状披针形，长 3～4mm，宽 1.5～2mm，早落。

其他用途： 叶用于止血，根及叶用于治疗跌打损伤，有祛瘀生新功效。

57. 紫玉兰 *Yulania liliifora*

俗名辛夷、木笔。木兰科木兰属

花期： 花大而美丽，3 月中旬开花，最佳观赏期 3 月中下旬及 4 月上旬，花期 3～4 月；果熟期 8～9 月。观叶观果效果也很好。见图 57。

习性： 喜光，喜温暖湿润气候，喜肥，稍耐寒，不耐旱，不耐水湿，在土层深厚、疏松肥沃、湿润而又排水良好的酸性或微酸性砂质土壤中生长良好；生长慢，寿命长，萌发力稍弱。播种、分株繁殖。

景观应用： 我国特有珍贵植物、传统花卉，树姿优美，花大色艳，花开艳丽，缤纷多姿，芳香淡雅，观赏价值极高，花、果、叶甚为美观，是常用园林观赏植物，可孤植、丛植、片植，园林中多用于单位庭院、居住小区、道路绿地、广场游园、各类公园绿化。

形态特征： 落叶灌木，高达 3m，常丛生，树皮灰褐色，小枝绿紫色或淡褐紫色。芽有二型：营养芽腋生或顶生，具芽鳞 2 枚，膜质，镊合状合成盔状托叶，包裹着次一幼叶和生长点，与叶柄连生；混合芽顶生，具 1 至数枚次第脱落的佛焰苞状苞片，包着 1 至数个节间，每节间有 1 腋生的营养芽，末端 2 节膨大，顶生着较大的花蕾；花柄上有数个环状苞片脱落痕。

花： 花大，两性，紫色或紫红色，单生枝顶，花叶同时开放，瓶形，直立于粗壮被毛的花梗上，稍有香气。花蕾卵圆形，被淡黄色绢毛，为佛焰苞状苞片所包围；花被片 9～12 枚，外轮 3 片远比内轮小，萼片状，紫绿色，披针形，长 2～3.5cm，常早落，内 2 轮肉质，外面紫色或紫红色，内面带白色，花瓣状，椭圆状倒卵形，长 8～10cm，宽 3～4.5cm；雌蕊和雄蕊均多数，分离，螺旋状排列在伸长的花托上；雄蕊群排列在花托下部，紫红色，长 8～10mm，花药长约 7mm，线形；雌蕊群排列在花托上部，无柄，长约 1.5cm，淡紫色，无毛，雌蕊常先熟。

果：聚合果深紫褐色，变褐色，圆柱形，长 7～10cm，成熟蓇葖近圆球形，互相分离，沿背缝线开裂，顶端具短喙。种子 1～2 粒，外种皮肉质红色，内种皮硬骨质，种脐有丝状假珠柄与胎座相连，悬挂种子于外。

叶：单叶互生，纸质，全缘，椭圆状倒卵形或倒卵形，长 8～18cm，宽 3～10cm，先端急尖或渐尖，基部渐狭沿叶柄下延至托叶痕，上面深绿色，幼嫩时疏生短柔毛，下面灰绿色，沿脉有短柔毛；羽状脉，侧脉每边 8～10 条；叶柄长 8～20mm；托叶膜质，贴生于叶柄，早落，托叶痕约为叶柄长之半。

其他用途：树皮、叶、花蕾均可入药；花蕾晒干后称辛夷，气香、味辛辣，含柠檬醛、丁香油酚、桉油精为主的挥发油，主治鼻炎、头痛，作镇痛消炎剂，为我国 2000 多年传统中药，亦作玉兰、白兰等木兰科植物的嫁接砧木。

58. 紫丁香 *Syringa oblata*

俗名华北紫丁香、紫丁白。木樨科丁香属。

花期：3 月中旬开花，最佳观赏期 3 月下旬至 4 月上旬，花期 3～4 月；果熟期 8～9 月。见图 58。

习性：喜光，稍耐阴，耐寒，耐旱，不耐水涝，适应性强，喜土层深厚、疏松肥沃、湿润而排水良好的土壤；生长快；吸收二氧化硫的能力较强；播种、分株、嫁接繁殖。

景观应用：叶形美，花序大，花色艳，芳香袭人，沁人心脾，庭院栽植较多，可孤植、丛植、片植，园林中多用于单位庭院、居住小区、城市街区、道路绿化、广场绿地及各类公园游园绿化。

形态特征：落叶灌木或小乔木，高可达 5m；树皮灰褐色或灰色，无内生韧皮部；小枝、花序轴、花梗、苞片、花萼、幼叶两面以及叶柄均无毛而密被腺毛；小枝较粗，近圆柱形或带四棱形，疏生皮孔，实心。冬芽被芽鳞，顶芽常缺。

花：花两性，紫色至淡紫色，芳香，长 1.1～2cm，直径 1～1.5cm，辐射对称，花叶同放或叶后开花。圆锥花序直立，由侧芽抽生，近球形或长圆形，长4～16（～20）cm，宽3～7（～10）cm，基部常无叶；花梗长0.5～3mm；花萼小，钟状，长约3mm，萼齿4枚，渐尖、锐尖或钝，宿存；花冠漏斗状，花冠管圆柱形，长0.8～1.7cm，远比花萼长，裂片4枚，呈直角开展，卵圆形、椭圆形至倒卵圆形，长3～6mm，宽3～5mm，先端内弯略呈兜状或不内弯；雄蕊2枚，藏于花冠管内，花药黄色；花柱丝状，短于雄蕊，柱头2裂。

果： 蒴果倒卵状椭圆形、卵形至长椭圆形，微扁，2室，室间开裂，长1～2cm，宽4～8mm，先端长渐尖，光滑。种子扁平，有翅。

叶： 单叶对生，全缘，革质或厚纸质，卵圆形至肾形，宽常大于长，长2～14cm，宽2～15cm，先端短凸尖至长渐尖或锐尖，基部心形、截形至近圆形或宽楔形，上面深绿色，下面淡绿色；萌枝上叶片常呈长卵形，先端渐尖，基部截形至宽楔形；叶柄长1～3cm；无托叶。

其他用途： 花可提制芳香油，嫩叶可代茶。

59. 枸骨 *Ilex cornuta*

俗名枸骨冬青、猫儿刺、老鼠刺、鸟不宿等。冬青科冬青属。

花期： 3月中下旬开花，最佳观赏期3月下旬至4月上中旬，花期3～4月；果熟期10～12月。见图59。

习性： 喜光，耐阴，喜温暖湿润气候，稍耐寒，耐旱，在土层深厚、疏松肥沃、湿润而又排水良好的酸性或微酸性壤土中生长较好。播种、扦插繁殖。

景观应用： 果实入秋红色，鲜艳美丽，叶形奇特，观赏性强，多培育成球形、半圆形等造型植物，或作庭院绿篱，也可做盆景栽培，园林中多用于单位庭院、道路绿化、广场绿地及各类公园绿化。

形态特征： 常绿灌木，高达3m；幼枝具纵脊及沟，沟内被微柔毛或变无毛，2年枝褐色，3年生枝灰白色，具纵裂缝及隆起的叶痕，无皮孔。

花： 花小，单性，淡黄色，辐射对称，异基数，常由于败育而呈单性，花冠辐状，直径约7mm，雌雄异株。聚伞花序簇生于2年生枝的叶腋内，基部宿存鳞片近圆形，被柔毛，具缘毛；苞片卵形，先端钝或具短尖头，被短柔毛和缘毛；花淡黄色，4 基数。雄花：花梗长 5～6mm，无毛，基部具 1～2 枚阔三角形的小苞片；花萼盘状，4～6 裂，覆瓦状排列，直径约 2.5mm，裂片膜质，阔三角形，长约 0.7mm，宽约 1.5mm，疏被微柔毛，具缘毛；花瓣 4～8 枚，长圆状卵形，长 3～4mm，反折，基部合生；雄蕊与花瓣近等长或稍长，花丝短，花药长圆状卵形。雌花：花梗长 8～9mm，果期长达 13～14mm，无毛，基部具 2 枚小的阔三角形苞片；花萼 4～8 裂，花瓣 4～8 枚，伸展，基部稍合生，花萼与花瓣像雄花；退化雄蕊长为花瓣的 4/5，略长于子房，败育花药卵状箭头形；花柱稀发育，柱头盘状，4 浅裂。

果： 果为浆果状核果，球形，直径 8～10mm，成熟时鲜红色，基部具四角形宿存花萼，顶端宿存柱头盘状，明显 4 裂；果梗长 8～14mm。分核 4 枚，轮廓倒卵形或椭圆形，长 7～8mm，背部宽约 5mm，遍布皱纹和皱纹状纹孔，背部中央具 1 纵沟，内果皮骨质，每分核具种子 1 粒。

叶： 单叶互生，厚革质，二型，四角状长圆形或卵形，长 4～9cm，宽 2～4cm，先端具 3 枚尖硬刺齿，中央刺齿常反曲，基部圆形或近截形，两侧各具 1～2 刺齿，有时全缘（此情况常出现在卵形叶），叶面深绿色，具光泽，背淡绿色，无光泽，两面无毛；主脉在上面凹下，背面隆起，侧脉 5～6 对，于叶缘附近网结，在叶面不明显，在背面凸起，网状脉两面不明显；叶柄长 4～8mm，上面具狭沟，被微柔毛；托叶胼胝质，宽三角形，早落。

品种： 无刺枸骨，叶片椭圆形、长椭圆形或卵状椭圆形，全缘，无尖硬刺齿，先端尖。

其他用途： 根、枝、叶和果入药，根有滋补强壮、活络、清风热、祛风湿之功效；枝叶用于肺痨咳嗽、劳伤失血、腰膝痿弱、风湿痹痛；果实用于阴虚身热、淋浊、筋骨疼痛等症。种子含油，可作肥皂原料，树皮可作染料和提取栲胶，木材软韧，可用作牛鼻栓。

60. 杜鹃 *Rhododendron simsii*

俗名映山红、杜鹃花、山石榴、山踯躅。杜鹃花科杜鹃花属。

花期： 3 月中下旬开花，最佳观赏期 3 月下旬至 4 月中旬，花期 3～4

月；果熟期 7～8 月。见图 60-1、图 60-2。

习性： 喜半阴，忌强光照射，耐旱，耐瘠薄，不耐寒，不耐积水，不耐盐碱，喜凉爽、湿润气候，在土质疏松、湿润、排水良好的酸性土壤中生长较好，为我国中南及西南典型的酸性土指示植物；枝芽萌发力较强，耐修剪；怕烈日暴晒，夏季应防晒遮阴，冬季应注意防寒。扦插、压条、分株、嫁接、播种繁殖，以扦插最为普遍，压条成苗最快。

景观应用： 杜鹃花繁色艳，造型奇特，秀美绮丽，被誉为花中西施，是园林绿化必不可少的植物，我国"十大名花"之一。可孤植、丛植、片植成景，可培养成各种桩景、盆景、造型景观，多用于单位庭院、居住小区、街景道路、广场游园、各类公园绿化，尤其是在城市节点、重要位置、道路交叉口等地配合造型松、桩景做花境，或与岩石、假山配置，或在疏林、草坪中栽植，或建成花海、花溪，曲干虬枝，千姿百态，既柔美秀丽，又壮观大气，不可方物。

植物文化： 自唐宋以来，文人诗词佳作多有赞咏，唐代著名诗人白居易在《山石榴寄元九》中称赞杜鹃"花中此物是西施，芙蓉芍药皆嫫母"；宋代诗人王十朋喜栽杜鹃，有诗"造物私我小园林，此花大胜金腰带"；现近代电影《闪闪的红星》主题曲《映山红》"若要盼得哟红军来，岭上开遍哟映山红"更是唱遍大江南北，让杜鹃家喻户晓，加速了杜鹃在园林中的应用，更赋予了杜鹃红色革命的文化内涵。

形态特征： 落叶灌木，高 2m；分枝多而纤细，密被亮棕褐色扁平糙伏毛，枝脆易折断。冬芽具芽鳞；花芽卵球形，鳞片外面中部以上被糙伏毛，边缘具睫毛。

花： 花大，红艳，两性，辐射对称，先花后叶。伞形花序顶生，2～3（～6）朵簇生，与叶枝出自同一个顶芽；花梗长 8mm，密被亮棕褐色糙伏毛；花萼 5 深裂，裂片三角状长卵形，长 5mm，被糙伏毛，边缘具睫毛，宿存，与子房分离；花冠合瓣，花冠管明显，长于裂片，阔漏斗形，无毛，玫瑰色、鲜红色或暗红色，长 3.5～4cm，宽 1.5～2cm，裂片 5 枚，倒卵形，长 2.5～3cm，上部裂片具深红色斑点，裂片覆瓦状排列；雄蕊 10 枚，长约与花冠相等，花丝线状，中部以下被微柔毛；花柱伸出花冠外，无毛，宿存。

果： 蒴果卵球形，常具沟槽，长达 1cm，密被糙伏毛；花萼宿存；果成熟后自顶部向下室间开裂，果瓣木质。种子多数，细小，纺锤形，具膜质薄翅。

叶： 叶革质，散生，枝端集生，卵形、椭圆状卵形、倒卵形或倒卵形至倒披针形，长 1.5～5cm，宽 0.5～3cm，先端短渐尖，基部楔形或宽楔形，边缘微反卷，具细齿，上面深绿色，疏被糙伏毛，下面淡白色，密被褐色糙伏毛；中脉在上面凹陷，下面凸出；叶柄长 2～6mm，密被亮棕褐色扁平糙伏毛；无托叶。

其他用途： 杜鹃全株可供药用，行气活血、补虚，治疗内伤咳嗽，肾虚耳聋，月经不调，风湿等疾病。

61. 花叶蔓长春花 *Vinca major* 'Variegata'

蔓长春花的栽培变种。夹竹桃科蔓长春花属。

花期： 3 月下旬开花，最佳观赏期 3 月下旬至 5 月上旬，花期 3～5 月。叶片边缘有黄、白色斑块，观叶效果也很好。见图 61。

习性： 喜光，喜肥，喜温暖湿润气候，稍耐阴，不耐寒，不耐积水，在土层深厚、疏松肥沃、湿润的土壤中生长较好。播种、扦插繁殖。

景观应用： 花艳，四季常绿，常用于立体绿化，是花架、花篱、花门、墙体、桥体、屋顶绿化的优良植物，单位庭院、居住小区、公园绿地也多有应用。

形态特征： 常绿蔓性半灌木，茎偃卧，有水液，花茎直立；除叶缘、叶柄、花萼及花冠喉部有毛外，其余均无毛。

花： 花蓝色，单朵，两性，辐射对称，腋生。花梗长 4～5cm；花萼 5 裂，裂片狭披针形，长 9mm；花冠合瓣，花冠筒漏斗状，长于花萼，花冠裂片 5 枚，倒卵形，左旋覆盖，长 12mm，宽 7mm，先端圆形；雄蕊 5 枚，离生，着生于花冠筒中部之下，花丝短而扁平，分离；花柱的端部膨大，柱头有毛，基部成为一增厚的环状圆盘。

果： 蓇葖果 2 个，长约 5cm，直立。种子 6～8 粒，无毛，顶端具膜翅。

叶： 单叶，对生，椭圆形或卵状椭圆形，长 2～6cm，宽 1.5～4cm，先端急尖，基部下延，边缘白色或黄白色；羽状脉，侧脉约4对；叶柄长1cm。

62. 棣棠花 *Kerria japonica*

俗名棣棠、土黄条、鸡蛋黄花、山吹。蔷薇科棣棠花属。

花期：3月下旬开花，最佳观赏期3月下旬和4月上中旬，花期3～4月；果熟期7～8月。见图62-1、图62-2。

习性：半喜光，喜温暖湿润气候，耐阴，耐寒，稍耐旱，对土壤要求不严，以肥沃、疏松的砂壤土中生长最好。播种、分株、扦插繁殖。

景观应用：花色艳丽，花开烂漫，可孤植、丛植、片植，宜作花篱、花径、景观点缀或作地被，与假山、置石、水岸、建筑、小品配置，景观极佳，园林中常用于单位庭院、居住小区、街头景观、广场绿地、道路绿化及各类公园绿化。

形态特征：落叶灌木，高1～2m；小枝绿色，细长，圆柱形，无毛，常拱垂，嫩枝有棱角。冬芽具数个鳞片。

花：花两性，黄色，直径2.5～6cm，单生在当年生侧枝顶端。花梗无毛；萼筒短，碟形，萼片5枚，覆瓦状排列，卵状椭圆形，顶端急尖，有小尖头，全缘，无毛，果时宿存；花瓣5枚，宽椭圆形，具短爪，顶端下凹，比萼片长1～4倍；雄蕊多数，排列成数组；雌蕊5～8枚，分离，生于萼筒内，花柱顶生，直立，细长，顶端截形。

果：瘦果倒卵形至半球形，着生在花托上，褐色或黑褐色，表面无毛，有皱褶。种子通常不含胚乳。

叶：单叶互生，三角状卵形或卵圆形，顶端长渐尖，基部圆形、截形或微心形，边缘有尖锐重锯齿，两面绿色，上面无毛或有稀疏柔毛，下面沿脉或脉腋有柔毛；羽状脉，上面下凹明显，侧脉直达齿尖；叶柄长5～10mm，无毛；托叶膜质，带状披针形，有缘毛，早落。

变型：

重瓣棣棠花，花重瓣。

金边棣棠花，叶边呈黄色。

银边棣棠花，叶边银白色。

其他用途： 茎髓入药，有催乳利尿之效。

63. 春兰 *Cymbidium goeringii*

俗名兰草、兰花、幽兰。兰科兰属。

花期： 3月上旬开花，最佳观赏期3月，花期3～4月。见图63。

习性： 喜半阴，但生长需要弱光照，冬季需透光，喜温暖湿润气候，不耐寒，不耐旱，忌高温和强光直射，适宜在疏松、肥沃、腐殖质含量高、湿润而排水良好的微酸性砂质壤土中生长。分株、播种繁殖。

景观应用： 春兰多盆栽，置于文案、窗前，或于院内栽植，株形简洁秀美，花形奇特玲珑，花色淡雅，清香幽远，沁人肺腑，深受人们喜爱，是我国"十大名花"之一，被誉为"君子之花"，室外常用于单位庭院、居住小区、各类公园绿化，植于阴湿环境。

植物文化： 兰花历来被赋予高洁、典雅、淡泊、贤德的寓意，故常以"兰章"喻诗文之美，以"兰交"喻友谊之真，以"蕙质兰心"喻贤淑之女，与"梅、竹、菊"并称花中"四君子"。《孔子家语·在厄》记载"芝兰生于深林，不以无人而不芳；君子修道立德，不谓穷困而改节""气若兰兮长不改，心若兰兮终不移"；明代薛纲的《题徐明德墨兰》"我爱幽兰异众芳，不将颜色媚春阳。西风寒露深林下，任是无人也自香"；明代潘希曾《咏兰四首·其二》诗曰"一干仅一花，清香乃倾国。贞姿颇耐久，逾月未衰落"；清代费墨娟《咏兰草二首》"疏篱报道已生花，小步游观日影斜。具此孤高真品格，不从人世斗繁华"。世界上最早的两部兰花专著《金漳兰谱》和《兰谱》，专门论述了兰属地生种类及其栽培经验。

形态特征： 多年生常绿地生草本植物；假鳞茎较小，卵球形，长1～2.5cm，宽1～1.5cm，包藏于叶基之内。

花： 花两性，色泽变化较大，通常为绿色或淡褐黄色而有紫褐色脉纹，有香气，扭转。花葶从假鳞茎基部外侧叶腋中抽出，直立，长3～15(～20)，极罕更高，明显短于叶；花序具单朵花，极罕2朵；花苞片长而宽，一般长 4～5cm，多少围抱子房，宽 2～5mm 或更宽，花期不落，花序中部的苞片明显长于花梗和子房；花梗和子房长 2～4cm；花被片 6 枚，2 轮；萼片近长圆形至长圆状倒卵形，长 2.5～4cm，宽 8～12mm，与花瓣离生；花瓣倒卵状椭圆形至长圆状卵形，长 1.7～3cm，与萼片近等宽，展开或多少围抱蕊柱；唇瓣近卵形，长 1.4～2.8cm，不明显 3 裂，与蕊柱离生；侧裂片直立，具小乳突，在内侧靠近纵褶片处各有 1 个肥厚的皱褶状物；中裂片较大，强烈外弯，上面亦有乳突，边缘略呈波状；唇盘上 2 条纵褶片从基部上方延伸中裂片基部以上，上部向内倾斜并靠合，多少形成短管状；除子房外，整个雌雄蕊器官完全融合成柱状体称蕊柱，蕊柱长 1.2～1.8cm，两侧有较宽的翅；花粉团 4 个，成 2 对，每对由不等大的 2 个花粉团组成，蜡质，以很短的、弹性的花粉团柄连接于近三角形的黏盘上。

果：蒴果狭椭圆形，长 6～8cm，宽 2～3cm。种子细小，多数，无胚乳。

叶：叶 4～7 枚，通常生于假鳞茎基部，二列，带形，通常较短小，长 20～60cm，宽 5～9mm，下部常多少对折而呈"V"字形，边缘无齿或具细齿，基部常有宽阔的鞘并围抱假鳞茎，有关节。

品种：春兰栽培和观赏的品种非常多，按花被片的形态可分为梅瓣、水仙瓣、荷瓣、畸瓣和竹叶瓣 5 种瓣型，不再赘述。

64. 丛生福禄考 *Phlox subulata*

俗名针叶天蓝绣球、芝樱。花荵科福禄考属。

花期：3 月上旬开花，最佳观赏期 3 月中下旬至 4 月，花期 3～5 月。见图 64-1、图 64-2。

习性：喜光，喜温暖湿润气候，不耐热，稍耐寒，耐旱，耐瘠薄，在疏松肥沃、排水良好、富含腐殖质的壤土中生长较好。扦插、分株繁殖。

景观应用：花期长，花色艳，适宜花境栽培，作花坛、景观点缀、花海花田效果较好，多用于单位庭院、居住小区、街头景观、广场绿地、各类公园以及屋顶绿化。

形态特征：多年生矮小草本；茎丛生，铺散，多分枝，被柔毛。

花：花两性，淡红、紫色或白色，数朵生枝顶，成简单的聚伞花序。花梗纤细，长 0.7～1cm，密被短柔毛；花萼筒状，长 6～7mm，外面密被短柔毛，有 5 条肋，5 齿裂，萼齿裂片线状披针形，与萼筒近等长，边缘常为干膜质，宿存；花冠合瓣，高脚碟状，长约 2cm，花冠管喉部收缩，冠檐裂片等大，5 枚，倒卵形，凹头，长约 6mm，短于花冠管；雄蕊 5 枚，以不同高度着生花冠管内，花丝短，内藏；花柱 1 枚，线形，顶端分裂成为 3 条上表面具乳头状凸起的柱头。

果：蒴果长圆形，高约 4mm，3 瓣裂，室背开裂。种子与胚珠同数，卵形，无翅也无黏液层。

叶：单叶对生或簇生于节上，钻状线形或线状披针形，长 1～1.5cm，锐尖，被开展的短缘毛，全缘；无叶柄；无托叶。

65. 郁金香 *Tulipa gesneriana*

百合科郁金香属。

花期：花大色艳，3 月中旬开花，最佳观赏期 3 月中下旬，花期 3～4 月；果熟期 6～7 月。叶片观赏价值也较高。见图 65-1、图 65-2。

习性：喜光，喜长日照，喜冬季温暖湿润、夏季凉爽干燥气候，耐旱，耐寒，不耐酷暑，不抗风，不耐涝，喜疏松肥沃、富含腐殖质、排水良好的微酸性砂壤土，忌碱土，忌连作。播种、鳞茎繁殖。

景观应用：多作盆栽观赏，室外常用于花境、花坛、丛植景观点缀、花海花田打造等，用于单位庭院、居住小区、街头景观、广场绿地、各类公园绿化。

形态特征：多年生草本植物，具鳞茎；鳞茎皮多层，纸质，内面顶端和基部有少数伏毛，外层的色深，褐色或暗褐色，内层色浅，淡褐色或褐色，上端有时上延抱茎；茎扭少分枝，直立，无毛或有毛。

花：花两性，大型而艳丽，颜色多样，红、粉红、紫红、白、黄或红黄白杂色等，单朵顶生，呈花葶状，直立。无苞片；花被钟状或漏斗形钟状，不分花萼和花瓣，呈花瓣状；花被片 6 枚，长 5～7cm，宽 2～4cm，离生，易脱落；雄蕊 6 枚，等长，生于花被片基部，通常与花被片同数；无花柱，柱头 3 裂，增大呈鸡冠状。

果： 蒴果椭圆形或近球形，室背开裂。种子扁平，近三角形，具丰富的胚乳。

叶： 茎生单叶互生，3～5 枚，条状披针形至卵状披针形，伸展，边缘平展或波状，具平行脉。

品种： 栽培品种繁多，花色多样。

66. 白车轴草 *Trifolium repens*

俗名白三叶、三叶草。豆科车轴草属。

花期： 花期长，3 月中旬开花，最佳观赏期 3 月下旬至 6 月上旬，花期 3～7 月；果熟期 8～10 月。三出复叶，观叶效果也很好。见图 66-1、图 66-2。

习性： 喜光，喜温暖湿润气候，适应性强，耐寒，不耐旱，喜中性和微酸性土壤；生长快，具根瘤，能固氮。播种繁殖。

景观应用： 叶形奇特，花序如球，观赏价值高，常做绿地草坪，也可丛植点缀于岩石、小品、乔木、水系或建筑旁，景观优美。

形态特征： 多年生落叶草本植物，生长期达 5 年，高 10～30cm；茎匍匐蔓生，上部稍上升，节上生根，全株无毛；主根短，侧根和须根发达。

花： 花两性，白色、乳黄色或淡红色，具香气，长 7～12mm。花序球形，顶生，直径 15～40mm；总花梗甚长，比叶柄长近 1 倍，具花 20～50(～80) 朵，密集；无总苞；苞片披针形，膜质，锥尖；花梗比花萼稍长或等长，开花立即下垂；萼钟形，具脉纹 10 条，萼齿 5 枚，披针形，稍不等长，短于萼筒，基部多少合生，萼喉开张，无毛，萼在果期不膨大；旗瓣椭圆形，比翼瓣和龙骨瓣长近 1 倍，龙骨瓣比翼瓣稍短，花瓣宿存，瓣柄多少与雄蕊筒相连；雄蕊 10 枚，2 体，上方 1 枚离生。

果： 荚果长圆形，不开裂，包藏于宿存花萼或花冠中；种子通常 3 粒，阔卵形。

叶： 掌状三出复叶互生；小叶倒卵形至近圆形，具锯齿，长 8～30mm，宽 8～25mm，先端凹头至钝圆，基部楔形渐窄至小叶柄，叶面有近人字形白色斑纹；中脉在下面隆起，侧脉约 13 对，与中脉作 50° 展开，两面均隆起，近叶边分叉并伸达锯齿齿尖；叶柄较长，长 10～30cm；小叶柄长 1.5mm，微被柔毛；托叶卵状披针形，膜质，全缘，基部抱茎成鞘状，离生部分锐尖。

其他用途：优良牧草，优良蜜源植物，含丰富的蛋白质和矿物质；茎叶作绿肥。

67. 石竹 *Dianthus chinensis*

俗名北石竹、山竹子、大菊、瞿麦等。石竹科石竹属。

花期：花期长，3 月中旬开花，最佳观赏期 3 月下旬至 5 月，花期 4～6 月，温室培养可四季开花；果熟期 7～9 月。见图 67-1、图 67-2。

习性：喜光，喜湿润凉爽气候，耐寒，耐旱，不耐高温酷暑，忌水涝，适宜在疏松、肥沃、排水良好的砂壤土中生长。播种繁殖。

景观应用：多用于单位庭院、居住小区、街头景观、广场绿地及各类公园绿化，可作花境、花坛、地被、景观点缀和片植花海。

形态特征：多年生草本植物，高 30～50cm；全株无毛，带粉绿色；茎由根颈生出，圆柱形，疏丛生，直立，有关节，节处膨大，上部分枝。

花：花两性，紫红色、粉红色、鲜红色或白色，单生枝端或数花集成聚伞花序。花梗长 1～3cm；苞片 4 枚，卵形，顶端长渐尖，长达花萼 1/2 以上，边缘膜质，有缘毛；花萼圆筒形，长 15～25mm，直径 4～5mm，有纵条纹，萼齿 5 裂，齿裂披针形，长约 5mm，直伸，顶端尖，有缘毛；花瓣 5 枚，长 16～18mm，倒卵状三角形，长 13～15mm，具长爪，顶缘不整齐齿裂，喉部有斑纹，疏生髯毛，髯毛蔷薇色或紫色，稀白色；雄蕊 10 枚，2 轮列，露出喉部外，花药蓝色；花柱 2 枚，离生，线形。

果：蒴果圆筒形，包于宿存萼内，顶端 4 裂。种子黑色，多数，扁圆形。

叶：单叶对生，叶片线状披针形，长 3～5cm，宽 2～4mm，顶端渐尖，基部稍狭，全缘或有细小齿；脉平行，中脉较显；托叶缺。

其他用途：根和全草入药，清热利尿，破血通经，散瘀消肿。

4月 开花植物

"你是一树一树的花开，是燕在梁间呢喃，你是爱，是暖，是希望，你是人间的四月天！"

4月，是花的季节，花的海洋！4月，让人遐想，充满希望！在马尾松的带动下，各种槭树、松树、楸、泡桐、刺槐、香樟、石楠、石榴、牡丹、月季等争相开放，花香四溢，本月收集常见开花植物62种，代表植物有牡丹、月季、紫藤、蕙兰、鸢尾、芍药等。

图 68-1　马尾松（摄于信阳羊山公园）

图 68-2　马尾松（摄于信阳羊山公园）

图 69　元宝槭（摄于信阳羊山）

图 70　建始槭（摄于信阳百花园）

图 71 **茶条槭**（摄于羊山森林植物园）

图 72-1 **重阳木**（摄于信阳浉河）

图 72-2 **重阳木**（摄于信阳浉河）

图 73-1 **楸**（摄于信阳浉河）

图 73-2　楸（摄于信阳浉河）

图 74-1　兰考泡桐（摄于信阳平桥）

图 74-2　兰考泡桐（摄于信阳平桥）

图 75-1　油松（摄于羊山森林植物园）

图 75-2　油松（摄于信阳百花园）

图 76-1　黑松（摄于信阳紫薇园）

图 76-2　黑松（摄于信阳紫薇园）

图 76-3　黑松（摄于信阳紫薇园）

图 77-1　火炬松（摄于羊山森林植物园）

图 77-2　火炬松（摄于信阳震雷山）

图 78　白蜡树（摄于羊山森林植物园）

图 79　棕榈（摄于信阳奥运园）

图 80-1　石楠（摄于信阳百花园）

图 80-2　红叶石楠（摄于信阳百花园）

图 81-1　刺槐（摄于信阳羊山公园）

图 81-2　刺槐（摄于信阳羊山公园）

图81-3　香花槐（摄于羊山森林植物园）

图82-1　山楂（摄于信阳羊山）

图82-2　山楂（摄于信阳百花园）

图83-1　樟（摄于信阳奥运园）

图 83-2 樟（摄于信阳浉河公园）

图 84-1 油桐（摄于信阳震雷山）

图 84-2 油桐（摄于信阳震雷山）

图 85-1 白皮松（摄于信阳百花园）

图85-2 白皮松（摄于信阳百花园）

图86-1 日本五针松（摄于信阳百花园）

图86-2 日本五针松（摄于信阳百花园）

图87-1 楝（摄于信阳平桥）

图 87-2　棟（摄于信阳平桥）

图 88　柿（摄于信阳百花园）

图 89-1　石榴（摄于信阳平桥）

图 89-2　石榴（摄于信阳百花园）

125

图 89-3　石榴（摄于信阳百花园）

图 89-4　石榴（摄于信阳平桥）

图 90　鹅掌楸（摄于信阳天伦广场）

图 91　化香树（摄于羊山森林植物园）

图 92　**粉团**（摄于信阳浉河公园）

图 93-1　**绣球荚蒾**（摄于信阳百花园）

图 93-2　**琼花**（摄于信阳百花园）

图 94-1　**牡丹**（摄于信阳百花园）

图 94-2　牡丹（摄于信阳百花园）

图 94-3　牡丹（摄于信阳百花园）

图 95-1　锦绣杜鹃（摄于信阳百花园）

图 95-2　锦绣杜鹃（摄于信阳百花园）

图 96-1 金银忍冬（摄于信阳羊山）

图 96-2 金银忍冬（摄于信阳羊山）

图 97 中华绣线菊（摄于信阳百花园）

图 98-1 红叶（摄于信阳百花园）

图 98-2　红叶（摄于信阳百花园）

图 99-1　月季花（摄于信阳明港）

图 99-2　月季花（孙永超摄于南阳）

图 99-3　月季花（摄于信阳百花园）

图 99-4　月季花（摄于信阳百花园）

图 100　红瑞木（摄于信阳百花园）

图 101-1　海桐（摄于信阳羊山公园）

图 101-2　海桐（摄于信阳平桥）

图 102 火棘（摄于信阳羊山公园）

图 103-1 锦带花（摄于羊山森林植物园）

图 103-2 锦带花（摄于羊山森林植物园）

图 104 紫穗槐（摄于羊山森林植物园）

图 105-1　单瓣缫丝花（摄于羊山森林植物园）　　**图 105-2　单瓣缫丝花**（摄于羊山森林植物园）

图 106-1　紫藤（摄于信阳百花园）　　　　**图 106-2　紫藤**（摄于信阳百花园）

图 107-1　木香花（摄于信阳琵琶台公园）

图 107-2　木香花（摄于信阳琵琶台公园）

图 108-1　野蔷薇（摄于信阳震雷山）

图 108-2　七姊妹（摄于信阳百花园）

图 109-1　中华猕猴桃（殷军昌摄于新县）　　图 109-2　中华猕猴桃（殷军昌摄于新县）

图 110-1　忍冬（摄于信阳平桥）　　　　　　图 110-2　忍冬（摄于信阳平桥）

图 111　葡萄（摄于信阳平桥）

图 112-1　水果蓝（摄于信阳百花园）

图 112-2　水果蓝（摄于信阳百花园）

图 113-1　红花酢浆草（摄于信阳平桥）

图 113-2　红花酢浆草（摄于信阳平桥）

图 114　马蔺（摄于信阳羊山）

图 115-1　蕙兰（董伟摄于信阳贤山）

图 115-2　蕙兰（摄于信阳平桥）

图 116　鸢尾（摄于信阳百花园）

图 117　蝴蝶花（摄于信阳羊山）

图 118-1　美丽月见草（摄于羊山森林植物园）

图 118-2　美丽月见草（摄于羊山森林植物园）

图 119-1　紫娇花（摄于信阳平桥）

图 119-2　紫娇花（摄于信阳平桥）

图 120　佛甲草（摄于信阳平桥）

图 121-1　芍药（摄于信阳平桥）

图 121-2　芍药（摄于信阳平桥）

图 122　山桃草（摄于信阳百花园）

图 123-1　毛地黄钓钟柳（摄于信阳平桥）

图 123-2　毛地黄钓钟柳（摄于信阳羊山）

图 124-1 天蓝苜蓿（摄于羊山森林植物园）

图 124-2 天蓝苜蓿（摄于羊山森林植物园）

图 125 黑麦草（摄于信阳羊山公园）

图 126-1 红车轴草（摄于羊山森林植物园）

图 126-2　红车轴草（摄于羊山森林植物园）

图 127-1　黄菖蒲（摄于信阳羊山公园）

图 127-2　黄菖蒲（摄于信阳羊山公园）

图 128　水葱（摄于信阳羊山公园）

图 129 **灯心草**（摄于羊山森林植物园）

68. 马尾松 *Pinus massoniana*

俗名山松、青松。裸子植物。松科松属。

花期： 4月初开花，有时3月下旬开花，最佳观赏期4月上中旬，花期4~5月；果熟期翌年10~12月。观叶树种，针叶常绿，一年四季观赏效果均佳。见图68。

习性： 强喜光，不耐阴，喜温暖湿润气候，耐旱，耐瘠薄，不耐寒，不耐水湿，不耐盐碱，适应性强，在土层深厚、疏松肥沃、排水良好的微酸性砂质壤土中生长良好；深根性树种，有根菌，生长中等，寿命长。种子繁殖。

景观应用： 叶针形，果球形，树形高大挺拔，四季常绿，是优良的园林绿化树种，可孤植、丛植、片植成景，可培养成各种桩景、盆景、造型景观，多用于综合公园、广场游园、郊野公园、植物园绿化，尤其是在城市节点、重点位置、道路交叉口等地配合花卉做成花境，或与岩石、假山配置，曲干虬枝，盘根错节，姿态奇特，景观特别美。

形态特征： 常绿乔木，高达45m；树皮红褐色，下部灰褐色，裂成不规则的鳞状块片；木材坚硬，结构粗，年轮明显，富树脂；枝平展或斜展，树冠宽塔形或伞形，枝条轮生，每年生长一轮，淡黄褐色，无白粉，稀有白粉，无毛。冬芽显著，卵状圆柱形或圆柱形，褐色，顶端尖，覆瓦状排列，芽鳞多数，边缘丝状，先端尖或成渐尖的长尖头，微反曲。

花： 球花单性，雌雄同株。雄球花淡红褐色，圆柱形，弯垂，长1~1.5cm，聚生于新枝下部苞腋，呈穗状，长6~15cm，无梗；雄蕊多数，螺旋状着生；花药2枚，药室纵裂，药隔鳞片状，边缘微具细缺齿，花粉有气囊。雌球花单生或2~4个聚生于新枝近顶端，淡紫红色，直立或下垂，由多数螺旋状着生的珠鳞与苞鳞所组成；珠鳞的腹（上）面基部有2枚倒生胚珠，背（下）面基部有一短小的苞鳞。

果： 1年生小球果圆球形或卵圆形，径约2cm，褐色或紫褐色，上部珠鳞的鳞脐具向上直立的短刺，下部珠鳞的鳞脐平钝无刺。球果卵圆形或圆锥状卵圆形，长4~7cm，径2.5~4cm，有短梗，下垂，成熟前绿色，熟时栗褐色，陆续脱落。种鳞木质，宿存，排列紧密，上部露出部分为鳞盾；中部种鳞近矩圆状倒卵形，或近长方形，长约3cm；鳞盾菱形，微隆起或平，横脊微明显，鳞脐背生微凹，无刺，生于干燥环境者常具极短的刺。种子长卵圆形，长4～6mm，上部具有节的长翅，连翅长2～2.7cm。

叶： 针叶，2针一束，稀3针一束，螺旋状着生，辐射伸展，长12～20cm，细柔，微扭曲，两面有气孔线，边缘有细锯齿，针叶内具2条维管束，每束针叶基部的鳞叶下延生长；横切面皮下层细胞单型，第一层连续排列，第二层由个别细胞断续排列而成，树脂道4～8个，在背面边生，或腹面也有2个边生；叶鞘初呈褐色，后渐变成灰黑色，宿存。初生叶条形，长2.5～3.6cm，叶缘具疏生刺毛状锯齿。

其他用途： 马尾松木材纹理直，结构粗，有弹性，可供建筑、枕木、矿柱、家具及木纤维工业原料用；树干可割取松脂，为医药、化工原料；树干及根部可培养茯苓、蕈类，供中药及食用，树皮可提取栲胶。

69. 元宝槭 *Acer truncatum*

俗名槭、槭树、元宝枫、五角枫、元宝树、五脚树、平基槭、华北五角枫。槭树科槭属。

花期： 4月初开花，有时3月下旬开花，最佳观赏期4月上中旬，花期4月；果熟期8～9月。观叶效果也很好。见图69。

习性： 喜光，稍耐阴，不耐高温暴晒，耐寒、耐旱，适应性强，不耐水涝，对土壤要求不严，在土层深厚、疏松肥沃、湿润而排水良好的壤土中生长较好；根系发达，抗风力较强；生长偏慢，寿命长；对二氧化硫、氟化氢的抗性较强，粉尘吸附能力较强。播种繁殖。

景观应用： 树形优美，枝叶浓密，秋叶彩色，叶形如元宝，果如飞鸟展翅，季相变化丰富，可孤植、列植、丛植、片植，园林中常用于单位庭院、居住小区、行道树、道路绿化、街头绿地、广场游园、各类公园及工厂矿区绿化。

形态特征： 落叶乔木，高8～10m；树皮灰褐色或深褐色，深纵裂；小枝无毛，当年生枝绿色，多年生枝灰褐色，具圆形皮孔。冬芽小，卵圆形，鳞片锐尖，覆叠，外侧微被短柔毛。

花：花小，杂性，黄绿色，整齐，雌雄异株，雄花与两性花同株，常成无毛的伞房花序，长 5cm，直径 8cm，着生于有叶的小枝顶端。总花梗长 1～2cm；萼片 5 枚，黄绿色，长圆形，先端钝形，长 4～5mm，无毛；花瓣 5 枚，淡黄色或淡白色，长圆倒卵形，长 5～7mm，无毛；雄蕊 8 枚，生于雄花者长 2～3mm，生于两性花者较短，着生于花盘的内缘，花药黄色，花丝无毛；花盘肥厚，盘状，微裂；花柱短，长 1mm，无毛，2 裂，柱头反卷，微弯曲；花梗细瘦，长约 1cm，无毛。

果：坚果小，2 枚相连，压扁状，长 1.3～1.8cm，宽 1～1.2cm，脉纹不显著，常成下垂的伞房果序；果两侧具翅，翅张开成锐角或钝角，嫩时淡绿色，成熟时淡黄色或淡褐色，长圆形，两侧平行，宽 8mm，常与小坚果等长，稀稍长。种子无胚乳，外种皮薄，膜质。

叶：单叶对生，纸质，长 5～10cm，宽 8～12cm，常 5 裂，稀 7 裂，基部截形，稀近于心形；裂片三角卵形或披针形，先端锐尖或尾状锐尖，边缘全缘，长 3～5cm，宽 1.5～2cm，有时中央裂片的上段再 3 裂，裂片间的凹缺锐尖或钝尖；叶片上面深绿色，无毛，下面淡绿色，嫩时脉腋被丛毛，其余部分无毛，渐老全部无毛；主脉 5 条，在上面显著，在下面微凸起；侧脉在上面微显著，在下面显著；叶柄有乳状液汁，长 3～5cm，稀达 9cm，无毛，稀嫩时顶端被短柔毛；无托叶。

其他用途：种子含油丰富，可作工业原料，木材细密，可制各种特殊用具和建筑材料。

70. 建始槭 *Acer henryi*

俗名三叶槭、三叶枫、亨利槭、亨氏槭、亨利槭树。槭树科槭属。

花期：4 月初开花，有时 3 月下旬开花，最佳观赏期 4 月上中旬，花期 4 月；果熟期 9 月。观叶观果效果也很好。见图 70。

习性：喜光，稍耐阴，稍耐寒，耐旱，适应性强，不耐水涝，在土层深厚、疏松肥沃、湿润而排水良好的壤土中生长较好；根系发达，生长速度中等，寿命长。播种繁殖。

景观应用： 树形优美，枝叶浓密，秋叶彩色，叶形如元宝，果如飞鸟展翅，季相变化丰富，可孤植、列植、丛植、片植，园林中常用于单位庭院、居住小区、行道树、道路绿化、街头绿地、广场游园、各类公园及工厂矿区绿化。

形态特征： 落叶乔木，高约 10m；树皮浅褐色；小枝圆柱形，当年生嫩枝紫绿色，有短柔毛，多年生老枝浅褐色，无毛。冬芽细小，卵圆形，鳞片 2 枚，卵形，褐色，镊合状排列。

花： 花小，单性，淡绿色，整齐，雌雄异株，花叶同放。雌花与雄花均成下垂的穗形长总状花序，长 7～9cm，有短柔毛，常由 2～3 年无叶的小枝旁边生出，雌花序稀由小枝顶端生出；近于无花梗，花序下无叶，稀有叶。萼片 5 枚，卵形，长 1.5mm，宽 1mm；花瓣 5 枚，短小或不发育；雄花有雄蕊 4～6 枚，通常 5 枚，长约 2mm，花盘微发育；雌花花柱短，2 裂，柱头反卷。

果： 坚果小，2 枚相连，凸起，长圆形，长 1cm，宽 5mm，脊纹显著；果实两侧具果翅，嫩时淡紫色，成熟后黄褐色，翅宽 5mm，连同小坚果长 2～2.5cm，张开成锐角或近于直立；果梗长约 2mm。种子无胚乳，外种皮很薄，膜质。

叶： 复叶对生，纸质，3 小叶组成掌状复叶；小叶椭圆形或长圆椭圆形，长 6～12cm，宽 3～5cm，先端渐尖，基部楔形、阔楔形或近于圆形，全缘或近先端部分有稀疏的 3～5 个钝锯齿；叶嫩时两面无毛或有短柔毛，在下面沿叶脉被毛更密，渐老时无毛；主脉和 11～13 对侧脉均在下面较在上面显著；顶生小叶的小叶柄长约 1cm，侧生小叶的小叶柄长 3～5mm，有短柔毛，总叶柄长 4～8cm，有短柔毛；无托叶。

71. 茶条槭 *Acer tataricum* subsp. *ginnala*

俗名茶条枫、茶条、华北茶条槭。槭树科槭属。

花期： 4 月上旬开花，有时 3 月底开花，最佳观赏期 4 月上中旬，花期 4 月；果熟期 9～10 月。观叶观果效果也很好。见图 71。

习性： 喜光，喜湿，也耐阴，耐寒，耐旱，耐瘠薄，适应性强，在土层深厚、疏松肥沃、湿润而排水良好的壤土中生长较好；根系发达，生长偏慢，寿命长。播种繁殖。

景观应用： 叶形秀美，果形奇特，园林中常用于单位庭院、居住小区、各类公园绿化。

形态特征： 落叶小乔木，高 5 ～ 6m；树皮粗糙，微纵裂，灰色，稀深灰色或灰褐色；小枝细瘦，近于圆柱形，无毛，当年生枝绿色或紫绿色，多年生枝淡黄色或黄褐色，皮孔椭圆形或近于圆形，淡白色。冬芽细小，淡褐色，鳞片 8 枚，覆叠，近边缘具长柔毛。

花： 花小，杂性，整齐，雌雄异株，雄花与两性花同株。由多数的花组成无毛的伞房花序，长 6cm，生于有叶的小枝顶端；花梗细瘦，长 3 ～ 5cm；萼片 5 枚，卵形，黄绿色，外侧近边缘被长柔毛，长 1.5 ～ 2mm；花瓣 5 枚，长圆卵形，白色，较长于萼片；雄蕊 8 枚，与花瓣近于等长，花丝无毛，花药黄色；花盘环状，无毛，位于雄蕊外侧；花柱无毛，长 3 ～ 4mm，顶端 2 裂，柱头平展或反卷。

果： 小坚果 2 枚相连，坚果稍凸起，嫩时被长柔毛，脉纹显著，长 8mm，宽 5mm；果实两侧具翅，果翅黄绿色或黄褐色，张开近于直立或成锐角，中段较宽或两侧近于平行，翅连同小坚果长 2.5 ～ 3cm，宽 8 ～ 10mm。种子无胚乳，外种皮薄，膜质。

叶： 单叶对生，纸质，长圆卵形或长椭圆形，长 6 ～ 10cm，宽 4 ～ 6cm，基部圆形、截形或略近于心脏形，常较深的 3 ～ 5 裂；中央裂片锐尖或狭长锐尖，常较长于侧裂片，侧裂片通常钝尖，向前伸展，各裂片的边缘均具不整齐的钝尖锯齿，裂片间的凹缺钝尖；叶片上面深绿色，无毛，下面淡绿色，近于无毛，主脉和侧脉均在下面较在上面为显著；叶柄长 4 ～ 5cm，细瘦，绿色或紫绿色，无毛；无托叶。

品种： 苦茶槭，又名苦津茶、银桑叶，亚种，叶薄纸质，卵形或椭圆状卵形，长 5 ～ 8cm，宽 2.5 ～ 5cm，不分裂或不明显的 3 ～ 5 裂，边缘有不规则的锐尖重锯齿，下面有白色疏柔毛；花序长 3cm，有白色疏柔毛，子房有疏柔毛；翅果较大，长 2.5 ～ 3.5cm，张开近于直立或呈锐角。

72. 重阳木 *Bischofia polycarpa*

俗名乌杨、茄冬树、水枧木。大戟科秋枫属。

花期： 4 月上旬开花，有时 3 月底开花，4 月上中旬盛花，花期 4 月；果熟期 10～11 月。观叶树种，生长期效果均佳。见图 72。

习性： 喜光，稍耐阴，喜温暖湿润气候，耐寒，耐旱，耐湿，适应性强，在土层深厚、疏松肥沃、湿润而又排水良好的砂质壤土中生长较好；深根性树种，根系发达，生长快，寿命长。播种繁殖。

景观应用： 树形高大，树姿优美，枝繁叶茂，是优良的庭荫树和行道树，可孤植、丛植、列植或片植成林，在岸边、溪旁、池畔栽植，或作为绿化的上层乔木，均有较好的景观效果，园林中常用于单位庭院、居住小区、行道树、道路绿化、街头广场、各种公园绿化。

形态特征： 落叶乔木，高达 15m，汁液呈红色或淡红色；树皮褐色，厚6mm，纵裂；树冠伞形，大枝斜展，小枝无毛，当年生枝绿色，皮孔明显，灰白色，老枝变褐色，皮孔变锈褐色；全株均无毛。芽小，顶端稍尖或钝，具有少数芽鳞。

花： 花单性，淡绿色，雌雄异株，花叶同放。花序轴纤细而下垂，总状花序腋生，通常着生于新枝的下部，雄花序长 8～13cm，雌花序长3～12cm；无花瓣及花盘；萼片 5 枚，离生；雄花：萼片半圆形，膜质，镊合状排列，初时包围着雄蕊，后向外张开，雄蕊 5 枚，分离，与萼片对生，花丝短，花药大，有明显的退化雌蕊；雌花：萼片与雄花相同，覆瓦状排列，有白色膜质的边缘，花柱 2～3 枚，长而肥厚，顶端不分裂，伸长，直立或外弯。

果： 果实小，浆果状，圆球形，直径 5～7mm，成熟时褐红色，不分裂，外果皮肉质，内果皮坚纸质。种子 3～6 个，长圆形，无种阜，外种皮脆壳质，胚乳肉质。

叶： 三出复叶，互生，具长柄；小叶片纸质，卵形或椭圆状卵形，有时长圆状卵形，长 5～14cm，宽 3～9cm，顶端突尖或短渐尖，基部圆或浅心形，边缘具钝细锯齿，每 1cm 长 4～5 个，顶生小叶通常较两侧的大；叶柄长 9～13.5cm，顶生小叶柄长 1.5～6cm，侧生小叶柄长 3～14mm；托叶小，早落。

其他用途：适于建筑、造船、车辆、家具等用材；果肉可酿酒；种子含油量 30%，可供食用，也可作润滑油和肥皂油。

73. 楸 *Catalpa bungei*

俗名楸树、金丝楸。紫葳科梓属。

花期：4 月上旬开花，有时 3 月底开花，最佳观赏期 4 月上中旬，花期 4 月；果期 6～10 月。见图 73。

习性：喜光，喜肥，喜温暖湿润气候，稍耐寒，不耐旱，不耐水湿，不耐瘠薄，在深厚、湿润、肥沃、疏松的土壤中生长迅速，对土壤水分很敏感，积水低洼、地下水位过高的地方不能生长；对二氧化硫、氯气等有毒气体有较强的抗性；根蘖和萌芽能力强；生长快，寿命短；分布较北。播种、根蘖繁殖。

景观应用：花朵大而多，色彩鲜艳，树干通直，树形优美，果实如线条下垂，观赏性强，是优良的绿化树种，常作行道树和道路附属绿地绿化，也可单株栽培观赏，用于单位庭院、公园游园、郊野公园、植物园等绿化。

形态特征：落叶乔木，高 10m 以上；老枝灰色，叶痕明显，无毛。

花：花两性，淡红色至淡紫红色，直径 3.5～5cm。顶生伞房状总状花序，有花 2～12 朵，第 2 回枝多简单；花萼暗紫色，蕾时圆球形，二唇开裂，顶端有 2 尖齿；花冠钟状，二唇形，上唇 2 裂，下唇 3 裂，内面具有 2 条凸起状皱褶、2 条黄色条纹及暗紫色斑点，长 3～3.5cm；能育雄蕊 2 枚，内藏，着生于花冠基部，退化雄蕊存在；花盘明显，环状，肉质；花柱丝状，柱头二唇形。

果：蒴果线形，2 瓣开裂，长 25～45cm，径约 6mm，果瓣薄而脆；隔膜纤细，圆柱形，与果瓣平行并卷曲凋落。种子多列，狭长椭圆形，长约 1cm，宽约 2cm，薄膜状，两端生长毛。

叶：单叶，3 叶轮生，揉之有臭气味；叶三角状卵形或卵状长圆形，长

6～15cm，宽达 8cm，顶端长渐尖，基部截形，阔楔形或心形，有时基部具有 1～2 牙齿，叶面深绿色，叶背无毛，基部三出脉，叶下面脉腋间具紫色腺点；叶柄长 2～8cm。

其他用途： 花可炒食，叶可作饲料；茎皮、叶、种子入药，果实味苦性凉，清热利尿，主治尿路结石、尿路感染、热毒疮痈，孕妇忌用。

74. 兰考泡桐 *Paulownia elongata*

玄参科泡桐属。

花期： 4 月上旬开花，有时 3 月底开花，最佳观赏期 4 月上中旬，花期 4 月；果熟期 9～10 月。见图 74。

习性： 喜光，耐旱，耐寒，耐瘠薄，适应性强，忌积水，喜土层深厚、湿润肥沃、通气性强、排水良好的砂壤土，pH6～8 为好，对镁、钙、锶等元素有选择吸收的倾向；生长快，寿命短。分根、分蘖、播种繁殖。

景观应用： 花朵大而艳，树冠大而稀疏，发叶晚，生长快，园林中多用于综合公园、生态公园、植物园，也栽植于房前屋后，美观大方，适于农桐间作。

形态特征： 落叶乔木，高达 10m 以上，树冠宽圆锥形，全体具星状茸毛；枝对生，小枝褐色，有凸起的皮孔。

花： 花大，两性，紫色至粉白色。总花序金字塔形或狭圆锥形，长约 30cm，小聚伞花序的总花梗长 8～20mm，几与花梗等长，有花 3～5 朵，稀有单花；花萼倒圆锥形，长 16～20mm，基部渐狭，分裂至 1/3 左右成 5 枚卵状三角形的齿，萼管部的毛易脱落，萼齿稍不等，后方 1 枚较大；花冠漏斗状钟形，长 7～9.5cm，管在基部以上稍弓曲，曲处以上突然膨大，外面有腺毛和星状毛，内面无毛而有紫色细小斑点，檐部略作二唇形，直径 4～5cm，腹部有两条纵褶，在纵褶隆起处黄色；雄蕊 4 枚，二强，不伸出，长达 25mm，花丝近基处扭卷，花药分叉；花柱有腺，长 30～35mm。

果： 蒴果卵形，长 3.5～5cm，有星状茸毛，宿萼碟状，顶端具长 4～5mm 的喙，室背开裂，果皮厚 1～2.5mm。种子小而多，连翅长 4～5mm。

叶： 单叶对生，大而有长柄，叶片卵状心脏形，有时具不规则的角，长

151

达 34cm，长宽几相等或长稍过于宽，顶端渐狭长而锐尖，基部心脏形或近圆形，上面毛不久脱落，下面密被无柄的树枝状毛；无托叶。

其他用途： 泡桐叶、花、木材有消炎、止咳、利尿、降压等功效。

75. 油松 *Pinus tabuliformis*

俗名短叶马尾松、红皮松、短叶松。裸子植物，松科松属。

花期： 4 月上旬开花，有时 3 月底开花，最佳观赏期 4 月，花期 4～5 月；球果翌年 10 月成熟。观叶树种，针叶常绿， 年四季观赏效果均佳。见图 75。

习性： 强喜光，不耐阴，喜干冷气候，耐旱，耐寒，耐瘠薄，适应性强，不耐水湿，在土层深厚、排水良好的酸性、中性或钙质黄土上均能生长良好；深根性树种，生长慢，寿命长。种子繁殖。

景观应用： 叶针形，果球形，树形高大挺拔，四季常绿，是优良的园林绿化树种，可孤植、丛植、片植成景，可培养成各种桩景、盆景、造型景观，多用于综合公园、广场游园、郊野公园、植物园绿化，尤其是在城市节点、重点位置、道路交叉叉口等地配合花卉做成的花境，或与岩石、假山配置，曲干虬枝，盘根错节，姿态奇特，景观特别美。

形态特征： 常绿乔木，高达 25m；树皮灰褐色或褐灰色，裂成不规则较厚的鳞状块片，裂缝及上部树皮红褐色；枝平展或向下斜展，老树树冠平顶，小枝较粗，褐黄色，无毛，幼时微被白粉。冬芽矩圆形，顶端尖，微具树脂，芽鳞红褐色，边缘有丝状缺裂。

花： 球花单性，雌雄同株。雄球花圆柱形，淡红褐色，长 1.2～1.8cm，在新枝下部聚生成穗状。

果： 球果卵形或圆卵形，长 4～9cm，有短梗，向下弯垂，成熟前绿色，熟时淡黄色或淡褐黄色，常宿存树上数年之久。中部种鳞近矩圆状倒卵形，长 1.6～2cm，宽约 1.4cm，鳞盾肥厚、隆起或微隆起，扁菱形或菱状多角形，横脊显著，鳞脐凸起有尖刺；种子卵圆形或长卵圆形，淡褐色有斑纹，长 6～8mm，径 4～5mm，连翅长 1.5～1.8cm。

叶：针叶，2 针一束，深绿色，粗硬，长 10 ～ 15cm，径约 1.5mm，边缘有细锯齿，两面具气孔线；横切面半圆形，在第一层细胞下常有少数细胞形成第二层皮下层，树脂道 5 ～ 8 个或更多，边生，多数生于背面，腹面有 1 ～ 2 个，稀角部有 1 ～ 2 个中生树脂道，叶鞘初呈淡褐色，后呈淡黑褐色。

与马尾松的主要区别：油松分布偏北，针叶稍短而又粗硬；球果颜色稍淡，常宿存树上数年；种鳞鳞盾肥厚，扁菱形或菱状多角形，横脊显著，鳞脐凸起有尖刺。

76. 黑松 *Pinus thunbergii*

俗名日本黑松。裸子植物。松科松属。

花期：4 月上旬开花，有时 3 月底开花，最佳观赏期 4 月，花期 4 ～ 5 月；种子翌年 10 月成熟。观叶树种，针叶常绿，一年四季观赏效果均佳。见图 76。

习性：强喜光，不耐阴，耐旱，耐瘠薄，不耐寒，不耐水涝，适应性强，适生于温暖湿润的海洋性气候区域，宜在土层深厚、土质疏松、富含有机质的砂质土壤中生长；耐海雾，抗海风，抗病虫能力强；生长慢，寿命长。种子繁殖。

景观应用：叶针形，果球形，树形高大挺拔，四季常绿，是优良的园林绿化树种，可孤植、丛植、片植成景，可培养成各种桩景、盆景、造型景观，多用于综合公园、广场游园、郊野公园、植物园绿化，尤其是在城市节点、重点位置、道路交叉口等地配合花卉做成花境，或与岩石、假山配置，曲干虬枝，盘根错节，姿态奇特，景观特别美。做盆景优于马尾松。

形态特征：常绿乔木，高达 30m；幼树树皮暗灰色、老则灰黑色，粗厚，裂成块片脱落；枝条开展，树冠宽圆锥状或伞形；1 年生枝淡褐黄色，无毛。冬芽银白色，圆柱状椭圆形或圆柱形，顶端尖，芽鳞披针形或条状披针形，边缘白色丝状。

花：球花单性，雌雄同株。雄球花淡红褐色，圆柱形，长 1.5 ～ 2cm，聚生于新枝下部；雌球花单生或 2 ～ 3 个聚生于新枝近顶端，直立，有梗，

153

卵圆形，淡紫红色或淡褐红色。

果： 球果成熟前绿色，熟时褐色，圆锥状卵圆形或卵圆形，长 4～6cm，径 3～4cm，有短梗，向下弯垂。中部种鳞卵状椭圆形，鳞盾微肥厚，横脊显著，鳞脐微凹，有短刺。种子倒卵状椭圆形，长 5～7mm，径 2～3.5mm，连翅长 1.5～1.8cm，种翅灰褐色，有深色条纹。

叶： 针叶，2 针一束，深绿色，有光泽，粗硬，长 6～12cm，径 1.5～2mm，边缘有细锯齿，背腹面均有气孔线。

与马尾松的主要区别： 黑松更适宜海洋气候；老树皮灰黑色，冬芽银白色；针叶短而粗硬，树脂道中生；种鳞鳞盾横脊显著，鳞脐微凹有短刺；种翅短。

77. 火炬松 *Pinus taeda*

裸子植物。松科松属。

花期： 4 月上旬开花，有时 3 月底开花，最佳观赏期 4 月上中旬，花期 4 月。观叶树种，针叶常绿，一年四季观赏效果均佳。见图 77。

习性： 喜光，喜温暖湿润气候，适应性强，耐旱，耐瘠薄，怕水湿，不耐寒，在土层深厚、土质疏松、湿润的酸性和微酸性土壤中生长良好；抗松毛虫能力强，生长快。种子繁殖。

景观应用： 叶针形，果球形，树形高大挺拔，四季常绿，是优良的园林绿化树种，可孤植、丛植、片植成景，可培养成各种桩景、盆景、造型景观，多用于综合公园、广场游园、郊野公园、植物园绿化，尤其是在城市节点、重点位置、道路交叉口等地配合花卉做成的花境，或与岩石、假山配置，曲干虬枝，盘根错节，姿态奇特，景观特别美。

形态特征： 常绿乔木，高可达 30m；树皮鳞片状开裂，近黑色、暗灰褐色或淡褐色；枝条每年生长数轮；小枝黄褐色或淡红褐色；冬芽褐色，矩圆状卵圆形或短圆柱形，顶端尖。

花： 球花单性，雌雄同株。雄球花生于新枝下部的苞片腋部，淡棕色，多数聚集成穗状花序状，无梗，斜展或下垂，雄蕊多数，螺旋状着生，花药 2，药室纵裂，药隔鳞片状，边缘微具细缺齿，花粉有气囊；雌球花单生或 2～4 个生于新枝近顶端，直立或下垂，由多数螺旋状着生的珠鳞与苞鳞所组成，珠鳞的腹（上）面基部有 2 枚倒生胚珠，背（下）面基部有一短小的苞鳞。

果： 球果卵状圆锥形或窄圆锥形，基部对称，长 6～15cm，无梗或几无梗，熟时暗红褐色。种鳞的鳞盾横脊显著隆起，鳞脐隆起延长成尖刺。种子卵圆形，长约 6mm，栗褐色，种翅长约 2cm。

叶： 针叶，3 针一束，稀 2 针一束，长 12～25cm，径约 1.5mm，硬直，蓝绿色。

与马尾松的主要区别： 火炬松生长快，松毛虫危害少；枝条每年生长数轮；针叶长，硬直，3 针一束，树脂道 2 个中生；球果明显较大，无梗；种鳞鳞盾横脊显著隆起，鳞脐隆起延长成尖刺。

78. 白蜡树 *Fraxinus chinensis*

俗名白蜡杆、小叶白蜡、速生白蜡等。木樨科梣属。

花期： 4 月上旬开花，有时 3 月底开花，最佳观赏期 4 月上旬，花期 4 月；果熟期 8～9 月。观叶观果效果也较好。见图 78。

习性： 喜光，耐旱，耐寒，适应性强，对土壤要不严，喜土层深厚、疏松肥沃、湿润而排水良好的砂壤土；根系发达，耐修剪；生长快，寿命长。播种繁殖。

景观应用： 枝叶繁茂，树形优美，果形奇特，多作行道树、盆景和造型植物，园林中常用于单位庭院、居住小区、道路绿化、广场绿地及各类公园游园绿化。

形态特征： 落叶乔木，高 10～12m；树皮灰褐色，纵裂；小枝黄褐色，粗糙，无毛或疏被长柔毛，旋即秃净，皮孔小，不明显，嫩枝在上下节间交互呈两侧扁平状。芽大，阔卵形或圆锥形，被棕色柔毛或腺毛。

花： 花小，无花冠，单性，雌雄异株，与叶同时开放。圆锥花序顶生或腋生枝梢，长 8～10cm；花序梗长 2～4cm，无毛或被细柔毛，光滑，无皮孔；雄花密集，花萼小，4 裂，钟状，长约 1mm，花药与花丝近等长；雌花疏离，花萼大，筒状，长 2～3mm，4 浅裂，花柱细长，柱头 2 裂。

果：翅果匙形，长 3～4cm，宽 4～6mm，上中部最宽，先端锐尖，常呈犁头状，基部渐狭，翅平展，下延至坚果中部，坚果圆柱形，长约 1.5cm；宿存萼紧贴于坚果基部，常在一侧开口深裂。种子卵状长圆形，扁平，种皮薄。

叶：奇数羽状复叶，对生，长 15～25cm，叶柄长 4～6cm，基部不增厚；叶轴挺直，上面具浅沟，初时疏被柔毛，旋即秃净；小叶 5～7 枚，对生，硬纸质，卵形、倒卵状长圆形至披针形，长 3～10cm，宽 2～4cm，顶生小叶与侧生小叶近等大或稍大，先端锐尖至渐尖，基部钝圆或楔形，叶缘具整齐锯齿，上面无毛，下面无毛或有时沿中脉两侧被白色长柔毛；中脉在上面平坦，侧脉 8～10 对，下面凸起，细脉在两面凸起，明显网结；小叶柄长 3～5mm。

其他用途：树可放养白蜡虫生产白蜡，木材可做家具，树皮可药用。

79. 棕榈 *Trachycarpus fortunei*

俗名棕树。单子叶植物，棕榈科棕榈属。

花期：4 月上旬开花，最佳观赏期 4 月，花期 4～5 月；果熟期 11～12 月。叶形如扇，四季常绿，观叶效果极佳。见图 79。

习性：喜光，喜温暖湿润的气候，不耐寒，稍耐阴，适生于排水良好、湿润肥沃的中性、石灰性或微酸性土壤，日夜温差太大时生长不良；抗大气污染能力强；根系不发达，浅根，易风倒，生长慢。种子繁殖。

景观应用：树干通直，树形优美，叶形独特，四季常绿，可单植、丛植、列植、片植，多用于公园游园、广场绿地、郊野公园、植物园，于水系旁边栽植，仿若到了美丽的江南水乡。

形态特征：常绿，乔木状，高 3～10m 或更高；树干单生，圆柱形，裹被不易脱落的老叶柄基部和叶鞘解体成密集的网状纤维，裸露树干直径 10～15cm 甚至更粗。

花：花序粗壮，多次分枝，从叶腋抽出，常雌雄异株。雄花序长约 40cm，具有 2～3 个分枝花序，下部的分枝花序长 15～17cm，一般只二回分枝；雄花无梗，每 2～3 朵密集着生于小穗轴上，也有单生的；黄绿色，卵球形，钝三棱；花萼 3 片，卵状急尖，几分离，花冠约 2 倍长于花萼，花瓣阔卵形，雄蕊 6 枚，花丝分离，花药背着，卵状箭头形。雌花序长 80～90cm，花序梗长约 40cm，其上有 3 个佛焰苞包着，具 4～5 个圆锥状的分枝花序，下部的分枝花序长约 35cm，二至三回分枝；雌花淡绿色，通常 2～3 朵聚生；花无梗，球形，着生于短瘤突上，萼片阔卵形，3 裂，基部合生，花瓣卵状近圆形，长于萼片 1/3，退化雄蕊 6 枚。

果：果实阔肾形，有脐，宽 11～12mm，高 7～9mm，成熟时由黄色变为淡蓝色，有白粉，柱头残留在侧面附近，外果皮膜质，中果皮稍肉质，内果皮壳质，贴生于种子上。种子形如果实，胚乳均匀，角质，在种脊面有一个稍大的珠被侵入。

叶：叶片呈 3/4 圆形或者近圆形，掌状分裂，深裂成 30～50 片具单皱褶的线状剑形裂片，内向折叠，宽 2.5～4cm，长 60～70cm，裂片先端具短 2 裂或 2 齿，硬挺甚至顶端下垂；叶柄长 75～80cm 或甚至更长，两侧具细圆齿，顶端有明显的脊突，基部抱茎。

其他用途：棕皮纤维可作绳索、蓑衣、棕绷、地毡、刷子、沙发填充材料，叶可制扇；棕皮及叶柄煅炭入药有止血作用，果实、叶、花、根等亦可入药。

80. 石楠 *Photinia serratifolia*

俗名凿木、千年红、石眼树、石楠柴、中华石楠等。蔷薇科石楠属。

花期：4 月上旬开花，最佳观赏期 4 月中旬，花期 4～5 月；果熟期 9～10 月。红叶石楠观叶效果极佳。见图 80。

习性：喜光，喜温暖湿润环境，适应性强，耐旱、耐寒，耐瘠薄，忌水涝，萌枝能力强，耐修剪；生长中等，寿命长。扦插、播种繁殖。

景观应用：树冠饱满，叶丛浓密，嫩叶红艳，花白色，密生，冬季果实红色，是园林绿化应用极广的优良树种，尤其是红叶石楠，幼叶幼枝红艳，可单株成景，又能修剪成云片、球形、柱形等不同造型，还能作绿篱、色块，火红一片，很是壮观，在单位庭院、居住小区、公园游园、广场绿地、道路绿地、街头景观、立体绿化中广为应用，能丰富植物色彩和层次，提升景观质量。

形态特征：常绿小乔木，高达6m；枝褐灰色，无毛。冬芽小，卵形，鳞片褐色，覆瓦状排列，无毛。

花：花两性，白色，密生，直径6～8mm。复伞房花序顶生，直径10～16cm；总花梗和花梗无毛，花梗长3～5mm；萼筒杯状，长约1mm，无毛；萼片5枚，阔三角形，长约1mm，先端急尖，无毛；花瓣5枚，开展，近圆形，直径3～4mm，内外两面皆无毛；雄蕊20枚，外轮较花瓣长，内轮较花瓣短，花药带紫色；花柱2枚，有时3枚，基部合生，柱头头状。

果：梨果球形，直径5～6mm，红色，后成褐紫色。种子1粒，卵形，长2mm，棕色，平滑。

叶：单叶互生，革质，长椭圆形、长倒卵形或倒卵状椭圆形，长9～22cm，宽3～6.5cm，先端尾尖，基部圆形或宽楔形，边缘有疏生具腺细锯齿，近基部全缘，上面光亮，幼时中脉有茸毛，成熟后两面皆无毛；中脉显著，正面下凹背面凸起，侧脉25～30对；叶柄粗壮，长2～4cm，幼时有茸毛，以后无毛。

品种：红叶石楠，杂交种，幼叶红色或紫红色，老叶逐渐变绿，叶片长椭圆状披针形或长倒卵状披针形，长5～15cm，宽2～5cm，叶表角质层厚，发亮，叶端渐尖而有短尖头，叶基楔形；叶柄长0.8～3cm，红褐色；幼枝红褐色或紫褐色，老枝灰褐色。花多而密，白色，径1～1.2cm；花萼裂片三角形，红褐色；花序梗贴生短柔毛，上面红色，下面绿色。4月中旬始花，4月中下旬盛花，花期4～5月。

其他用途：叶和根供药，制成强壮剂、利尿剂，有镇静解热等作用。

81. 刺槐 *Robinia pseudoacacia*

俗名洋槐树、洋槐花。豆科刺槐属。

花期：4月上旬开花，最佳观赏期4月中下旬，花期4～5月；果熟期8～9月。观叶效果也很好。见图81。

习性： 喜光，喜温暖湿润环境，适应性极强，耐旱，耐寒，不耐水湿；萌芽和根蘖能力强；侧根发达，浅根性树种，抗风性能差；对二氧化硫、氯气、化学烟雾等具有一定的抗性。播种、根蘖繁殖。

景观应用： 花大色美，香沁心脾，叶如羽毛，树形优美，尤其是香花槐，花红色艳，观赏性强，是园林绿化的常用树种，多用于行道树、庭荫树、单位庭院、公园、广场绿地造景，工厂、矿区绿化。

形态特征： 落叶乔木，高 10～25m；树皮灰褐色至黑褐色，浅裂至深纵裂，稀光滑；小枝灰褐色，幼时有棱脊，微被毛，后无毛；具托叶刺，长达 2cm。冬芽小，被毛，无顶芽。

花： 花白色，芳香，两性。总状花序，腋生，长 10～20cm，下垂，花多数，苞片膜质早落；花梗长 7～8mm；花萼斜钟状，长 7～9mm，萼齿 5 裂，三角形至卵状三角形，密被柔毛；花冠 5 瓣，均具瓣柄，不等大，两侧对称，作下降覆瓦状排列构成蝶形花冠，旗瓣近圆形，长 16mm，宽约 19mm，先端凹缺，基部圆，反折，内有黄斑，翼瓣斜倒卵形，与旗瓣几等长，长约 16mm，基部一侧具圆耳，龙骨瓣镰状，三角形，与翼瓣等长或稍短，前缘合生，先端钝尖；雄蕊二体，10 枚，对旗瓣的 1 枚分离，其余 9 枚合生，花药同型，2 室纵裂；花柱钻形，长约 8mm，上弯，顶端具毛，柱头顶生。

果： 荚果褐色，或具红褐色斑纹，线状长圆形，长 5～12cm，宽 1～1.7cm，扁平，先端上弯，具尖头，果颈短，沿腹缝线具狭翅；花萼宿存，有种子 2～15 粒。种子褐色至黑褐色，微具光泽，近肾形，长 5～6mm，宽约 3mm。

叶： 奇数羽状复叶互生，长 10～25(～40)cm；叶轴上面具沟槽；小叶 2～12 对，常对生，椭圆形、长椭圆形或卵形，长 2～5cm，宽 1.5～2.2cm，先端圆，微凹，具小尖头，基部圆形至阔楔形，全缘，上面绿色，下面灰绿色，幼时被短柔毛，后变无毛；小叶柄长 1～3mm；小托叶针芒状。

品种： 香花槐，又名红花槐，小叶稍大，花红色至紫红色，香气浓郁，花期长，不结果。

其他用途： 由于适应性强，是荒山造林的先锋树种，优良的固沙保土树种，又是上等的蜜源植物，可作枕木、车辆、建筑、矿柱等多种用材。

82. 山楂 *Crataegus pinnatifida*

俗名山里红、红果、酸楂等。蔷薇科山楂属。

花期： 4月上旬始花，最佳观赏期4月中下旬，花期4～5月；果熟期9～10月。观叶效果也很好。见图82。

习性： 适应性强，喜凉爽、湿润环境，耐寒、耐旱、耐高温，喜光又耐阴，在土层深厚、肥沃、疏松、排水良好的微酸性土壤上生长良好；生长快，寿命长。播种、扦插、嫁接繁殖。

景观应用： 山楂花多，果红色，叶形特别，冠形美观，可观花观果，园林上多在单位庭院、居住小区、公园、郊野公园栽植，秋季果实累累，经久不凋，颇为美观。

形态特征： 落叶小乔木，高达6m；树皮粗糙，暗灰色或灰褐色；刺长1～2cm，有时无刺；小枝圆柱形，当年生枝紫褐色，无毛或近于无毛，疏生皮孔，老枝灰褐色。冬芽三角卵形，先端圆钝，无毛，紫色。

花： 花两性，白色，直径约1.5cm。伞房花序，由多花组成，直径4～6cm，微被柔毛；总花梗和花梗均被柔毛，花后脱落，减少，花梗长4～7mm；苞片膜质，线状披针形，长6～8mm，先端渐尖，边缘具腺齿，早落；萼筒钟状，长4～5mm，外面密被灰白色柔毛；萼片5枚，三角状卵形至披针形，先端渐尖，全缘，约与萼筒等长，内外两面均无毛，或在内面顶端有髯毛；花瓣5枚，倒卵形或近圆形，长7～8mm，宽5～6mm；雄蕊20枚，短于花瓣，花药粉红色；花柱3～5枚，基部被柔毛，柱头头状。

果： 梨果近球形或梨形，直径1～1.5cm，深红色，有浅色斑点；小核3～5枚，外面稍具棱，内面两侧平滑；萼片脱落很迟，先端留一圆形深洼。

叶： 单叶互生，叶片宽卵形或三角状卵形，稀菱状卵形，长5～10cm，宽4～7.5cm，先端短渐尖，基部截形至宽楔形，通常两侧各有3～5羽状深裂片，裂片卵状披针形或带形，先端短渐尖，边缘有尖锐稀疏不规则重锯齿，上面暗绿色有光泽，下面沿叶脉有疏生短柔毛或在脉腋有髯毛；侧脉6～10对，有的达到裂片先端，有的达到裂片分裂处；叶柄长2～6cm，无毛；托叶草质，镰形，边缘有锯齿。

变种： 山里红，又名大山楂，果形较大，直径可达 2.5cm，深亮红色；叶片大，分裂较浅；植株生长茂盛。

其他用途： 果可生吃或做果酱、果糕、糖葫芦；干制后入药，有健胃、消积化滞、舒气散瘀之效。

83. 樟 *Cinnamomum camphora*

俗名香樟、樟树、小叶樟、樟木等。樟科樟属。

花期： 4 月中旬始花，最佳观赏期 4 月中下旬至 5 月上旬，花期 4～5 月；果熟期 10～11 月。观叶植物，四季常绿，观赏效果较好。见图 83。

习性： 喜光，幼树稍耐阴，喜温暖、湿润气候，适应性强，耐干旱，不耐瘠薄，不耐寒，在土层深厚、疏松、肥沃、排水良好的微酸性土壤中生长良好；主根发达，抗风能力强，寿命较长。播种、扦插繁殖。

景观应用： 樟冠大荫浓，枝叶茂密，四季常绿，树形优美，黄白的花色如蛋黄般透着新绿，花香沁脾，是豫南地区最常用的园林绿化树种之一，可孤植、列植、丛植、片植成景，可与乔灌花草搭配，与景石、水系、假山、建筑小品配置，刚柔相济，色彩丰富，层次分明，错落有致，多用于道路行道树、城市节点、单位庭院、居住小区、综合公园、广场游园、郊野公园、植物园等各种绿化。

形态特征： 常绿大乔木，高可达 30m，树冠广卵形；枝、叶及木材均有樟脑香味；树皮黄褐色，有不规则的纵裂；枝条圆柱形，淡褐色，无毛。顶芽长卵形、广卵形或圆球形，芽鳞明显，覆瓦状排列，鳞片宽卵形或近圆形，外面略被绢状毛。

花： 花小，两性，绿白或带黄色，长约 3mm，芳香，辐射对称。圆锥花序腋生，长 3.5～7cm，具梗，总梗长 2.5～4.5cm，与各级序轴均无毛或被灰白至黄褐色微柔毛，被毛时往往在节上尤为明显；小花梗长 1～2mm，无毛；花被外面无毛或被微柔毛，内面密被短柔毛，花被筒短，倒锥形，长约 1mm，花被裂片 6 枚，近等大，椭圆形，长约 2mm；雄蕊着生于花被筒喉部，能育雄蕊 9 枚，长约 2mm，排列成 3 轮，花丝被短柔毛，退化雄蕊 3 枚，位于最内轮；花柱明显，长约 1mm，纤细，柱头头状，有时具 3 圆裂。

果： 果卵球形或近球形，直径 6～8mm，紫黑色，肉质；果托杯状，长约 5mm，顶端截平，宽达 4mm，边缘有齿状裂片，基部宽约 1mm，具纵向沟纹。种子无胚乳，有薄的种皮。

叶： 单叶互生，卵状椭圆形，长 6～12cm，宽 2.5～5.5cm，全缘，先端急尖，基部宽楔形至近圆形，软骨质，有时呈微波状，上面绿色或黄绿色，有光泽，下面黄绿色或灰绿色，晦暗，两面无毛或下面幼时略被微柔毛；具离基三出脉，有时过渡到基部具不显的 5 脉，中脉两面明显，上部每边有侧脉 1～5(7) 条，基生侧脉向叶缘一侧有少数支脉，侧脉及支脉脉腋上面明显隆起，下面有明显腺窝，窝内常被柔毛；无托叶；叶柄纤细，长 2～3cm，腹凹背凸，无毛。

84. 油桐 *Vernicia fordii*

俗名桐油树、桐子树。大戟科油桐属。

花期： 4 月中旬始花，最佳观赏期 4 月中下旬，花期 4～5 月；果熟期 8～9 月。叶大，观赏效果较好。见图 84。

习性： 喜光，喜肥，喜温暖湿润气候，不耐寒，在阳光充足、土层深厚、疏松肥沃、富含腐殖质、排水良好的微酸性砂质壤土中生长良好。播种繁殖。

景观应用： 花大花多，观赏性强，园林中多用于综合公园、郊野公园、植物园栽植。是我国重要的工业油料植物。

形态特征： 落叶乔木，高达 10m；树皮灰色，近光滑；枝条粗壮，无毛，具明显皮孔。

花： 花大，单性，白色微红，雌雄同株，先叶开放或与叶同时开放。总花序伞房状圆锥形，由聚伞花序组成；花萼长约 1cm，2～3 裂，外面密被棕褐色微柔毛；花瓣 5 枚，白色，有淡红色脉纹，倒卵形，长 2～3cm，宽 1～1.5cm，顶端圆形，基部爪状；腺体 5 枚；雄蕊 8～12 枚，2 轮，花丝外轮离生，内轮中部以下合生；花柱 3～5 枚，柱头 2 裂。

果：核果近球状，直径 4～6(～8)cm，果皮光滑，顶端有喙尖。

叶：单叶互生，卵圆形，长 8～18cm，宽 6～15cm，顶端短尖，基部截平至浅心形，全缘，稀 1～3 浅裂，嫩叶上面被微柔毛，很快脱落，下面被棕褐色微柔毛，渐脱落，成长叶上面深绿色，无毛，下面灰绿色，被贴伏微柔毛；掌状脉 5(7) 条；叶柄与叶片近等长，几无毛，顶端有 2 枚扁平无柄腺体。

85. 白皮松 *Pinus bungeana*

俗名三针松、白骨松、虎皮松、蟠龙松、白果松、美人松。裸子植物。松科松属。

花期： 4 月中旬始花，最佳观赏期 4 月中下旬，花期 4～5 月；球果翌年 10～11 月成熟。观叶树种，针叶常绿，一年四季观赏效果均佳。见图 85。

习性： 喜光，幼时稍耐阴，耐旱，耐寒，耐瘠薄，适应性强，在气候冷凉、土层深厚、肥沃的钙质土和黄土上生长良好；深根性，生长慢，寿命长；对二氧化硫及烟尘有较强的抗性。播种繁殖。

景观应用： 叶针形，果球形，树形高大挺拔，四季常绿，是优良的园林绿化树种，可孤植、丛植、片植成景，可培养成各种桩景、盆景、造型景观，多用于综合公园、广场游园、郊野公园、植物园绿化，尤其是在城市节点、重点位置、道路交叉口等地配合花卉做成的花境，或与岩石、假山配置，曲干虬枝，盘根错节，姿态奇特，景观特别美。

形态特征： 常绿乔木，高达 30m；有明显的主干，或从树干近基部分成数干；枝较细长，轮生，斜展，形成宽塔形至伞形树冠；幼树树皮光滑，灰绿色，长大后树皮呈不规则的薄块片脱落，露出淡黄绿色的新皮，老则树皮呈淡褐灰色或灰白色，裂成不规则的鳞状块片脱落，脱落后近光滑，露出粉白色的内皮，白褐相间呈斑鳞状；一年生枝灰绿色，无毛。冬芽显著，红褐色，卵圆形，无树脂，芽鳞多数，覆瓦状排列。

花：球花单性，雌雄同株。雄球花卵圆形或椭圆形，长约 1cm，多数聚生于新枝基部成穗状，长 5～10cm，无梗，斜展，雄蕊多数，螺旋状着生，花药 2 枚，药室纵裂，药隔鳞片状，边缘微具细缺齿，花粉有气囊；雌球花单生或 2~4 个生于新枝近顶端，直立或下垂，由多数螺旋状着生的珠鳞与苞鳞所组成，珠鳞的腹（上）面基部有 2 枚倒生胚珠，背（下）面基部有一短小的苞鳞。

果：小球果于第二年春受精后迅速长大；球果通常单生，初直立，后下垂，成熟前淡绿色，熟时淡黄褐色，卵圆形或圆锥状卵圆形，长 5~7cm，径 4~6cm，有短梗或几无梗。种鳞木质，矩圆状宽楔形，先端厚，宿存，排列紧密，上部露出部分为鳞盾；鳞盾近菱形，有横脊，鳞脐生于鳞盾的中央，明显，三角状，顶端有刺，刺之尖头向下反曲，稀尖头不明显。种子灰褐色，近倒卵圆形，长约 1cm，径 5~6mm，种翅短，赤褐色，有关节易脱落，长约 5mm。

叶：针叶，3 针一束，粗硬，长 5~10cm，径 1.5~2mm，螺旋状着生，辐射伸展，生于苞片状鳞叶的腋部，着生于不发育的短枝顶端，针叶内具一条维管束，叶背及腹面两侧均有气孔线，先端尖，边缘有细锯齿，每束针叶基部的鳞叶不下延生长；叶鞘脱落。

86. 日本五针松 *Pinus parviflora*

俗名五针松、五须松、日本五须松。裸子植物。松科松属。

花期：4 月中旬始花，最佳观赏期 4 月中下旬，花期 4~5 月。观叶树种，针叶常绿，一年四季观赏效果均佳。见图 86。

习性：喜光，稍耐阴，喜温暖湿润气候，适应性强，耐旱，耐寒，耐瘠薄，抗风害；深根性树种，生长慢，寿命长。播种繁殖。

景观应用：叶针形，果球形，树形高大挺拔，四季常绿，是优良的园林绿化树种，可孤植、丛植、片植成景，可培养成各种桩景、盆景、造型景观，多用于综合公园、广场游园、郊野公园、植物园绿化，尤其是在城市节点、重点位置、道路交叉口等地配合花卉做成花境，或与岩石、假山配置，曲干虬枝，盘根错节，姿态奇特，景观特别美。

形态特征：常绿乔木，高达 25m；幼树树皮淡灰色，平滑，大树树皮暗灰色，裂成鳞状块片脱落；枝平展，树冠圆锥形；1 年生枝幼嫩时绿色，后呈黄褐色，密生淡黄色柔毛。冬芽卵圆形。

花： 球花单性，雌雄同株。雄球花生于新枝下部的苞片腋部，多数聚集成穗状花序状，无梗，斜展或下垂，雄蕊多数，螺旋状着生，花药2，药室纵裂，药隔鳞片状，边缘微具细缺齿，花粉有气囊；雌球花单生或2～4个生于新枝近顶端，直立或下垂，由多数螺旋状着生的珠鳞与苞鳞所组成，珠鳞的腹（上）面基部有2枚倒生胚珠，背（下）面基部有一短小的苞鳞。

果： 小球果于翌春受精后迅速长大；球果卵圆形或卵状椭圆形，长4～7.5cm，径3.5～4.5cm，几无梗，熟时种鳞张开。种鳞木质，鳞脐生于鳞盾顶端，无刺；中部种鳞宽倒卵状斜方形或长方状倒卵形，长2～3cm，宽1.8～2cm，鳞盾淡褐色或暗灰褐色，近斜方形，先端圆，鳞脐凹下，微内曲，边缘薄，两侧边向外弯，下部底边宽楔形。种子为不规则倒卵圆形，近褐色，具黑色斑纹，长8～10mm，径约7mm，种翅宽6～8mm，连种子长1.8～2cm。

叶： 针叶，5针一束，长3.5～5.5cm，径不及1mm，微弯曲，叶内具一条维管束，基部的鳞叶不下延生长，先端尖，螺旋状着生，辐射伸展，边缘具细锯齿，背面暗绿色，无气孔线，腹面每侧有3～6条灰白色气孔线；叶鞘早落。

87. 楝 *Melia azedarach*

俗名楝树、苦楝、紫花树。楝科楝属。

花期： 4月下旬开花，最佳观赏期4月下旬至5月上旬，花期4～5月；果熟期11～12月。见图87。

习性： 喜光，喜温暖湿润气候，耐寒，耐碱，耐瘠薄，适应性较强，但以土层深厚、湿润、疏松、肥沃、排水良好的酸性和微酸性砂质壤土生长较好；生长快，寿命长；耐烟尘、抗二氧化硫能力强。播种繁殖。

景观应用： 树形优美，枝条秀丽，花色特别，可孤植、列植、丛植、片植成景，适宜在单位庭院、居住小区、道路绿化、广场绿地、公园栽植。

形态特征： 落叶乔木，高达10余米；树皮灰褐色，纵裂；分枝广展，小枝有叶痕，幼枝常被星状粉状毛。

花： 花两性，淡紫色，芳香。圆锥花序约与叶等长，腋生，多分枝，由多个二歧聚伞花序组成，无毛或幼时被鳞片状短柔毛；花萼 5 深裂，覆瓦状排列，裂片卵形或长圆状卵形，先端急尖，外面被微柔毛；花瓣 5 枚，淡紫色，分离，开展，旋转排列，倒卵状匙形，长约 1cm，两面均被微柔毛，通常外面较密；雄蕊花丝连合成圆筒形的雄蕊管，雄蕊管紫色，无毛，长 7～8mm，有纵细脉，管口有钻形、2～3 齿裂的狭裂片 10 枚，管部有线纹 10 条，口部扩展，花药 10 枚，长椭圆形；花盘环状；花柱细长，柱头头状，顶端具 5 齿，不伸出雄蕊管。

果： 核果球形至椭圆形，长 1～2cm，宽 8～15mm，内果皮木质，核骨质，4～5 室，每室有种子 1 粒。种子下垂，椭圆形，外种皮硬壳质。

叶： 叶互生，二至三回奇数羽状复叶，长 20～40cm；小叶对生，卵形、椭圆形至披针形，顶生 1 片通常略大，长 3～7cm，宽 2～3cm，先端短渐尖，基部楔形或宽楔形，多少偏斜，边缘有钝锯齿，幼时被星状毛，后两面均无毛，侧脉每边 12～16 条，广展，向上斜举，具叶柄。

88. 柿 *Diospyros kaki*

俗名柿子。柿科柿属。

花期： 4 月下旬开花，最佳观赏期 4 月下旬至 5 月上旬，花期 4～5 月；果熟期 9～10 月。秋季果实金黄，观赏效果较好。见图 88。

习性： 喜光，喜温暖湿润气候，耐寒，耐旱，耐瘠薄，适应性强，在土层深厚、疏松肥沃、湿润而排水良好的中性壤土中生长较好；深根性树种，根系发达；生长快，寿命长。嫁接、播种繁殖。

景观应用： 树冠高大，树形美观，秋季叶、果金黄，是园林绿化的优良树种，园林中可用于行道树、单位庭院、居住小区、广场绿地及各类公园绿化。

形态特征： 落叶乔木，高 14m 以上；树皮深灰色至灰黑色，或黄灰褐色至褐色，沟纹较密，裂成长方块状；树冠球形或长圆球形，老树冠直径达 10～13m；枝开展，带绿色至褐色，无毛，散生纵裂的长圆形或狭长圆形皮孔，无乳汁；嫩枝初时有棱，有棕色柔毛或无毛。无顶芽，冬芽小，卵形，长 2 ～ 3mm，先端钝。

花：花单性，黄白色，雌雄异株，间或雄株中有少数雌花，雌株中有少数雄花的。雄花序小，腋生，聚伞花序，长 1 ～ 1.5cm，弯垂，有短柔毛或茸毛，有花 3 ～ 5 朵；总花梗长约 5mm，有微小苞片；雄花小，长 5 ～ 10mm；花萼钟状，两面有毛，深 4 裂，裂片卵形，绿色，长约 3mm，有睫毛；花冠钟状，长为花萼的 1/2，外面或两面有毛，长约 7mm，4 裂，裂片卵形或心形，开展，两面有绢毛或外面脊上有长伏柔毛，里面近无毛，先端钝，雄蕊 16 ～ 24 枚，着生在花冠管的基部，连生成对，腹面 1 枚较短，花丝短，退化子房微小；花梗长约 3mm。雌花单生叶腋，长约 2cm，花萼绿色，有光泽，直径约 3cm 或更大，深 4 裂，萼管近球状钟形，肉质，长约 5mm，直径 7 ～ 10mm，外面密生伏柔毛，里面有绢毛，裂片开展，阔卵形或半圆形，长约 1.5cm，两面疏生伏柔毛或近无毛，先端钝或急尖，两端略向背后弯卷；花冠淡黄白色或黄白色而带紫红色，壶形或近钟形，较花萼短小，长和直径各 1.2 ～ 1.5cm，4 裂，花冠管近四棱形，直径 6 ～ 10mm，裂片阔卵形，长 5 ～ 10mm，宽 4 ～ 8mm，上部向外弯曲；退化雄蕊 8 枚；花柱 4 深裂，柱头 2 浅裂；花梗长 6 ～ 20mm，密生短柔毛。

果：浆果肉质，果形种种，有球形、扁球形、略呈方形、卵形等，直径 3.5 ～ 8.5cm 不等，基部通常有棱，嫩时绿色，后变黄色、橙黄色，果肉较脆硬，老熟时果肉变成柔软多汁，呈橙红色或大红色等；宿存萼在花后增大增厚，宽 3 ～ 4cm，4 裂，方形或近圆形，近平扁，厚革质或干时近木质，里面密被棕色绢毛，裂片革质，宽 1.5 ～ 2cm，长 1 ～ 1.5cm，两面无毛，有光泽；果柄粗壮，长 6 ～ 12mm。种子数粒，褐色，椭圆状，长约 2cm，宽约 1cm，侧扁。

叶：单叶互生，纸质，卵状椭圆形至倒卵形或近圆形，长 5 ～ 18cm，宽 2.8 ～ 9cm，全缘，先端渐尖或钝，基部楔形、钝圆形或近截形，很少为心形，新叶疏生柔毛，老叶上面有光泽，深绿色，无毛，下面绿色，有柔毛或无毛；中脉在上面凹下，有微柔毛，在下面凸起，侧脉每边 5 ～ 7 条，上面平坦或稍凹下，下面略凸起，下部的脉较长，上部的较短，向上斜生，稍弯，将近叶缘网结，小脉纤细，在上面平坦或微凹下，连结成小网状；叶柄长 8～20mm，变无毛，上面有浅槽；无托叶。

其他用途： 果可生食，做柿饼；提取柿漆可作防腐剂等；药用能止血润便，缓和痔疾肿痛，降血压；柿饼可以润脾补胃，润肺止血；柿霜饼和柿霜能润肺生津，祛痰镇咳，压胃热，解酒，疗口疮；柿蒂下气止呃，治呃逆和夜尿症。木材可做家具、提琴指板和弦轴等。

89. 石榴 *Punica granatum*

俗名安石榴、花石榴、若榴木、山力叶等。石榴科石榴属。

花期： 花艳，4 月下旬开花，最佳观赏期 4 月下旬至 6 月，花期 4～8 月；果熟期 8～9 月。果期观果效果也非常好。见图 89。

习性： 喜光，喜温暖环境，耐旱、耐寒、耐瘠薄，不耐涝，对土壤要求不严，在土层深厚、疏松肥沃、湿润而又排水良好的砂壤土中生长良好。扦插、压条、播种繁殖。

景观应用： 石榴花大，颜色红艳，色彩多样，果大而形美，可食可赏，景观效果极佳，是不可多得的园林绿化树种，多用于居住小区、单位庭院、街道绿化、广场游园、各类公园绿化，孤植、丛植、片植均可，也是盆景造型的优等树种，造型有曲干、斜干、卧干、悬崖式等，曲干虬枝，盘根错节，古朴沧桑，又如枯木逢春，飘逸洒脱，妙趣横生。"微雨过，小荷翻。榴花开欲燃"。宋代大文学家苏轼，以一首《阮郎归·初夏》，既写出了一种闺阁少女清新欢愉的生活情趣，又赞美了石榴火焰般的红艳；唐代杜牧《山石榴》赞"似火山榴映小山，繁中能薄艳中闲。一朵佳人玉钗上，只疑烧却翠云鬟"。中国人尤爱石榴，喻多子多福、团结和睦。

形态特征： 落叶小乔木，高 5m；枝顶常成尖锐长刺，幼枝具棱角，无毛，老枝近圆柱形。冬芽小，有 2 对鳞片。

花： 花大，两性，红色，鲜艳，辐射对称，1～5 朵生枝顶。萼革质，萼筒与子房贴生，且高于子房，近钟形，长 2～3cm，常红色或淡黄色，裂片 5～9 枚，镊合状排列，宿存，略外展，卵状三角形，长 8～13mm，外面近顶端有 1 黄绿色腺体，边缘有小乳突；花瓣大，红色，5～9 枚，多皱褶，覆瓦状排列，长 1.5～3cm，宽 1～2cm，顶端圆形；雄蕊生萼筒内壁上部，多数，花丝分离，长达 13mm；花柱超过雄蕊。

果：浆果近球形，直径 5～12cm，通常红绿色、淡黄绿色，顶端有宿存花萼裂片，果皮厚。种子多数，种皮外层肉质，内层骨质，钝角形，红色至乳白色，肉质的外种皮供食用。

叶：单叶，对生，纸质，矩圆状披针形，长 2～9cm，顶端短尖、钝尖或微凹，基部短尖至稍钝形，上面光亮，侧脉稍细密；叶柄短；无托叶。

品种：石榴品种很多，以食用和观赏为主。食用的如大红袍、三白甜、软籽石榴、水晶石榴等。园林观赏品种以花色和花瓣区分，统称花石榴，常见的有：月季石榴，花红色，矮小灌木，叶线形，花果均较小；白石榴，花白色；重瓣白石榴，花白色，重瓣；黄石榴，花黄色；玛瑙石榴，花重瓣，红色或黄白色条纹。

其他用途：果皮可入药，味酸涩，性温，具涩肠止血功能，治慢性下痢及肠痔出血等症，根皮可驱绦虫和蛔虫，可提制栲胶。

90. 鹅掌楸 *Liriodendron chinense*

俗名马褂木。木兰科鹅掌楸属。

花期：4 月下旬开花，最佳观赏期 4 月下旬至 5 月上旬，花期 4～5 月；果熟期 9～10 月。叶如马褂，生长期观叶效果极佳。见图 90。

习性：喜光，喜温暖湿润气候，喜肥，较耐寒，稍耐旱，不耐水湿，在土层深厚、疏松肥沃、湿润而排水良好的酸性或微酸性土壤中生长较好；生长速度中等，寿命长，萌枝力稍弱。播种、扦插繁殖。

景观应用：世界珍稀植物，树冠高大，树干挺拔，树形美观，花大美丽，叶形奇特，尤其秋季叶色变黄，如一件件的黄马褂，是珍贵的行道树和庭园观赏树种，孤植、列植、丛植、片植均可，园林中多用于单位庭院、居住小区、行道树、道路绿化、广场绿地、各类公园绿化。

形态特征：落叶乔木，高达 40m；树皮灰白色，纵裂小块状脱落；小枝灰色或灰褐色，具分隔的髓心。冬芽卵形，为 2 片黏合的盔帽状托叶所包围，幼叶在芽中对折，向下弯垂。

花： 花两性，绿色，具黄色纵条纹，杯状，单生枝顶，与叶同时开放。花蕾为佛焰苞状苞片所包围；花被片9枚，3片1轮，近相等，外轮3片绿色，萼片状，向外弯垂，内两轮6片，直立，花瓣状，倒卵形，长3～4cm；雌蕊和雄蕊均多数，分离，螺旋状排列在伸长的花托上；雄蕊群排列在花托下部，花药线形，长10～16mm，花丝长5～6mm，虫媒传粉；雌蕊群排列在花托上部，无柄，花期时雌蕊群超出花被之上，心皮黄绿色。

果： 聚合果纺锤状，长7～9cm，成熟心皮木质，种皮与内果皮愈合；小坚果顶端延伸成翅状，长约6mm，顶端钝或钝尖，成熟时自花托脱落，不开裂，果轴宿存。种子1～2颗，成熟时悬垂于一延长丝状而有弹性的假珠柄上，伸出于聚合果蓇葖之外，具薄而干燥的种皮，胚藏于胚乳中。

叶： 单叶互生，马褂状，长4～18cm，先端平截或微凹，近基部每边具1侧裂片，先端具2浅裂，下面苍白色，老叶下面被乳头状的白粉点，羽状脉；叶柄长4～16cm；托叶与叶柄离生，早落。

其他用途： 木材淡红褐色、纹理直，结构细、质轻软、易加工，少变形，少开裂，无虫蛀，是优良建筑、家具用材；叶和树皮可入药。

91. 化香树 *Platycarya strobilacea*

俗名还香树、皮杆条、花木香、栲香等。胡桃科化香树属。

花期： 4月下旬开花，最佳观赏期4月下旬至5月中旬，花期4～5月；果熟期8～9月。见图91。

习性： 喜光，喜温暖湿润气候，耐旱，稍耐寒，耐瘠薄，喜土层深厚、疏松肥沃、湿润而排水良好的中性土壤；深根性树种，根系发达，萌芽能力强，生长速度中等。播种繁殖。

景观应用： 树形优美，叶、果具有观赏性，园林中常用于各类公园绿化。

形态特征： 落叶小乔木，高达6m；树皮灰色，老时则不规则纵裂；具树脂，有芳香；2年生枝条暗褐色，具细小皮孔；芽卵形或近球形，芽鳞阔。

花： 花单性，黄绿色，雌雄同株。花序单性或两性，两性花序和雄花序在小枝顶端排列成伞房状花序束，直立；两性花序通常 1 条，着生于中央顶端，长 5～10cm，雌花序位于下部，长 1～3cm，雄花序部分位于上部，有时无雄花序而仅有雌花序；雄花序通常 3～8 条，穗状，位于两性花序下方四周，长 4～10cm。雄花：苞片阔卵形，不分裂，与子房分离，顶端渐尖而向外弯曲，长 2～3mm；雄蕊 6～8 枚，花丝短，花药阔卵形，黄色。雌花：苞片卵状披针形，顶端长渐尖，硬而不外曲，长 2.5～3mm；花被 2 枚，背部具翅状的纵向隆起，与子房一同增大；雌蕊 1 枚，无花柱，柱头 2 裂。

果：果序球果状，直立，卵状椭圆形至长椭圆状圆柱形，长 2.5～5cm，直径 2～3cm；宿存苞片木质，略具弹性，长 7～10mm，密集而成覆瓦状排列。果实小坚果状，较苞片小，背腹压扁状，两侧具狭翅，长 4～6mm，宽 3～6mm，单个生于覆瓦状排列的各个苞片腋内。种子卵形，种皮黄褐色，膜质。

叶：奇数羽状复叶，互生，复叶长 15～30cm，叶总柄显著短于叶轴，具 7～23 枚小叶；小叶纸质，对生，侧生小叶无叶柄，卵状披针形至长椭圆状披针形，长 4～11cm，宽 1.5～3.5cm，不等边，基部歪斜，顶端长渐尖，边缘有锯齿，顶生小叶具长 2～3cm 的小叶柄，基部对称，圆形或阔楔形；小叶具羽状脉；无托叶。

其他用途：树皮、根皮、叶和果序作为提制栲胶的原料，树皮亦能剥取纤维，叶可作农药，根部及老木含有芳香油，种子可榨油。

92. 粉团 *Viburnum plicatum*

俗名雪球荚蒾、绣球。忍冬科荚蒾属。

花期：4 月初始花，有时 3 月下旬开花，最佳观赏期 4 月上中旬，花期 4 月。见图 92。

习性：喜光照，较耐阴，不耐寒，对土壤要求不严，喜疏松、肥沃、湿润的土壤；萌芽、萌蘖能力强，耐修剪。扦插、压条、分株繁殖。

景观应用：花白如雪，花色艳丽，花序大，圆球形，观赏性强，可孤植、丛植、片植成景，常用于单位庭院、公园造景，与乔木配置，既有较好的景观效果，又能丰富植物层次。

形态特征：落叶灌木，高达 3m；当年小枝浅黄褐色，四角状，被黄褐色簇状毛，2 年生小枝灰褐色或灰黑色，散生圆形皮孔，老枝圆筒形，近水平状开展。冬芽有 1 对披针状三角形鳞片。

花：花白色或白绿色，雌、雄蕊均不发育。聚伞花序伞状球形，直径 4～8cm，常生于具 1 对叶的短侧枝上，全部由大型的不孕花组成；总花梗长 1.5～4cm，稍有棱角，被黄褐色簇状毛，第一级辐射枝 6～8 条，花生于第 4 级辐射枝上；萼筒倒圆锥形，无毛或有时被簇状毛，萼齿 5 枚，卵形，顶钝圆；花冠辐状，直径 1.5～3cm，裂片 5 枚有时仅 4 枚，倒卵形或近圆形，顶圆形，大小常不相等；苞片早落。

果：本种不结果。

叶：单叶对生，纸质，宽卵形、圆状倒卵形或倒卵形，长 4～10cm，顶端圆或急狭而微凸尖，基部圆形或宽楔形，边缘有不整齐三角状锯齿，上面疏被短伏毛，中脉毛较密，下面密被茸毛；叶脉羽状，侧脉 10～12 对，并行，直伸或稍弧形伸至齿端，上面常深凹陷，下面显著凸起，小脉横列，紧密，成明显的长方形格纹；叶柄长 1～2cm，被薄茸毛，顶端无腺体；无托叶。

变种：蝴蝶戏珠花，又名蝴蝶花、蝴蝶树、蝴蝶荚蒾，叶较狭，宽卵形或矩圆状卵形，有时椭圆状倒卵形，两端有时渐尖，下面常带绿白色，侧脉 10～17 对。花序直径 4～10cm，外围有 4～6 朵白色、大型的不孕花，具长花梗，花冠直径达 4cm，不整齐 4～5 裂；花两性，中央可孕花小、整齐，直径约 3mm，花柱粗短，萼筒长约 15mm，花冠辐状，黄白色，裂片宽卵形，长约等于筒；雄蕊 5 枚高出花冠。核果，果实先红色后变黑色，宽卵圆形或倒卵圆形，长 5～6mm，直径约 4mm；核扁，两端钝形，有 1 条上宽下窄的腹沟，背面中下部还有 1 条短的隆起之脊，种子 1 粒，种皮骨质。4 月初始花，有时 3 月下旬开花，4 月上中旬盛花，花期 4 月。果熟期 8～9 月。

93. 绣球荚蒾 *Viburnum macrocephalum*

俗名木绣球、八仙花。忍冬科荚蒾属。

花期：4 月初始花，有时 3 月下旬开花，最佳观赏期 4 月上中旬，花期

4 月。见图 93。

习性：喜光照，较耐阴，不耐寒，对土壤要求不严，喜疏松、肥沃、湿润的土壤；萌芽、萌蘖能力强，耐修剪。扦插、压条、分株繁殖。

景观应用：花白如雪，花色艳丽，花序大，圆球形，观赏性强，可孤植、丛植、片植成景，常用于单位庭院、公园造景，与乔木配置，既有较好的景观效果，又能丰富植物层次。

形态特征：落叶灌木，高达 4m；树皮灰褐色或灰白色，茎干有皮孔。芽、幼枝、叶柄及花序均密被灰白色或黄白色簇状短毛，后渐变无毛。冬芽裸露。

花：花白色，聚伞花序球形，直径 8～15cm，全部由大型不孕花组成，总花梗长 1～2cm，第 1 级辐射枝 5 条，花生于第 3 级辐射枝上；萼筒筒状，长约 2.5mm，宽约 1mm，无毛，萼齿 5 枚，萼筒几等长，矩圆形，顶钝；花冠辐状，直径 1.5～4cm，裂片 5 枚，圆状倒卵形，筒部甚短；雄蕊 5 枚，长约 3mm；雌蕊不育；苞片早落。

果：本种不结果。

叶：单叶对生，纸质，卵形至椭圆形或卵状矩圆形，长 5～11cm，顶端钝或稍尖，基部圆或有时微心形，边缘有小齿，上面初时密被簇状短毛，后仅中脉有毛，下面被簇状短毛；侧脉 5～6 对，近缘前互相网结，连同中脉上面略凹陷，下面凸起；叶柄长 10～15mm。

变种：琼花，又名聚八仙、八仙花，聚伞花序仅周围具大型的不孕花，花冠直径 3～4.2cm，裂片倒卵形或近圆形，顶端常凹缺；花两性，可孕花小、整齐，萼齿卵形，长约 1mm，花冠白色，辐状，直径 7～10mm，裂片宽卵形，长约 2.5mm，筒部长约 1.5mm，雄蕊 5 枚，稍高出花冠，长约 1mm。果实红色而后变黑色，椭圆形，长约 12mm；核扁，矩圆形至宽椭圆形，长 10～12mm，直径 6～8mm，有 2 条浅背沟和 3 条浅腹沟。4 月初始花，有时 3 月下旬开花，4 月上中旬盛花，花期 4 月。果熟期 9～10 月。

94. 牡丹 *Paeonia suffruticosa*

俗名洛阳花、富贵、鼠姑、鹿韭、白茸、木芍药、百雨金花。芍药科芍

173

药属。

花期： 4 月初开花，有时 3 月下旬开花，最佳观赏期 4 月上中旬，花期 4 月；果熟期 6 月。见图 94。

习性： 喜光，耐半阴，夏季忌烈日暴晒，喜肥，喜温凉干燥环境，耐寒，耐旱，怕积水，怕热，适宜在土层深厚、疏松肥沃、排水良好的中性砂壤土中生长；牡丹根系发达，萌蘖萌芽能力强。嫁接、分株、播种、扦插繁殖。

景观应用： 牡丹花大、形美、色艳、香浓，色、姿、香、韵俱佳，历来为广大群众所喜爱，栽培牡丹者甚多，是我国"十大名花"之一，被誉为"花中之王"，有"国色天香"之美誉。牡丹可孤植于庭院、楼阁、堂前，或盆栽，丰姿绰约，富贵祥和，丛植于岸畔、假山、岩石、建筑之侧，五彩缤纷，雍容典雅，群植片植，或作疏林地被，或建专类公园，韵压群芳，富丽堂皇，园林中广泛应用于单位庭院、居住小区、街头景观、道路绿化、广场绿地及各类公园绿化。目前，洛阳、菏泽、北京、西安、南京、苏州、杭州等地都建有规模较大的牡丹专类园，如洛阳王城公园、牡丹公园和植物园，菏泽曹州牡丹园、古今园等，牡丹还是洛阳、菏泽、彭州、铜陵、宁国、牡丹江等市的市花。

植物文化： 牡丹在我国有 2000 多年的栽培史，不仅文人骚客、丹青妙手喜欢牡丹，历代君王贵族也是偏爱有加，如隋炀帝杨广爱牡丹，唐贵妃杨玉环宠牡丹，唐代舒元舆有《牡丹赋》，宋代欧阳修著《洛阳牡丹记》，陆游出《天彭牡丹谱》，丘浚撰《牡丹荣辱志》，清代吴昌硕绘《牡丹》，等等。诗歌词赋咏牡丹的则更多，最著名的当数唐代刘禹锡，一首《赏牡丹》"庭前芍药妖无格，池上芙蕖净少情。唯有牡丹真国色，花开时节动京城"，让牡丹名扬天下。唐代皮日休的《牡丹》"落尽残红始吐芳，佳名唤作百花王。竞夸天下无双艳，独立人间第一香"，白居易的《牡丹芳》"花开花落二十日，一城之人皆若狂"，徐凝的《寄白司马》"三条九陌花时节，万户千车看牡丹"，均对牡丹极尽赞美之词，突显古人狂热的爱花之情。

形态特征： 落叶灌木，高达 2m；分枝短而粗，当年生分枝基部具数枚鳞片。

花： 花两性，大型，玫瑰色、紫红色、粉红色至白色等，颜色鲜艳丰富，直径 10 ～ 17cm，辐射对称，单生枝顶。花梗长 4 ～ 6cm；苞片 5 枚，长椭圆形，叶状，大小不等，宿存；萼片 5 枚，下位，绿色，宽卵形，大小不等；花瓣 5 枚，下位，重瓣多枚，通常变异很大，倒卵形，长 5 ～ 8cm，宽 4.2 ～ 6cm，顶端呈不规则的波状；雄蕊多数，下位，离心发育，长 1 ～ 1.7cm，花丝狭线形，紫红色、粉红色，上部白色，长约 1.3cm，花药长圆形，黄色；花盘革质，杯状，紫红色，顶端有数个锐齿或裂片；柱头扁平，向外反卷。

果： 蓇葖果，蓇葖长圆形，密生黄褐色硬毛，成熟时沿心皮的腹缝线开裂，果皮革质。种子数粒，黑色、深褐色，光滑无毛。

叶： 叶通常为二回三出复叶，偶尔近枝顶的叶为 3 小叶；顶生小叶宽卵形，长 7 ～ 8cm，宽 5.5 ～ 7cm，3 裂至中部，裂片不裂或 2 ～ 3 浅裂，表面绿色，无毛，背面淡绿色，有时具白粉，沿叶脉疏生短柔毛或近无毛，小叶柄长 1.2 ～ 3cm；侧生小叶狭卵形或长圆状卵形，长 4.5 ～ 6.5cm，宽 2.5 ～ 4cm，不等 2 裂至 3 浅裂或不裂，近无柄；裂片常全缘；叶脉掌状，网状连结；叶柄长 5 ～ 11cm，和叶轴均无毛；无托叶。

品种： 牡丹品种繁多，栽培类型中，主要根据花的颜色、花型，有数百个品种，目前大致归为 4 个品种群：中原品种群、西北品种群、江南品种群和西南品种群。

其他用途： 根皮供药用，称"丹皮"，为镇痉药，能凉血散瘀，治中风、腹痛等症。

95. 锦绣杜鹃 *Rhododendron × pulchrum*

俗名毛鹃、毛杜鹃、紫鹃、春鹃。杜鹃花科杜鹃花属。

花期： 4 月上旬开花，最佳观赏期 4 月，花期 4 ～ 5 月；果期 5 ～ 10 月。见图 95。

习性： 喜半阴植物，稍耐瘠薄，不耐寒，不耐积水，不耐盐碱，喜温暖湿润气候，在土质疏松、湿润、排水良好的酸性、微酸性土壤中生长较好，枝芽萌发力强，耐修剪，不宜烈日暴晒，冬季应注意防寒。扦插、压条、分

175

株、嫁接、播种繁殖，以扦插最为普遍。

景观应用：可孤植、丛植、片植成景，可培养成各种桩景、盆景、造型景观，多用于单位庭院、居住小区、街景道路、广场游园、各类公园绿化，尤其是在城市节点、重要位置、道路交叉口等地配合造型松、桩景做花境，或与岩石、假山配置，或在疏林、草坪中栽植，或建成花海、花溪，曲干虬枝，千姿百态，既柔美秀丽，又壮观大气，不可方物。

形态特征：常绿灌木，高达 2.5m；枝开展，淡灰褐色，被淡棕色糙伏毛，枝脆易折断；冬芽具芽鳞。

花：花大，花多，颜色鲜艳，两性，辐射对称。花芽卵球形，鳞片外面沿中部具淡黄褐色毛，内有黏质。伞形花序顶生，有花 1～5 朵，与叶枝出自同一个顶芽；花梗长 0.8～1.5cm，密被淡黄褐色长柔毛；花萼大，绿色，5 深裂，裂片披针形，长约 1.2cm，被糙伏毛，宿存，与子房分离；花冠玫瑰紫色、粉红色或白色，合瓣，花冠管明显，长于裂片，阔漏斗形，无毛，长 4.8～5.2cm，直径约 6cm，裂片 5 枚，阔卵形，长约 3.3cm，上部裂片具深红色斑点、白花具黄色斑点，裂片覆瓦状排列；雄蕊 10 枚，近等长，短于花冠，长 3.5～4cm，花丝线形，下部被微柔毛；花柱长约 5cm，比花冠稍长或与花冠等长，无毛，宿存。

果：蒴果长圆状卵球形，常具沟槽，长 0.8～1cm，被刚毛状糙伏毛；花萼宿存；成熟后自顶部向下室间开裂，果瓣木质。种子多数，细小，具膜质薄翅。

叶：叶薄革质，散生，枝端集生，椭圆状长圆形至椭圆状披针形或长圆状倒披针形，长 2～7cm，宽 1～2.5cm，先端钝尖，基部楔形，边缘反卷，全缘，上面深绿色，初时散生淡黄褐色糙伏毛，后近于无毛，下面淡绿色，被微柔毛和糙伏毛；中脉和侧脉在上面下凹，下面凸出；叶柄长 3～6mm，密被棕褐色糙伏毛；无托叶。

与杜鹃的主要区别：常绿，叶片相对狭窄，薄革质，花梗长，花萼大，花冠大，紫红色、粉红色或白色，雄蕊短于花冠，子房 5 室，花柱与花冠等长或稍长，易于区别。

96. 金银忍冬 *Lonicera maackii*

俗名金银木、王八骨头。忍冬科忍冬属。

花期： 4 月上旬开花，最佳观赏期 4 月中下旬，花期 4～5 月；果熟期 8～9 月。见图 96。

习性： 喜光，稍耐阴，喜温暖湿润气候，耐旱，耐寒，适应性强，喜土层深厚、疏松肥沃、湿润而排水良好的壤土。播种繁殖。

景观应用： 枝叶繁茂，花形奇特，花色美丽，花香怡人，果实红艳，观赏性较强，可孤植、丛植、片植，可栽植于庭院一角，可点缀于假山、溪流、水景、置石、建筑侧旁，园林中常用于单位庭院、居住小区、道路绿化、广场绿地、各类公园游园绿化。

形态特征： 落叶灌木或小乔木，高达 6m；幼枝、叶两面脉上、叶柄、苞片、小苞片及萼檐外面都被短柔毛和微腺毛；小枝髓部黑褐色，后变中空，老枝树皮常作条状剥落。冬芽小，卵圆形，有 5～6 对或更多鳞片。

花： 花两性，先白色后变黄色，芳香。花成对生于总花梗顶端，总状花序，有苞片和小苞片各 1 对；总花梗生于幼枝叶腋，长 1～2mm，短于叶柄；苞片条形，有时条状倒披针形而呈叶状，长 3～6mm；小苞片多少连合成对，长为萼筒的 1/2 至几相等，顶端截形；相邻两萼筒分离，长约 2mm，无毛或疏生微腺毛，萼檐钟状，为萼筒长的 2/3 至相等，干膜质，萼檐 5 裂，裂齿宽三角形或披针形，不相等，顶尖，裂隙约达萼檐之半；花冠长 1～2cm，外被短伏毛或无毛，唇形，筒长约为唇瓣的 1/2，内被柔毛；花盘不存在；雄蕊与花柱长约达花冠的 2/3，花丝中部以下和花柱均有向上的柔毛；雄蕊 5 枚，着生于花冠筒，花药丁字着生；花柱纤细，有毛，柱头头状。

果： 浆果暗红色，圆形，直径 5～6mm，不开裂。种子多数，骨质外种皮，具蜂窝状微小浅凹点，胚乳丰富。

叶： 单叶对生，纸质，全缘，形状变化较大，通常卵状椭圆形至卵状披针形，稀矩圆状披针形或倒卵状矩圆形，更少菱状矩圆形或圆卵形，长 5～8cm，顶端渐尖或长渐尖，基部宽楔形至圆形；叶柄长 2～8mm；无托叶。

变种： 红花金银忍冬，花冠淡紫红色，小苞片和幼叶均带淡紫红色。

其他用途： 茎皮可制人造棉，花可提取芳香油，种子榨成的油可制肥皂。

97. 中华绣线菊 *Spiraea chinensis*

俗名华绣线菊、铁黑汉条。蔷薇科绣线菊属。

花期： 4 月上旬开花，最佳观赏期 4 月中下旬，花期 4～5 月；果熟期 9～10 月。见图 97。

习性： 喜光，喜温暖湿润气候，耐寒，耐旱，耐瘠薄，适应性强，不耐涝，在土壤深厚、疏松肥沃的砂质壤土中生长良好。播种繁殖。

景观应用： 花色洁白，花朵美丽，园林中常用于单位庭院、居住小区、广场绿地及各类公园的绿化，也可作绿篱、地被。

形态特征： 落叶灌木，高达 3m；小枝呈拱形弯曲，红褐色，幼时被黄色茸毛，有时无毛。冬芽小，卵形，先端急尖，有数枚鳞片，外被柔毛。

花： 花两性，白色，直径 3～4mm。伞形花序具花 16～25 朵，着生在去年生的枝上；花梗长 5～10mm，具短茸毛；苞片线形，被短柔毛；萼筒钟状，外面有稀疏柔毛，内面密被柔毛；萼片 5 枚，卵状披针形，先端长渐尖，内面有短柔毛，果期直立或开展；花瓣 5 枚，近圆形，先端微凹或圆钝，长与宽都为 2～3mm，较萼片长；雄蕊 22～25，短于花瓣或与花瓣等长，着生在花盘和萼片之间；花盘波状圆环形或具不整齐的裂片；花柱短于雄蕊，顶生，直立或稍倾斜，具直立、稀反折萼片。

果： 蓇葖果 5，开张，全体被短柔毛，常沿腹缝线开裂，内具数粒细小种子。种子线形至长圆形，种皮膜质。

叶： 单叶互生，菱状卵形至倒卵形，长 2.5～6cm，宽 1.5～3cm，先端急尖或圆钝，基部宽楔形或圆形，边缘有缺刻状粗锯齿，或具不明显 3 裂，上面暗绿色，被短柔毛，脉纹深陷，下面密被黄色茸毛，脉纹突起；叶柄长 4～10mm，被短茸毛；无托叶。

98. 红叶 *Cotinus coggygria* **var. *cinerea***

俗名红栌、红叶黄栌、灰毛黄栌。黄栌的变种,漆树科黄栌属。

花期: 4月上旬始花,最佳观赏期4月中旬,花期4月;果熟期7～8月。花梗观赏期可延至6月。见图98。

习性: 喜光,稍耐阴,适应性强,耐寒,耐旱,耐瘠薄,耐碱,不耐水湿,在深厚、肥沃、排水良好的砂质壤土中生长良好;抗二氧化硫;生长快,萌蘖性强。秋季叶色变红。种子繁殖。

景观应用: 树姿优美,粉紫色或粉红色的纤细花梗,如一团团的紫红色云雾缭绕树间,经春夏而不消,被誉为雾中之花,秋季叶片变红,色彩鲜艳,美丽壮观,观赏性极强,在园林绿化中被广泛应用,常用在单位庭院、居住小区、广场绿地、综合公园、郊野公园及植物园,可孤植、列植、丛植、群植成景。

形态特征: 落叶灌木,高3～5m,木材黄色,树汁有臭味。芽鳞暗褐色。

花: 花小,杂性,径约3mm,仅少数发育。圆锥花序顶生,被柔毛;苞片披针形,早落;花梗纤细,长7～10mm,多数不孕花花后花梗伸长,被长柔毛,花序梗及小花梗粉红色或粉紫色;花萼5裂,无毛,裂片卵状三角形,长约1.2mm,宽约0.8mm,先端钝,宿存,覆瓦状排列;花瓣5枚,卵形或卵状披针形,长2～2.5mm,宽约1mm,无毛;雄蕊5枚,短于花瓣,长约1.5mm,花药卵形;花盘5裂,紫褐色;花柱3枚,分离,不等长,侧生,短,柱头小,不明显。

果: 核果小,暗红色至褐色,肾形,极压扁,长约4.5mm,宽约2.5mm,侧面中部具残存花柱,外果皮薄,具脉纹,内果皮厚角质,无毛;种子肾形,种皮薄,无胚乳。

叶: 单叶互生,叶倒卵形或卵圆形,长3～8cm,宽2.5～6cm,先端圆形或微凹,基部圆形或阔楔形,全缘,两面或尤其叶背显著被灰色柔毛;侧脉6～11对,先端常叉开;叶柄细短;无托叶。

变种： 毛黄栌，叶多为阔椭圆形，稀圆形，叶背，尤其沿脉上和叶柄密被柔毛；花序无毛或近无毛。

其他用途： 树皮和叶可提栲胶，叶含芳香油，为调香原料。

99. 月季花 *Rosa chinensis*

俗名月季、月月红、月月花。蔷薇科蔷薇属。

花期： 花大，花艳，色彩丰富，4月上旬始花，最佳观赏期4月中下旬至5月，此时花最艳，花期4～11月，有时12月仍有花开；果熟期10～11月。见图99。

习性： 月季适应性强，喜光，喜肥，喜温暖湿润气候，耐寒，耐旱，以富含有机质、肥沃、疏松的微酸性土壤和通风透光的条件下生长最好。月季虽喜光照，但不能过多地强光直射，夏季高温持续30℃以上应适当遮阴。二氧化硫、氯、氟化物等有害气体易对其产生毒害。扦插、嫁接、播种、分株、压条均可繁殖。

景观应用： 月季品种多样，花色艳丽，风姿绰约，多姿多彩，花期较长，是园林绿化最常用的植物之一，广泛应用于单位庭院、居住小区、道路绿化、城市节点、广场游园、公园绿地、垂直绿化、屋顶绿化、阳台盆栽，可孤植、列植、丛植、片植成景，可培养花柱、花瓶、花球、花篱、花门、花墙、花廊及各种造型景观，形态优美，花香怡人，赏心悦目。

植物文化： 月季是我国"十大名花"之一，被誉为"花中皇后"，宋代"苏门四学士"之一的张耒《月季》诗赞"月季只应天上物，四时荣谢色常同。可怜摇落西风里，又放寒枝数点红"；而杨万里在《腊前月季》中赞月季"只道花无十日红，此花无日不春风。一尖已剥胭脂笔，四破犹包翡翠茸。别有香超桃李外，更同梅斗雪霜中。折来喜作新年看，忘却今晨是季冬"；明代张新《月季花》赞曰"一番花信一番新，半属东风半属尘。惟有此花开不厌，一年长占四时春"。

形态特征： 落叶或半常绿灌木，直立或攀缘状；枝粗壮，圆柱形，近无毛，有短粗的钩状弯曲皮刺或无刺。冬芽具鳞片。

花：花两性，红色、紫红色、粉红色、黄色至白色，芳香，花色丰富，花形多样，直径 4～5cm，单生或数朵簇生于枝顶。萼筒坛状，萼片 5 枚，卵形，开展，覆瓦状排列，先端尾状渐尖，有时呈叶状，边缘常有羽状裂片，稀全缘，外面无毛，内面密被长柔毛，花后反折凋落；花瓣重瓣至半重瓣，稀单瓣 5 枚，倒卵形，开展，先端有凹缺，基部楔形，覆瓦状排列；花梗长 2.5～6cm，近无毛或有腺毛；花盘环绕萼筒口部；雄蕊多数，分为数轮，着生在花盘周围；花柱离生，伸出萼筒口外，约与雄蕊等长。

果：瘦果，红色，木质，卵球形或梨形，长 1～2cm，着生在萼筒边周及基部，萼片脱落。

叶：奇数羽状复叶，互生，连叶柄长 5～11cm；小叶 3～5 枚，稀 7 枚，对生，宽卵形至卵状长圆形，先端长渐尖或渐尖，基部近圆形或宽楔形，边缘有锐锯齿，两面无毛，长 2.5～6cm，宽 1～3cm；顶生小叶片有柄，侧生小叶片近无柄，总叶柄较长，有散生皮刺和腺毛；托叶窄狭，大部贴生于叶柄，仅顶端分离部分成耳状，边缘常有腺毛。

品种、变种：月季品种很多，目前常见的有丰花月季、藤本月季、和平月季等，均为月季的品种或品系。

单瓣月季，变种，枝条圆筒状，有宽扁皮刺，小叶 3～5 枚，花瓣红色，单瓣，萼片常全缘，稀具少数裂片。

紫月季花，变种，枝条纤细，有短皮刺，小叶 5～7 枚，较薄，常带紫红色，花大部单生或 2～3 朵簇生，深红色或深紫色，重瓣，有细长花梗。

其他用途：花、根、叶均入药。花含挥发油、槲皮苷鞣质、没食子酸、色素等，治月经不调、痛经、痈疖肿毒；叶治跌打损伤。

100. 红瑞木 *Cornus alba*

俗名凉子木、红瑞山茱萸。山茱萸科梾木属。

花期：4 月中旬开花，最佳观赏期 4 月中下旬，花期 4～5 月；果熟期 9～10 月。冬季红色枝条观赏效果也很好。见图 100。

习性：喜光，喜湿润环境，稍耐阴，耐寒，喜深厚、疏松、肥沃、湿润的土壤；耐修剪，萌芽能力强。播种繁殖。

景观应用：叶形秀丽，枝干红艳，花色洁白，园林中常用于单位庭院、居住小区、广场绿地及各类公园绿化，尤其是冬季雪后，白色的雪地里一抹红艳，别有一番特色。

形态特征：落叶灌木，高达 3m；树皮紫红色；幼枝有淡白色短柔毛，后即秃净而被蜡状白粉，老枝红白色，散生灰白色圆形皮孔及略为凸起的环形叶痕。冬芽卵状披针形，长 3～6mm，被灰白色或淡褐色短柔毛。

花：花小，两性，白色或淡黄白色，长 5～6mm，直径 6～8.2mm。伞房状聚伞花序顶生，较密，宽 3cm，被白色短柔毛，无总苞片；总花梗圆柱形，长 1.1～2.2cm，被淡白色短柔毛；小花梗纤细，长 2～6.5mm，被淡白色短柔毛，与子房交接处有关节；花萼管状，裂片 4 枚，尖三角形，长 0.1～0.2mm，短于花盘，外侧有疏生短柔毛；花瓣 4 枚，卵状椭圆形，长 3～3.8mm，宽 1.1～1.8mm，先端急尖或短渐尖，上面无毛，下面疏生贴生短柔毛；雄蕊 4 枚，长 5～5.5mm，着生于花盘外侧，花丝线形，微扁，长 4～4.3mm，无毛，花药淡黄色；花柱圆柱形，长 2.1～2.5mm，近于无毛，柱头盘状，宽于花柱。

果：核果长圆形，微扁，长约 8mm，直径 5.5～6mm，成熟时乳白色或蓝白色，花柱宿存；核骨质，侧扁，两端稍尖呈喙状，长 5mm，宽 3mm，每侧有脉纹 3 条；果梗细圆柱形，长 3～6mm，有疏生短柔毛。

叶：单叶对生，纸质，椭圆形，稀卵圆形，长 5～8.5cm，宽 1.8～5.5cm，全缘或波状反卷，先端突尖，基部楔形或阔楔形，上面暗绿色，有极少的白色平贴短柔毛，下面粉绿色，被白色贴生短柔毛，有时脉腋有浅褐色髯毛；羽状脉，中脉在上面微凹陷，下面凸起，侧脉 4～6 对，弓形内弯，在上面微凹下，下面凸出，细脉在两面微显明。

101. 海桐 *Pittosporum tobira*

海桐科海桐属。

花期：4 月中旬开花，最佳观赏期 4 月下旬至 5 月中旬，花期 4～5 月；

果熟期 9～10 月。见图 101。

习性：喜光，耐半阴，喜温暖湿润气候，不耐寒，不耐旱，在土层深厚、疏松肥沃、湿润而又排水良好的壤土中生长较好。播种繁殖。

景观应用：四季常绿，花色洁白艳丽，叶形秀美，可孤植、丛植、片植，可作造型景观、色块、绿篱，园林中常用于单位庭院、居住小区、道路绿化、广场绿地及各类公园绿化。

形态特征：常绿灌木或小乔木，高达 6m；嫩枝被褐色柔毛，有皮孔。

花：花两性，白色，后变黄色，芳香。伞形花序或伞房状伞形花序顶生或近顶生，密被黄褐色柔毛；花梗长 1～2cm；苞片披针形，长 4～5mm，小苞片长 2～3mm，均被褐毛；萼片 5 枚，卵形，长 3～4mm，被柔毛；花瓣 5 枚，倒披针形，长 1～1.2cm，离生；雄蕊二型，正常雄蕊的花丝长 5～6mm，花药长圆形，长 2mm，黄色，退化雄蕊的花丝长 2～3mm，不育；花柱短，常宿存。

果：蒴果圆球形，黄绿色，有棱或呈三角形，直径 12mm，多少有毛，子房柄长 1～2mm，3 片裂开，果片木质，厚 1.5mm，内侧黄褐色，有光泽，具横格。种子多数，长 4mm，多角形，红色。

叶：单叶互生，常聚生于枝顶，革质，全缘，嫩时上下两面有柔毛，以后变秃净，倒卵形或倒卵状披针形，长 4～9cm，宽 1.5～4cm，上面深绿色、发亮，干后暗晦无光、反卷，先端圆形或钝，常微凹入或为微心形，基部窄楔形；羽状脉，主脉明显，侧脉 6～8 对，在靠近边缘处相结合，有时因侧脉间的支脉较明显而呈多脉状，网脉稍明显，网眼细小；叶柄长达 2cm；无托叶。

102. 火棘 *Pyracantha fortuneana*

俗名赤阳子、红子、救命粮、救军粮、救兵粮、火把果。蔷薇科火棘属。

花期：4 月中旬开花，最佳观赏期 4 月下旬至 5 月上旬，花期 4～5 月；果熟期 8～11 月。秋季观果效果也极佳。见图 102。

习性： 强喜光，喜温暖湿润气候，耐旱，耐寒，耐贫瘠，适应性强，对土壤要求不严，在土层深厚、疏松肥沃、湿润而又排水良好的中性或微酸性壤土中生长较好；对二氧化硫有较强的抵抗能力；萌芽能力强，耐修剪。播种繁殖。

景观应用： 花色洁白，果实红艳，观赏性极强，园林中多用于单位庭院、居住小区、道路绿化、广场绿地、各类公园游园及工厂矿区绿化，是较好的盆景、造型和绿篱植物。

形态特征： 常绿灌木，高达 3m；侧枝短，先端成刺状，嫩枝外被锈色短柔毛，老枝暗褐色，无毛。芽小，外被短柔毛。

花： 花两性，白色，直径约 1cm。复伞房花序，稀疏排列，直径 3～4cm；花梗和总花梗近于无毛，花梗长约 1cm；萼筒钟状，无毛，萼片 5 枚，三角卵形，先端钝；花瓣 5 枚，近圆形，长约 4mm，宽约 3mm，开展；雄蕊 20 枚，花丝长 3～4mm，离生，花药黄色；花柱 5 枚，离生，与雄蕊等长。

果： 梨果小，近球形，直径约 5mm，橘红色或深红色，顶端萼片宿存，内含小核 5 粒。

叶： 单叶互生，倒卵形或倒卵状长圆形，长 1.5～6cm，宽 0.5～2cm，先端圆钝或微凹，有时具短尖头，基部楔形，下延连于叶柄，边缘有钝锯齿，齿尖向内弯，近基部全缘，两面皆无毛；叶柄短，无毛或嫩时有柔毛；托叶细小，早落。

其他用途： 果实磨粉可做代食品。

103. 锦带花 *Weigela florida*

俗名锦带、海仙、旱锦带花、早锦带花。忍冬科锦带花属。

花期： 4 月中旬开花，最佳观赏期 4 月下旬至 5 月，花期 4～6 月。见图 103。

习性： 喜光，耐阴，喜湿润环境，不耐水涝，耐寒，较耐旱，适应性强，耐瘠薄，在土层深厚、疏松肥沃、湿润而排水良好的壤土中生长较好；

萌芽性强，生长快。播种、扦插、压条繁殖。

景观应用：叶色翠绿，花期长，花色艳丽多彩，常作庭院观赏，可孤植、丛植、片植，与乔木配置，高低错落，与假山、置石、水体、建筑构景，繁花似锦，适于单位庭院、居住小区、道路绿化、广场绿地及各类公园游园绿化。

形态特征：落叶灌木，高可达 3m；树皮灰色，幼枝微四棱状，有二列短柔毛。芽顶端尖，具 3～4 对鳞片，常光滑。

花：花两性，红色、紫红色、粉红色、白色，色艳，直径 2cm，单生或 2～6 花组成聚伞花序，生于侧生短枝的叶腋或枝顶。萼筒长圆柱形，疏被柔毛，萼齿 5 枚，披针形，长约 1cm，不等，裂深达萼檐中部；花冠钟状漏斗形，长 3～4cm，外面疏生短柔毛，内有黄色斑块，裂片 5 枚，短于冠筒，不整齐，开展，内面浅红色；雄蕊 5 枚，着生于花冠筒中部，内藏，花丝短于花冠，花药内向，黄色；花柱细长，柱头头状，2 裂，常伸出花冠筒外。

果：蒴果圆柱形，革质或木质，长 1.5～2.5cm，顶有短柄状喙，疏生柔毛，2 瓣裂，中轴与花柱基部残留。种子小而多，无翅，胚乳丰富、肉质。

叶：单叶对生，矩圆形、椭圆形至倒卵状椭圆形，长 5～10cm，宽 3～6cm，顶端渐尖，基部阔楔形至圆形，边缘有锯齿，上面疏生短柔毛，脉上毛较密，下面密生短柔毛或茸毛；具短柄至无柄；无托叶。

品种：红王子锦带花，开花繁密，花色艳，鲜红色，花期长，可陆续开至 9 月。

104. 紫穗槐 *Amorpha fruticosa*

俗名棉条、椒条、紫槐、棉槐。豆科紫穗槐属。

花期：4 月下旬开花，最佳观赏期 4 月下旬至 5 月中旬，花期 4～6 月；果熟期 9～10 月。见图 104。

习性：喜光，喜干冷气候，适应性强，耐寒、耐旱、耐瘠薄、耐水湿，在土层深厚、疏松肥沃的壤土中生长较好；根系发达，萌蘖能力强，生长快，抗风、固土能力强；具根瘤，能固氮。播种、扦插、分株繁殖。

景观应用：生长快，枝叶繁密，多用于绿篱和防护绿地，可丛植、片植成景，广场游园、综合公园、专类公园、郊野公园、植物园中常用。

形态特征：落叶灌木，具腺点，丛生，高可达4m；小枝灰褐色，被疏毛，后变无毛，嫩枝密被短柔毛。

花：花小，两性，紫色，组成顶生、密集的穗状花序。穗状花序常1至数个顶生和枝端腋生，长7～15cm，密被短柔毛；花有短梗；苞片钻形，长3～4mm，早落；花萼钟状，长2～3mm，被疏毛或几无毛，萼齿5枚，三角形，近等长或下方的萼齿较长，较萼筒短，基部多少合生，常有腺点，宿存；蝶形花冠退化，仅存旗瓣1枚，旗瓣心形，紫色，向内弯曲并包裹雄蕊和雌蕊，无翼瓣和龙骨瓣；雄蕊10枚，下部合生成鞘，上部分裂，包于旗瓣之中，伸出花冠外，成熟时花丝伸出旗瓣；花柱外弯，无毛或有毛，柱头顶生。

果：荚果下垂，长圆形，微弯曲，长6～10mm，宽2～3mm，不开裂，顶端具小尖，棕褐色，表面有凸起的疣状腺点。种子1～2粒，长圆形或近肾形。

叶：奇数羽状复叶，互生，长10～15cm，有小叶11～25片，基部有线形托叶；小叶对生或近对生，全缘，卵形或椭圆形，长1～4cm，宽0.6～2.0cm，先端圆形，锐尖或微凹，有一短而弯曲的尖刺，基部宽楔形或圆形，上面无毛或被疏毛，下面有白色短柔毛，具黑色腺点；叶柄长1～2cm；托叶针形，早落；小托叶线形至刚毛状，脱落或宿存。

其他用途：枝叶作绿肥、家畜饲料；茎皮可提取栲胶；枝条编制篓筐；果实含芳香油，种子含油率10%，可作油漆、甘油和润滑油之原料。

105. 单瓣缫丝花 *Rosa roxburghii* f. *normalis*

俗名刺石榴、野石榴、刺梨。蔷薇科蔷薇属。

花期：4月下旬开花，最佳观赏期4月下旬至5月，花期4～6月；果熟期9～10月。见图105。

习性：喜光，稍耐阴，喜温暖湿润气候，耐旱，不耐寒，耐瘠薄，适应性强，对土壤要求不严，在疏松肥沃、湿润而排水良好的砂壤土中生长良好。播种、扦插繁殖。

景观应用： 花大色艳，多用于绿篱和防护绿地，也可作花境栽植，可丛植、片植成景，综合公园、专类公园、郊野公园、植物园中常用。

形态特征： 落叶灌木，高 1～2.5m；树皮灰褐色，呈片状剥落；小枝圆柱形，斜向上升，有基部稍扁而成对皮刺。

花： 花大，两性，粉红色，微香，直径 4～6cm，单生或 2～3 朵生于短枝顶端。花梗短；小苞片 2～3 枚，卵形，边缘有腺毛；萼筒杯状，萼片 5 枚，通常宽卵形，先端渐尖，有羽状裂片，内面密被茸毛，外面密被针刺；花瓣 5 枚，倒卵形，长 2～3cm，开展，顶部明显深裂；花盘环绕萼筒口部；雄蕊多数，分数轮着生在杯状萼筒边缘，花丝细长，花药黄色；花柱离生，被毛，不外伸，短于雄蕊。

果： 瘦果扁球形，木质，直径 3～4cm，绿红色，外面密生针刺；萼片宿存，直立。种子下垂。

叶： 奇数羽状复叶，互生，小叶 9～15 枚，连叶柄长 5～11cm；小叶片椭圆形或长圆形，稀倒卵形，长 1～2cm，宽 6～12mm，先端急尖或圆钝，基部宽楔形，边缘有细锐锯齿，两面无毛，下面叶脉凸起，网脉明显，叶轴和叶柄有散生小皮刺；托叶大部贴生于叶柄，离生部分呈钻形，边缘有腺毛。

其他用途： 果实味甜酸，含大量维生素，可供食用及药用，可作为熬糖酿酒的原料，根煮水治痢疾。

106. 紫藤 *Wisteria sinensis*

俗名紫藤萝、紫藤花。豆科紫藤属。

花期： 4月上旬开花，有时 3 月底开花，最佳观赏期 4 月上中旬，花期 4～5 月；果熟期 7～8 月。见图 106。

习性： 喜光，耐阴，耐旱，耐寒，耐瘠薄，适应性强，不耐水湿，在土层深厚、疏松、湿润、排水良好的土壤中生长良好；直根系，攀缘性，寿命长。播种、扦插、压条、分蘖、嫁接繁殖。

景观应用： 花繁色艳，冠似蝶舞，攀缘而上，曲干虬枝，花穗普垂，形态优美，多用于廊架、桥体、屋顶等垂直绿化，也可作盆景造型，在综合公园、广场游园、郊野公园、植物园应用较多。晚唐李德裕诗赞紫藤："遥闻碧潭上，春晚紫藤开。水似晨霞照，林疑彩风来。清香凝岛屿，繁艳映莓苔。金谷如相并，应将锦帐回"。

形态特征：落叶藤本，茎左旋；枝较粗壮，嫩枝被白色柔毛，后秃净。冬芽卵形，芽鳞 3～5 枚。

花：花多数，紫色、淡紫色或紫红色，芳香，长 2～2.5cm，散生于花序轴上。总状花序发自去年短枝的腋芽或顶芽，下垂，长 15～30cm，径 8～10cm，花序轴被白色柔毛；苞片披针形，早落；小花梗细，长 2～3cm；花萼杯状，长 5～6mm，宽 7～8mm，密被细绢毛，萼齿 5 枚，略呈二唇形，上方 2 齿短且甚钝，下方 3 齿卵状三角形，最下 1 枚较长，钻形；花冠旗瓣圆形，先端略凹陷，花开后反折，基部有 2 胼胝体，翼瓣长圆形，基部圆，龙骨瓣较翼瓣短，阔镰形，内弯，钝头；雄蕊二体，对旗瓣的 1 枚离生或在中部与雄蕊管黏合，花丝顶端不扩大，花药同型；花盘明显被蜜腺环；花柱无毛，圆柱形，上弯，柱头小，点状，顶生。

果：荚果倒披针形，长 10～15cm，宽 1.5～2cm，密被茸毛，悬垂枝上不脱落，有种子 1～3 粒。种子大，褐色，具光泽，圆形，无种阜，宽 1.5cm，扁平。

叶：奇数羽状复叶互生，长 15～25cm；托叶线形，早落。小叶 3～6 对，纸质，卵状椭圆形至卵状披针形，上部小叶较大，基部 1 对最小，长 5～8cm，宽 2～4cm，先端渐尖至尾尖，基部钝圆或楔形，或歪斜，嫩叶两面被平伏毛，后秃净；小叶柄长 3～4mm，被柔毛；小托叶刺毛状，长 4～5mm，宿存。

变型：白花紫藤，与紫藤的区别是花为白色。

107. 木香花 *Rosa banksiae*

俗名木香、七里香、小金樱、十里香、木香藤。蔷薇科蔷薇属。

花期：4 月中旬开花，最佳观赏期 4 月中旬至 5 月中旬，花期 4～5 月；

果熟期 10 ～ 11 月。见图 107。

习性：喜光，耐半阴，喜温暖湿润气候，耐旱，不耐寒，不耐水湿，适应性强，对土壤要求不严，适生于土层深厚、疏松肥沃、排水良好的湿润土壤。播种、扦插、嫁接繁殖。

景观应用：广泛栽植于庭院及房前屋后，可作花廊、花架、花门、花墙、花篱及桥体绿化，可孤植、列植、片植，园林中可用于单位庭院、居住小区、道路绿化、广场绿地及各类公园游园绿化。

形态特征：落叶攀缘小灌木，高可达 6m；小枝圆柱形，无毛，有短小皮刺；老枝上的皮刺较大，坚硬，经栽培后有时枝条无刺。冬芽常具数个鳞片。

花：花小，两性，白色，直径 1.5 ～ 2.5cm，多朵成伞形花序；花梗长 2 ～ 3cm，无毛；萼片 5 枚，卵形，先端长渐尖，全缘，反折，花后凋落，萼筒坛状，萼筒和萼片外面均无毛，内面被白色柔毛；花瓣重瓣至半重瓣，倒卵形，先端圆，基部楔形；花盘环绕萼筒口部；雄蕊多数，分为数轮，着生在花盘周围；雌蕊多数，花柱离生，密被柔毛，不外伸，比雄蕊短很多。

果：瘦果木质，着生在肉质萼筒内形成蔷薇果。种子下垂。

叶：奇数羽状复叶，互生，具小叶 3 ～ 5 枚，稀 7 枚，连叶柄长 4 ～ 6cm；小叶片椭圆状卵形或长圆状披针形，长 2 ～ 5cm，宽 8 ～ 18mm，先端急尖或稍钝，基部近圆形或宽楔形，边缘有紧贴细锯齿，上面无毛，深绿色，下面淡绿色，中脉凸起，沿脉有柔毛；小叶柄和叶轴有稀疏柔毛和散生小皮刺；托叶线状披针形，膜质，离生，早落。

其他用途：花含芳香油，可供配制香精化妆品用。

108. 野蔷薇 *Rosa multiflora*

俗名蔷薇、多花蔷薇、营实墙蘼、刺花、墙蘼。蔷薇科蔷薇属。

花期：4 月中旬开花，最佳观赏期 4 月下旬至 6 月，花期 4 ～ 9 月；果熟期 10 ～ 11 月。见图 108。

习性：适应性强，喜光，喜湿，耐寒，耐旱，耐瘠薄，但忌积水，萌蘖性强，耐修剪，抗污染。播种、扦插、压条、嫁接繁殖。

景观应用：色泽鲜艳，气味芳香，景观应用与月季相似，宜作花墙、花门、花架用。明代顾璘曾咏蔷薇"百丈蔷薇枝，缭绕成洞房。密叶翠帏重，秾花红锦张。对著玉局棋，遣此朱夏长。香云落衣袂，一月留余芳"；唐代诗人李绅赞蔷薇"蔷薇繁艳满城阴，烂熳开红次第深"；唐代诗人李建勋为蔷薇作诗"万蕊争开照槛光，诗家何物可相方""忘归醉客临高架，恃宠佳人索好枝。将并舞腰谁得及，惹衣伤手尽从伊"。

形态特征：落叶或半常绿攀缘灌木；小枝圆柱形，通常无毛，有短粗稍弯曲皮刺，冬芽具鳞片。

花：花两性，白色，多朵，芳香，直径 1.5～2cm，排成圆锥状花序。花梗长 1.5～2.5cm，无毛或有腺毛，有时基部有篦齿状小苞片；萼筒坛状，萼片 5 枚，披针形，开展，覆瓦状排列，有时中部具 2 个线形裂片，外面无毛，内面有柔毛，花后反折，凋落；花瓣 5 枚，开展，覆瓦状排列，宽倒卵形，先端微凹，基部楔形；花盘环绕萼筒口部；雄蕊多数，分为数轮，着生在花盘周围；花柱顶生至侧生，外伸，无毛，结合成束，比雄蕊稍长。

果：瘦果近球形，木质，直径 6～8mm，红褐色或紫褐色，有光泽，无毛，着生在肉质萼筒内形成蔷薇果，萼片脱落。种子下垂。

叶：叶互生，奇数羽状复叶，连叶柄长 5～10cm；小叶 5～9 枚，近花序的小叶有时 3 枚；小叶片倒卵形、长圆形或卵形，长 1.5～5cm，宽 0.8～2.8cm，先端急尖或圆钝，基部近圆形或楔形，边缘有尖锐单锯齿，稀混有重锯齿，上面无毛，下面有柔毛；小叶柄和叶轴有柔毛或无毛，有散生腺毛；托叶篦齿状，大部贴生于叶柄，边缘有或无腺毛，宿存。

变种：栽培品种很多，常见有以下变种：

粉团蔷薇，又名红刺玫，花粉红色，单瓣。

七姊妹，又名十姊妹，花粉红色，重瓣，常 7～10 朵形成圆锥花序。

白玉堂，花白色，重瓣。

109. 中华猕猴桃 *Actinidia chinensis*

俗名猕猴桃、羊桃、阳桃、奇异果、羊桃藤、几维果。猕猴桃科猕猴桃属。

花期： 4月中旬开花，最佳观赏期4月中下旬，花期4～5月；果熟期8～9月。观果观叶效果也较好。见图109。

习性： 喜光，忌烈日暴晒，稍耐阴，喜温暖湿润气候，不耐寒，不耐旱，喜肥，喜湿但不耐积水，喜土层深厚、疏松肥沃、富含腐殖质、湿润而排水良好的酸性及微酸性砂质壤土。播种、嫁接繁殖。

景观应用： 果实奇特，可食可赏，花叶秀美，可栽植于庭院及房前屋后，可作廊架、墙体、桥体等立体绿化，可作造型景观，孤植、列植、片植均可成景，园林中可用于单位庭院、居住小区、道路绿化、广场绿地及各类公园绿化。

形态特征： 大型落叶木质藤本；幼枝或厚或薄地被有灰白色茸毛或褐色长硬毛或铁锈色硬毛状刺毛，老时秃净或留有断损残毛，花枝长4～20cm。

花： 花单性，初放时白色，后变淡黄色，有香气，直径1.8～3.5cm，辐射对称，雌雄异株。花单生或2～3朵排成简单的聚伞花序，腋生或生于短花枝下部；花序柄长7～15mm，花柄长9～15mm；苞片小，卵形或钻形，长约1mm，均被灰白色丝状茸毛或黄褐色茸毛；萼片5枚，少有3～7枚，阔卵形至卵状长圆形，长6～10mm，两面密被压紧的黄褐色茸毛；花瓣5枚，有时3～7枚，阔倒卵形，有短距，长10～20mm，宽6～17mm；雄蕊多数，在雄花中的数目比雌花中不育雄蕊为多且长，花丝狭条形，长5～10mm，花药黄色，长圆形，长1.5～2mm，丁字着生，雄花中存在退化子房；花盘缺；花柱狭条形，分离。

果： 浆果黄褐色，近球形、圆柱形、倒卵形或椭圆形，长4～6cm或更大，被茸毛、长硬毛或刺毛状长硬毛，成熟时秃净或不秃净，具小而多的淡褐色斑点；宿存萼片反折。种子多数，细小、扁卵形，褐色，悬浸于果瓤之中，胚乳肉质，丰富。

叶： 单叶互生，纸质，倒阔卵形至倒卵形或阔卵形至近圆形，长6～17cm，宽7～15cm，顶端截平并中间凹入或具突尖、急尖至短渐尖，基部钝圆形、截平形至浅心形，边缘具脉出的直伸的睫状小齿，腹面深绿色，无毛或中脉和侧脉上有少量软毛或散被短糙毛，背面苍绿色，密被灰白色或淡褐色分枝星状茸毛，不落；叶脉羽状，侧脉 5～8 对，常在中部以上分歧成叉状，横脉比较发达，易见，网状小脉不易见；叶柄长 3～10cm，被灰白色茸毛、黄褐色长硬毛或铁锈色硬毛状刺毛；无托叶。

其他用途： 果实富含维生素、糖类、酸类及酪氨酸等；枝、叶、根可入药。

110. 忍冬 *Lonicera japonica*

俗名金银花、老翁须、二色花藤、金银藤、双花等。忍冬科忍冬属。

花期： 4 月下旬开花，最佳观赏期 4 月下旬至 5 月上中旬，花期 4～5 月；果熟期 10～11 月。见图 110。

习性： 喜光，亦耐阴，喜温暖湿润气候，耐寒，耐旱，耐水湿，耐瘠薄，适应性强，对土壤要求不严，以土层深厚、疏松肥沃、湿润而排水良好的砂质壤土中生长较好；根系发达，萌蘖性强，茎蔓着地即能生根；生长快，寿命长。播种、分株、扦插繁殖。

景观应用： 花形奇特，花繁色艳，可孤植、丛植、片植，可作花篱、花墙、花门、花架、花廊以及立交桥、坡岸、阳台、屋顶等立体绿化，可点缀于假山、溪流、水景、岩石旁，可栽植于庭院、房前屋后，园林中常用于单位庭院、居住小区、广场绿地、各类公园绿化。

形态特征： 半常绿藤本；枝常中空，小枝髓部白色或黑褐色，老枝树皮常作条状剥落；幼枝暗红褐色，密被黄褐色、开展的硬直糙毛、腺毛和短柔毛，下部常无毛。冬芽有 1 至多对鳞片。

花： 花两性，白色，有时基部向阳面呈微红，后变黄色，芳香。双花密集成总状花序，生于总花梗顶端；总花梗通常单生于小枝上部叶腋，与叶柄等长或稍较短，下方者则长达 2～4cm，密被短柔毛，并夹杂腺毛，有苞片和小苞片各 1 对；苞片大，叶状，卵形至椭圆形，长达 2～3cm，两面均有短柔毛或有时近无毛；小苞片分离，顶端圆形或截形，长约 1mm，为萼筒的 1/2～4/5，有短糙毛和腺毛；萼筒长约 2mm，无毛，萼齿 5 枚，卵状三角形或长三角形，顶端尖而有长毛，外面和边缘都有密毛；相邻两萼筒分离，萼齿显著；花冠合瓣，长 3～6cm，唇形，筒稍长于唇瓣，很少近等长，无距，外被多少倒生的开展或半开展糙毛和长腺毛，上唇裂片顶端钝形，下唇带状而反曲；花盘不存在；雄蕊和花柱均高出花冠；雄蕊 5 枚，着生于花冠筒，花药丁字着生；花柱纤细，柱头头状。

果： 浆果圆形，直径 6～7mm，熟时蓝黑色，有光泽，不开裂。种子多数，卵圆形或椭圆形，具骨质外种皮，褐色。

叶： 单叶对生，纸质，卵形至矩圆状卵形，有时卵状披针形，稀圆卵形或倒卵形，全缘，极少有 1 至数个钝缺刻，长 3～9.5cm，顶端尖或渐尖，少有钝、圆或微凹缺，基部圆或近心形，有糙缘毛，上面深绿色，下面淡绿色，小枝上部叶通常两面均密被短糙毛，下部叶常平滑无毛而下面多少带青灰色；叶柄长 4～8mm，密被短柔毛；无托叶。

其他用途： 性甘寒，有清热解毒、消炎退肿功效，对细菌性痢疾和各种化脓性疾病都有效。花可代茶，能治温热痧痘、血痢等；茎藤称"忍冬藤"，供药用。

111. 葡萄 *Vitis vinifera*

俗名蒲陶、草龙珠、赐紫樱桃、菩提子、山葫芦、全球红。葡萄科葡萄属。

花期： 4 月下旬开花，4 月下旬至 5 月上旬盛花，花期 4～5 月；果熟期 6～8 月。观果观叶效果较好。见图 111。

习性： 喜光，喜温暖湿润气候，耐寒，不耐旱，喜湿但不耐涝，对土壤要求不严，在土层深厚、疏松肥沃、湿润而排水良好的壤土中生长较好。扦插、压条、嫁接、播种繁殖。

景观应用： 可食可赏，广泛栽植于庭院及房前屋后，可作廊架、墙体、桥体等立体绿化，可孤植、列植、片植，园林中可用于单位庭院、居住小区、道路绿化、广场绿地及各类公园绿化。

形态特征： 落叶木质藤本；小枝圆柱形，有纵棱纹，无毛或被稀疏柔毛；卷须 2 叉分枝，每隔 2 节间断与叶对生。

花：花小，花多，白绿色。聚伞圆锥花序密集或疏散，与叶对生，基部分枝发达，长 10～20cm；花序梗长 2～4cm，几无毛或疏生蛛丝状茸毛，花梗长 1.5～2.5mm，无毛；花蕾倒卵圆形，高 2～3mm，顶端近圆形；萼浅碟形，边缘呈波状 5 浅裂，外面无毛；花瓣 5 枚，呈帽状黏合脱落；雄蕊 5 枚，与花瓣对生，花丝丝状，花药黄色，卵圆形，在雌花内显著短而败育或完全退化；花盘发达，5 浅裂；雌蕊 1 枚，在雄花中完全退化，花柱短，纤细，柱头扩大。

果：浆果球形或椭圆形，直径 1.5～2cm，成熟时呈红色、紫色、紫红色、紫黑色等。种子倒卵椭圆形，2～4 粒。

叶：单叶互生，卵圆形，显著 3～5 浅裂或中裂，长 7～18cm，宽 6～16cm，中裂片顶端急尖，裂片常靠合，基部常缢缩，裂缺狭窄，间或宽阔，基部深心形，基缺凹成圆形，两侧常靠合，边缘有 22～27 个锯齿，齿深而粗大，不整齐，齿端急尖，上面绿色，下面浅绿色，无毛或被疏柔毛；基生脉 5 出，中脉有侧脉 4～5 对，网脉不明显突出；叶柄长 4～9cm，几无毛；托叶早落。

品种：葡萄为我国著名水果，有数百个栽培品种，优良品种有莎巴珍珠、巨峰、早玛瑙、牛奶、龙眼、红玫瑰、红提、夏黑、黑加伦等。

其他用途：果生食或制葡萄干、葡萄汁、葡萄酒，根和藤药用能止呕、安胎。

112. 水果蓝 *Teucrium fruticans*

俗名水果兰、银色水果蓝。唇形科香科科属。

花期：4 月上旬开花，有时 3 月下旬开花，最佳观赏期 4～6 月，花期 4～9 月。观叶效果较好。见图 112。

习性：喜光，喜温暖湿润气候，稍耐寒，耐旱，耐瘠薄，适应性强，对土壤要求不严，以疏松肥沃、排水良好的微酸性或中性砂质壤土为好。扦插、播种繁殖。

景观应用：姿形优美，枝叶被粉，花形奇特，可孤植、丛植、片植、可植于庭院和房前屋后，可作林缘地被，可与假山、岩石、喷泉、溪流、园林建筑等景观配置，是优良的花境主材和盆景造型树种，园林中广泛应用于单位庭院、居住小区、道路绿化、广场绿地及各类公园游园绿化。

形态特征：常绿草本或半灌木，高 1～1.8m；植株丛生，小枝四棱形，全株被白色茸毛，以叶背和小枝最多；常具地下茎及逐节生根的匍匐枝。

花：花两性，单唇形，浅蓝紫色，左右对称。轮伞花序具 2～3 花，罕具更多的花，于茎及短分枝上部排列成假穗状花序，于叶腋对生；苞片菱状卵圆形至线状披针形，全缘或具齿，与茎叶异形，或偶有在下部轮伞花序的呈苞叶状而与茎叶同形；花梗短或几无；花萼较长，舌状或唇形花瓣状，内面无毛，渐趋在喉下生出一环向上的睫状毛，萼筒筒形或钟形，前方基部常一面鼓胀，10 脉，原始者具 5 个近于相等的萼齿，逐渐演化成为 3/2 式二唇形，在后一情况时，上唇中齿变宽大，下唇 2 齿渐狭；花冠仅具单唇，冠筒不超出或超出萼外，内无毛环，唇片具 5 裂片，集中于唇片的前端，且唇片与冠筒成直角，两侧的两对裂片短小，前方中裂片极发达，圆形至匙形，偶深裂为 2；雄蕊 4 枚，细长，前对稍长；花柱着生于子房顶，与雄蕊等长或稍长，先端具相等或近相等 2 浅裂，裂片钻形。

果：小坚果 4 枚，倒卵形，无毛，无胶质的外壁，光滑至具网纹，侧腹向合生面较大，约为果长 1/2。

叶：单叶对生，长卵圆形，长 1～2cm，宽 1cm，全缘，基部楔形，先端渐尖，具羽状脉；叶柄短，无托叶。

113. 红花酢浆草 *Oxalis corymbosa*

俗名多花酢浆草、南天七、铜锤草、大酸味草。酢浆草科酢浆草属。

花期：花期长，4 月上旬开花，有时 3 月底开花，最佳观赏期 4 月上旬至6 月上旬，花期 4～6 月，8～9 月常再次开花；果熟期 10～12 月。见图 113。

习性：喜半阴，开花时喜光照，炎热夏季宜遮半阴，喜温暖湿润环境，耐旱、耐寒，对土壤要求不严，适应性强，在腐殖质丰富的砂质壤土中生长较好；夏季伏期短暂休眠。分株、播种繁殖。

景观应用：繁殖快，叶形美观奇秀，花色鲜艳，花期长，各地广泛种植，作花坛、花境、疏林地被、花海，园林中常用于单位庭院、居住小区、道路绿化、广场绿地及各类公园绿化。

形态特征：多年生草本植物，无地上茎；地下部分有球状鳞茎，外层鳞片膜质，褐色，背具 3 条肋状纵脉，被长缘毛，内层鳞片呈三角形，无毛；根茎肉质。

花：花两性，淡紫色至紫红色，直径约 2cm，辐射对称；总花梗基生，长 10～40cm 或更长，被毛；二歧聚伞花序，通常排列成伞形花序式；花梗、苞片、萼片均被毛；花梗长 5～25mm，每花梗有披针形干膜质苞片 2 枚；萼片 5 枚，披针形，长 4～7mm，先端有暗红色长圆形的小腺体 2 枚，顶部腹面被疏柔毛，覆瓦状排列；花瓣 5 枚，倒心形，长 1.5～2cm，为萼长的 2～4 倍，基部颜色较深，具深色条纹，覆瓦状排列；雄蕊 10 枚，2 轮，长短互间，全部具花药；花柱 5 枚，分离，宿存，被锈色长柔毛，柱头浅 2 裂。

果：蒴果室背开裂，果瓣宿存于中轴上。种子具 2 瓣状的假种皮，种皮光滑，有横或纵肋纹。

叶：指状复叶基生；叶柄长 5～30cm 或更长，被毛；小叶 3 枚，在避光时闭合下垂，扁圆状倒心形，长 1～4cm，宽 1.5～6cm，全缘，顶端凹入，两侧角圆形，基部宽楔形，表面绿色，被毛或近无毛，背面浅绿色，通常两面或有时仅边缘有小腺体，背面尤甚并被疏毛；托叶长圆形，顶部狭尖，与叶柄基部合生。

其他用途：全草入药，治跌打损伤、赤白痢，止血。

114. 马蔺 *Iris lactea*

俗名马莲、蠡实、兰花草、紫蓝草、马帚、箭秆风、马兰花。鸢尾科鸢尾属。

花期：4 月初开花，有时 3 月下旬开花，最佳观赏期 4 月，花期 4～5 月；果熟期 8～9 月。见图 114。

习性：喜光，耐阴，耐寒，耐旱，耐盐碱，耐践踏，适应性强，对土壤要求不严；根系发达。播种、分株繁殖。

景观应用： 株形优美，叶形秀丽，花色鲜艳，花期长，常作花坛、花境、疏林地被栽植，园林中常用于单位庭院、居住小区、广场绿地及各类公园绿化。

形态特征： 多年生密丛草本植物；根状茎粗壮，绳索状，木质，斜伸，外包有大量致密的红紫色折断的老叶残留叶鞘及毛发状的纤维；须根粗而长，黄白色。

花： 花两性，浅蓝色、蓝色或蓝紫色，鲜艳，直径 5～6cm，花被上有较深色的条纹，单生于花梗顶端。花茎光滑，高 3～10cm，自叶丛中抽出；苞片 3～5 枚，草质，绿色，边缘白色，披针形，长 4.5～10cm，宽 0.8～1.6cm，顶端渐尖或长渐尖，内包含有 2～4 朵花；花梗长 4～7cm。花被管甚短，长约 3mm，花被不分花萼和花瓣，花瓣状，裂片 6 枚，2 轮排列；外轮花被裂片 3 枚，倒披针形，长 4.5～6.5cm，宽 0.8～1.2cm，外展，顶端钝或急尖，爪部楔形，中脉上无附属物；内花被裂片 3 枚，狭倒披针形，长 4.2～4.5cm，宽 5～7mm，近直立，爪部狭楔形。雄蕊 3 枚，着生于外轮花被裂片的基部，长 2.5～3.2cm，花药黄色，花丝白色；花柱单一，上部 3 分枝，枝裂常深达基部，分枝扁平，拱形弯曲，有鲜艳的色彩，呈花瓣状，顶端再 2 裂，裂片狭披针形，柱头生于花柱顶端裂片的基部，多为半圆形，舌状。

果： 蒴果长椭圆状柱形，长 4～6cm，直径 1～1.4cm，有 6 条明显的肋，顶端有短喙，成熟时室背开裂。种子为不规则的多面体，棕褐色，略有光泽。

叶： 单叶基生，相互套迭，坚韧，灰绿色，条形或狭剑形，长约 50cm，宽 4～6mm，稍扭曲，顶端渐尖，基部鞘状，带红紫色，叶脉平行，无明显的中脉。

其他用途： 花和种子入药，种子中含有马蔺子甲素，可作口服避孕药。

115. 蕙兰 *Cymbidium faberi*

俗名兰草、兰花。兰科兰属。

花期： 4 月上旬开花，最佳观赏期 4 月中下旬及 5 月上旬，花期 4～5

月。见图 115。

习性： 半喜阴，但生长需要弱光照，冬季需透光，喜温暖湿润气候，不耐寒，不耐旱，忌高温和强光直射，适宜在疏松、肥沃、腐殖质含量高、湿润而排水良好的微酸性砂质壤土中生长。分株、播种繁殖。

景观应用： 多盆栽，置于文案、窗前，或于院内栽植，株形简洁秀美，花形奇特玲珑，花色淡雅，清香幽远，沁人肺腑，深受人们喜爱。室外常用于单位庭院、居住小区、各类公园绿化，植于阴湿环境。

形态特征： 多年生常绿地生草本植物，假鳞茎不明显。

花：花两性，常为浅黄绿色，唇瓣有紫红色斑，有香气，扭转。花莛从叶丛基部最外面的叶腋抽出，近直立或稍外弯，长 35～80cm，被多枚长鞘。总状花序具 5～11 朵或更多的花；花苞片线状披针形，最下面的 1 枚长于子房，中上部的长 1～2cm，约为花梗和子房长度的 1/2，宽 2～5mm 或更宽，花期不落；花梗和子房长 2～2.6cm。花被片 6 枚，2 轮：萼片近披针状长圆形或狭倒卵形，长 2.5～3.5cm，宽 6～8mm，与花瓣离生；花瓣与萼片相似，常略短而宽；唇瓣长圆状卵形，长 2～2.5cm，3 裂，与蕊柱离生；侧裂片直立，具小乳突或细毛；中裂片较长，强烈外弯，有明显、发亮的乳突，边缘常皱波状；唇盘上 2 条纵褶片从基部上方延伸至中裂片基部，上端向内倾斜并汇合，多少形成短管。除子房外，整个雌雄蕊器官完全融合成柱状体称蕊柱，蕊柱长 1.2～1.6cm，稍向前弯曲，两侧有狭翅；花粉团 4 个，成 2 对，每对由不等大的 2 个花粉团组成，宽卵形，蜡质，以很短的、弹性的花粉团柄连接于近三角形的黏盘上；柱头凹陷。

果：蒴果近狭椭圆形，长 5～5.5cm，宽约 2cm。种子细小，多数。

叶：叶 5～8 枚，生于基部节上，二列，带形，直立性强，长 25～80cm，宽 4～12mm，基部常对折而呈 "V" 形，叶脉透亮，边缘常有粗锯齿。

116.鸢尾 *Iris tectorum*

俗名屋顶鸢尾、紫蝴蝶、蓝蝴蝶、蛤蟆七、扁竹花。鸢尾科鸢尾属。

花期： 4 月上旬始花，最佳观赏期 4 月中下旬，花期 4～5 月；果熟期

7 ～ 8 月。见图 116。

习性： 喜光，耐半阴，喜温暖湿润气候，耐寒，耐旱，耐水湿，适应性强，在疏松、肥沃、湿润的微酸性土壤中生长良好。分株、播种繁殖。

景观应用： 多用于单位庭院、居住小区、街头景观、广场绿地及各类公园绿化，可作花境、花坛、疏林地被、景观点缀和片植花海。

形态特征： 多年生草本植物，植株基部围有老叶残留的膜质叶鞘及纤维；根状茎长块状，粗壮，二歧分枝，直径约 1cm，斜伸，非肉质，中部不膨大，茎节明显；须根较细而短。

花： 花两性，较大，蓝紫色，直径约 10cm。花茎光滑，自叶丛中抽出，高 20 ～ 40cm，顶部常有 1 ～ 2 个短侧枝，中、下部有 1 ～ 2 枚茎生叶。苞片 2 ～ 3 枚，绿色，草质，边缘膜质，色淡，披针形或长卵圆形，长 5 ～ 7.5cm，宽 2 ～ 2.5cm，顶端渐尖或长渐尖，内包含有 1 ～ 2 朵花。花梗甚短。花被不分花萼和花瓣，呈花瓣状；花被管细长，长约 3cm，上端膨大成喇叭形；花被裂片 6 枚，2 轮排列；外轮花被裂片 3 枚，圆形或宽卵形，长 5 ～ 6cm，宽约 4cm，中下部有深蓝紫色条纹，顶端微凹，基部爪状，爪部狭楔形，中脉上有不规则的鸡冠状附属物，成不整齐的缲状裂；内轮花被裂片 3 枚，椭圆形，长 4.5 ～ 5cm，宽约 3cm，花盛开时向外平展，爪部突然变细。雄蕊 3 枚，着生于外轮花被裂片的基部，长约 2.5cm，花丝细长，白色，花药鲜黄色；雌蕊花柱单一，上部 3 分枝，分枝扁平，拱形弯曲，长约 3.5cm，淡蓝色，呈花瓣状，顶端裂片近四方形，再 2 裂，有疏齿，柱头生于花柱顶端裂片的基部，多为半圆形，舌状。

果： 蒴果长椭圆形或倒卵形，长 4.5 ～ 6cm，直径 2 ～ 2.5cm，有 6 条明显的肋，成熟时自上而下室背 3 瓣裂。种子多数，黑褐色，梨形，无附属物。

叶： 单叶基生，相互套迭，排成二列，黄绿色，稍弯曲，中部略宽，宽剑形，长 15 ～ 50cm，宽 1.5 ～ 3.5cm，两侧压扁而无背腹面之分，顶端渐尖或短渐尖，基部鞘状；有数条不明显的纵脉，叶脉平行。

其他用途： 根状茎治关节炎、跌打损伤、食积、肝炎等症；对氟化物敏感，可用以监测环境污染。

117. 蝴蝶花 *Iris japonica*

俗名日本鸢尾、扁担叶、剑刀草、兰花草、开喉箭等。鸢尾科鸢尾属。

花期： 4月上旬始花，最佳观赏期4月中下旬，花期4月；果熟期6～7月。见图117。

习性： 喜光，耐半阴，喜温暖湿润气候，耐旱，不耐寒，耐水湿，适应性强，在疏松、肥沃、湿润的微酸性土壤中生长良好。分株、播种繁殖。

景观应用： 多用于单位庭院、居住小区、街头景观、广场绿地及各类公园绿化，可作花境、花坛、疏林地被、景观点缀和片植花海。

形态特征： 多年生草本植物；直立的根状茎较粗，扁圆形，具多数较短的节间，棕褐色；横走的根状茎节间长，黄白色；须根生于根状茎的节上，分枝多。

花：花大，两性，淡蓝色或蓝紫色，直径4.5～5cm。花茎直立，高于叶片，顶生稀疏总状聚伞花序，分枝5～12个，与苞片等长或略超出；苞片叶状，3～5枚，宽披针形或卵圆形，长0.8～1.5cm，顶端钝，其中包含有2～4朵花；花梗伸出苞片之外，长1.5～2.5cm；花被不分花萼和花瓣，常呈花瓣状，花被管明显，长1.1～1.5cm，花被裂片6枚，2轮排列，外轮花被裂片3枚，倒卵形或椭圆形，长2.5～3cm，宽1.4～2cm，顶端微凹，基部楔形，边缘波状，有细齿裂，中脉上有隆起的黄色鸡冠状附属物，内花被裂片椭圆形或狭倒卵形，长2.8～3cm，宽1.5～2.1cm，爪部楔形，顶端微凹，边缘有细齿裂，花盛开时向外展开；雄蕊3枚，着生于外轮花被裂片的基部，长0.8～1.2cm，花药长椭圆形，白色；花柱单一，上部3分枝，分枝扁平，拱形弯曲，有鲜艳的色彩，呈花瓣状，顶端再2裂，分枝较内花被裂片略短，中肋处淡蓝色，顶端裂片缝状丝裂。

果：蒴果椭圆状柱形，长2.5～3cm，直径1.2～1.5cm，顶端微尖，基部钝，无喙，6条纵肋明显，成熟时自顶端开裂至中部。种子黑褐色，为不规则的多面体，无附属物。

叶：叶基生，相互套迭，排成二列，暗绿色，有光泽，近地面处带红紫色，剑形，长 25～60cm，宽 1.5～3cm，两侧压扁而无背腹面之分，顶端渐尖，基部鞘状，叶脉平行，无明显的中脉。

变型： 白蝴蝶花，叶片、苞片黄绿色；花白色，直径约 5.5cm；外花被裂片中肋上有淡黄色斑纹及淡黄褐色条状斑纹；花柱分枝的中肋上略带淡蓝色。

其他用途： 民间草药，用于清热解毒、消瘀逐水，治疗小儿发烧、肺病咳血、喉痛、外伤瘀血等。

118. 美丽月见草 *Oenothera speciosa*

俗名粉晚樱草、粉花月见草。柳叶菜科月见草属。

花期： 4 月中旬开花，最佳观赏期 4 月中旬至 5 月，花期 4～6 月。见图 118。

习性： 喜光，稍耐阴，喜温暖湿润气候，不耐寒，耐旱，忌水湿，适应性强，对土壤要求不严，以疏松、肥沃的壤土生长较好。播种繁殖。

景观应用： 花大而美丽，无论是单朵开放，还是成片盛放，都非常美丽壮观，可片植于园路边、疏林、庭前，可作花境、花坛、花海栽培，园林中多用于单位庭院、居住小区、花境及各类公园游园绿化。

形态特征： 多年生草本植物，株高 40～50cm；茎直立，具垂直主根。

花：花大，美丽，两性，粉红色，直径 3.5～5cm，单生或 2 朵着生于茎上部叶腋。花冠管发达，由花萼、花冠及花丝一部分合生而成，圆筒状，至近喉部多少呈喇叭状，花后迅速凋落；萼片 4 枚，反折；花瓣 4 枚，倒卵圆形或倒心形，具暗色脉纹；雄蕊 8 枚，近等长，花丝明显短于花瓣，花药丁字着生，黄色；柱头深裂成 4 线形裂片，裂片授粉面全缘，白色。

果：蒴果圆柱状，常具 4 棱或翅，直立或弯曲，室背开裂。种子多数，每室排成 2 行。

叶：单叶，未成年植株具基生叶，以后具茎生叶，螺旋状互生，草质，卵状披针形或椭圆状披针形，先端尖，基部楔形，下部有波缘或疏齿，上部近全缘；无托叶。

119. 紫娇花 *Tulbaghia violacea*

俗名洋韭菜、野蒜、非洲小百合。石蒜科紫娇花属。

花期： 4 月中旬开花，最佳观赏期 4 月下旬至 7 月，花期 5～9 月。见图 119。

习性： 喜光，喜温暖湿润气候，耐旱，不耐寒，不耐阴，在土层深厚、疏松肥沃、湿润而又排水良好的砂壤土中生长较好。播种、鳞茎繁殖。

景观应用： 叶色翠绿，株形秀美，花朵小巧艳丽，花期较长，是优良的园林花卉植物，作花境景观效果非常好，也可配置在岩石、假山、水体、小品、建筑旁边，作林缘地被或点缀草坪中，都有较好的效果，园林中常用于单位庭院、居住小区、城市节点、道路绿化、广场绿地及各类公园的绿化。

形态特征： 多年生草本植物；鳞茎肥厚，呈球形，直径达 2cm，具白色膜质叶鞘；株高 30～50cm，成株丛生状，外观似韭菜，有韭菜味。

花： 花两性，紫红色、紫粉色、粉红色，亮丽。花茎直立，高 30～60cm；顶生伞形花序球形，具多数花，径 2～5cm；花被不分花萼和花瓣，花被片卵状长圆形，长 4～5mm，基部稍结合，先端钝或锐尖，背脊紫红色；雄蕊较花被长，着生于花被基部，花丝下部扁而阔，基部略连合；花柱外露，柱头小，不分裂。

果： 蒴果长三角形，内含扁平硬实的黑色种子。

叶： 单叶基生，条形至条状披针形，扁平，先端长渐尖，比花茎短，长约 30cm，宽约 5mm，半圆柱状，中央稍空；叶鞘长 5～20cm。

120. 佛甲草 *Sedum lineare*

俗名佛指甲、铁指甲、狗豆芽、指甲草。景天科景天属。

花期： 4 月中旬开花，最佳观赏期 4 月下旬至 5 月中旬，花期 4～5 月；果熟期 6～7 月。见图 120。

习性： 喜光，亦耐阴，喜温暖湿润气候，稍耐寒，耐旱，耐瘠薄，适应性强，适宜疏松肥沃、富含腐殖质、排水良好的砂质壤土中生长。播种、扦插繁殖。

景观应用：作盆栽、阳台、屋顶绿化观赏，或作花境、疏林地被、假山岩石等景观点缀，效果较好，园林中常用于单位庭院、居住小区、街头景观、广场绿地及各类公园绿化。

形态特征：多年生草本植物，植株无毛；茎高 10～20cm，肉质；有须根。

花：花两性，黄色，辐射对称。花序聚伞状，顶生，疏生花，宽 4～8cm，中央有一朵有短梗的花，另有 2～3 分枝，分枝常再 2 分枝，着生花无梗；最上部的叶及稍大的苞片常形成总苞；萼片 5 枚，线状披针形，长 1.5～7mm，不等长，不具距，有时有短距，先端钝，宿存；花瓣 5 枚，披针形，长 4～6mm，先端急尖，基部稍狭；雄蕊 10 枚，较花瓣短；鳞片 5 枚，宽楔形至近四方形，长 0.5mm，宽 0.5～0.6mm；花柱短。

果：蓇葖果，蓇葖略叉开，长 4～5mm，星芒状排列，下部 1/4～1/3 处合生，合生的基部以上浅囊状。种子小，长椭圆形，有微乳头状突起，不具翅。

叶：单叶，3 叶轮生，少有 4 叶轮生或对生的，叶线形，长 20～25mm，宽约 2mm，先端钝尖，肉质，基部无柄，有短距；无托叶。

其他用途：全草药用，有清热解毒、散瘀消肿、止血之效。

121. 芍药 *Paeonia lactiflora*

俗名芍药花、野芍药、土白芍、山芍药、山赤芍、金芍药、将离、红芍药、草芍药等。芍药科芍药属。

花期：4 月中旬开花，最佳观赏期 4 月下旬和 5 月上旬，花期 4～5 月；果熟期 8 月。见图 121。

习性：喜光，亦耐阴，喜温暖湿润气候，但夏季宜凉爽环境，喜肥，耐寒、耐旱，怕积水，适宜在土层深厚、疏松肥沃、排水良好的砂壤土中生长；根系发达，萌蘖萌芽能力强。分株、播种繁殖。

景观应用：可孤植于庭院、楼阁、堂前，或盆栽，丰姿绰约，富贵祥和，丛植于岸畔、假山、岩石、建筑之侧，五彩缤纷，雍容典雅，群植片植，或作疏林地被，或建专类公园，韵压群芳，富丽堂皇，园林中广泛应用于单位庭院、居住小区、街头景观、道路绿化、广场绿地及各类公园绿化。

形态特征： 多年生落叶草本植物，茎高40～70cm，无毛；根粗壮，分枝黑褐色；当年生分枝基部或茎基部具数枚鳞片毛。

花： 花两性，大型，数朵，紫红色、红色、粉红色、白色等，颜色较多，直径8～11.5cm，辐射对称。单生茎顶和叶腋，有时仅顶端一朵开放，而近顶端叶腋处有发育不好的花芽；苞片4～5枚，披针形，叶状，大小不等，宿存；萼片4枚，下位，宽卵形或近圆形，长1～1.5cm，宽1～1.7cm，大小不等；花瓣9～13枚，下位，倒卵形，长3.5～6cm，宽1.5～4.5cm；雄蕊多数，花丝狭线形，长0.7～1.2cm，黄色，花药黄色；花盘浅杯状，肉质，不发育，包裹心皮基部，不甚明显，顶端裂片钝圆；柱头扁平，向外反卷，胚珠多数，沿心皮腹缝线排成二列。

果： 蓇葖果，蓇葖长2.5～3cm，直径1.2～1.5cm，顶端具喙，成熟时沿心皮的腹缝线开裂，果皮革质。种子数粒，黑色、深褐色，光滑无毛。

叶： 下部茎生叶为二回三出复叶，上部茎生叶为三出复叶；小叶狭卵形、椭圆形或披针形，不分裂，顶端渐尖，基部楔形或偏斜，边缘具白色骨质细齿，两面无毛，背面沿叶脉疏生短柔毛；无托叶。

其他用途： 根药用，称"白芍"，镇痛、镇痉、祛瘀、通经；种子供制皂和涂料用。

122. 山桃草 *Gaura lindheimeri*

俗名白蝶花、白桃花、紫叶千鸟花。柳叶菜科山桃草属。

花期： 4月中旬开花，最佳观赏期4月下旬至6月，花期4～9月；果熟期8～9月。见图122。

习性： 喜光，耐半阴，喜凉爽及半湿润气候，耐寒，耐旱，不耐涝，喜疏松肥沃、排水良好的砂质壤土。播种、分株繁殖。

景观应用： 花期长，形如桃花，常作花境、疏林地被，假山、岩石等景观点缀，效果较好。

形态特征：多年生粗壮草本，常丛生；茎直立，高 60～100cm，多分枝，入秋变红色，被长柔毛与曲柔毛。

花：花两性，初为白色授粉后变粉红色，或为紫红色，两侧对称。花序长穗状，生茎枝顶部，不分枝或有少数分枝，直立，长 20～50cm；苞片狭椭圆形、披针形或线形，长 0.8～3cm，宽 2～5mm；萼片 4 枚，长 10～15mm，宽 1～2mm，被伸展的长柔毛，花开放时反折；花冠管长 4～9mm，由花萼、花冠与花丝之一部分合生而成，内面有蜜腺、上半部有毛；花瓣 4 枚，排向一侧，倒卵形或椭圆形，长 12～15mm，宽 5～8mm，具爪；雄蕊与花柱伸向花的另一侧，雄蕊 8 枚，花丝白色，长 8～12mm，基部内面有 1 小鳞片状附属体，花药黄色或带红色，长 3.5～4mm；花柱线形，长 20～23mm，近基部有毛，柱头深 4 裂，伸出花药之上。

果：蒴果坚果状，狭纺锤形，长 6～9mm，径 2～3mm，熟时褐色，具明显的棱，不开裂。种子 1～4 粒，卵状，长 2～3mm，径 1～1.5mm，淡褐色。

叶：叶具基生叶与茎生叶，基生叶较大，排成莲座状，向着基部渐变狭，无柄，椭圆状披针形或倒披针形，长 3～9cm，宽 5～11mm，先端锐尖，边缘具远离的齿突或波状齿，两面被近贴生的长柔毛；茎生叶互生，无柄，向上逐渐变小，全缘或具齿，基部楔形。

123. 毛地黄钓钟柳 *Penstemon digitalis*

车前科钓钟柳属。

花期：4 月下旬开花，最佳观赏期 4 月下旬至 5 月，花期 4～6 月。见图 123。

习性：喜光，喜温暖湿润气候，耐寒，不耐旱，对土壤要求不严，适生于疏松肥沃、湿润而排水良好的土壤。播种繁殖。

景观应用：常作花境、疏林地被绿化，假山岩石等景观点缀，效果较好。

形态特征： 多年生草本，株高 60～100cm，茎直立，全株被茸毛。

花： 花两性，粉红色、淡紫色或粉白色。总状花序，有短分枝，具花多朵；小花序梗较细，苞片 1 枚；花萼钟状，裂片 5 枚，宽披针形，宿存；花冠管筒状，中部以上扩大成钟状，裂片 5 枚，卵圆形，辐射对称，开展，内有紫色条纹，具毛；雄蕊 5 枚，无毛，花丝贴生于冠筒内面，不伸出花冠管，花药背着，椭圆形，先端骤缩；花柱单一，丝状，被毛，柱头点状。

果： 蒴果，卵圆形至锥状卵圆形，无毛。种子多数。

叶： 单叶，基生叶卵圆形或倒卵状披针形，基部渐狭，全缘；茎生叶交互对生，长椭圆形或近宽披针形，全缘或有疏齿，先端尖，基部圆形或宽楔形；无叶柄，无托叶。

124. 天蓝苜蓿 *Medicago lupulina*

俗名天蓝。豆科苜蓿属。

花期： 4 月中旬开花，最佳观赏期 4 月中旬至 5 月，花期 4～6 月；果熟期 9～10 月。见图 124。

习性： 喜光，稍耐阴，喜温凉湿润气候，耐寒，耐旱，喜湿润而排水良好的土壤。播种繁殖。

景观应用： 宜作草坪使用，园林中常用于各类公园绿化。

形态特征： 多年生草本植物，高 15～60cm，全株被柔毛或有腺毛；主根浅，须根发达；茎平卧或上升，多分枝，叶茂盛。

花： 花小，两性，黄色，长 2～2.2mm。花序小头状，具花 10～20 朵；总花梗细长，挺直，长于叶，密被贴伏柔毛；苞片刺毛状，甚小；花梗短，长不到 1mm；花萼钟形，长约 2mm，密被毛，萼齿线状披针形，稍不等长，比萼筒略长或等长；花冠黄色，旗瓣近圆形，顶端微凹，翼瓣和龙骨瓣近等长，均比旗瓣短；花柱弯曲。

果： 荚果肾形，长 3mm，宽 2mm，表面具同心弧形脉纹，被稀疏毛，熟时变黑，有种子 1 粒。种子卵形，褐色，平滑。

叶： 羽状三出复叶，互生；下部叶柄较长，长 1～2cm，上部叶柄比小叶短；小叶倒卵形、阔倒卵形或倒心形，长 5～20mm，宽 4～16mm，纸质，先端多少截平或微凹，具细尖，基部楔形，边缘在上半部具不明显尖齿，两面均被毛，侧脉近 10 对，平行达叶边，几不分叉，上下均平坦；顶生小叶较大，小叶柄长 2～6mm，侧生小叶柄甚短；托叶卵状披针形，长可达 1cm，先端渐尖，基部圆或戟状，常齿裂。

125. 黑麦草 *Lolium perenne*

禾本科黑麦草属。

花期： 4 月中旬开花，4 月下旬至 5 月上旬盛花，花期 4～5 月；果熟期 6～7 月。冬季观叶效果最佳。见图 125。

习性： 短日照植物，喜光，不耐阴，喜温凉湿润气候，耐寒，稍耐旱，不耐热，喜湿润而排水良好的土壤。播种繁殖。

景观应用： 宜作冷季型草坪，纯播或与狗牙根混播。

形态特征： 多年生草本植物，直立，具细弱根状茎；秆丛生，高 30～90cm，具 3～4 节，节间中空，质软，基部节上生根。

花： 穗形总状花序直立或稍弯，顶生，长 10～20cm，宽 5～8mm。具交互着生的两列小穗，小穗含 4～20 枚小花，两侧压扁，无柄，单生于穗轴各节，以其背面（即第一、三、五等外稃之背面）对向穗轴；小穗轴节间长约 1mm，平滑无毛，脱节于颖之上及各小花间；颖除顶生小穗外仅 1 枚，披针形，为其小穗长的 1/3，具 5 脉，边缘狭膜质；外稃长圆形，草质，长 5～9mm，具 5 脉，平滑，基盘明显，顶端无芒，或上部小穗具短芒，第一外稃长约 7mm；内稃与外稃等长，两脊具狭翼，生短纤毛，顶端尖；鳞被 2 枚；雄蕊 3 枚；花柱顶生，柱头帚刷状。

果： 颖果长约为宽的 3 倍，腹部凹陷，具纵沟，与内稃黏合不易脱离，顶端具茸毛。胚小形，长为果体的 1/4，种脐狭线形。

叶： 单叶呈两行互生；叶鞘抱茎，一侧开放，少数闭合；叶舌膜质，钝圆，长约 2mm，常具叶耳；叶片线形，扁平，长 5～20cm，宽 3～6mm，柔软，具微毛，无叶柄，与叶鞘间无关节。

126. 红车轴草 *Trifolium pratense*

俗名红三叶。豆科车轴草属。

花期: 花期长，4 月下旬开花，最佳观赏期 4 月下旬至 5 月，花期 4～6 月；果熟期 8～9 月。见图 126。

习性: 喜光，喜凉爽湿润气候，不耐寒，不喜热，耐湿，不耐旱，在肥沃、湿润而又排水良好的中性土壤中生长较好；生长快。播种繁殖。

景观应用: 叶形奇特，花序如球，观赏价值高，常作绿地草坪，也可丛植点缀于岩石、小品、乔木、水系或建筑旁，景观优美。

形态特征: 多年生落叶草本植物，生长期 2～9 年；茎粗壮，具纵棱，直立或平卧上升，疏生柔毛或秃净；主根深入土层达 1m。

花: 花两性，紫红色至淡红色，长 12～18mm。花序球状或卵状，顶生，无总花梗或具甚短总花梗，包于顶生叶的托叶内，托叶扩展成焰苞状，具花 30～70 朵，密集；无苞片，几无花梗；萼钟形，被长柔毛，具脉纹 10 条，萼齿 5 枚，丝状，锥尖，基部多少合生，比萼筒长，最下方 1 齿比其余萼齿长 1 倍，萼喉开张，具一多毛的加厚环，萼在果期不膨大；花冠旗瓣匙形，先端圆形，微凹缺，基部狭楔形，明显比翼瓣和龙骨瓣长，龙骨瓣稍比翼瓣短，花瓣宿存，瓣柄多少与雄蕊筒相连；雄蕊 10 枚，两体，上方 1 枚离生，花药同型；花柱丝状细长。

果: 荚果卵形，不开裂，包藏于宿存萼筒之中。通常有 1 粒扁圆形种子。

叶: 掌状三出复叶互生；小叶卵状椭圆形至倒卵形，具锯齿，长 1.5～3.5(～5)cm，宽 1～2cm，先端钝，有时微凹，基部阔楔形，两面疏生褐色长柔毛，叶面上常有 "V" 字形白斑，侧脉约 15 对，作 20° 角展开在叶边处分叉隆起，伸出形成不明显的钝齿；叶柄较长，茎上部的叶柄短，被伸展毛或秃净；小叶柄短，长约 1.5mm；托叶近卵形，膜质，每侧具脉纹 8～9 条，基部抱茎，先端离生部分渐尖，具锥刺状尖头。

127. 黄菖蒲 *Iris pseudacorus*

俗名水生鸢尾、黄鸢尾、黄花鸢尾、水烛。鸢尾科鸢尾属。

花期： 4月中旬始花，最佳观赏期4月下旬至5月下旬，花期4～6月；果熟期7～8月。见图127。

习性： 喜光，稍耐阴，喜温暖湿润气候，稍耐寒，不耐旱，对土壤要求不严，喜生于河湖沿岸的湿地、沼泽、浅水中，水深不宜超过30cm。播种、分株繁殖。

景观应用： 叶形美丽、花色黄艳，花姿秀美，观赏价值极高，是各类浅水景观和湿地、水岸绿化的常用观赏植物，也可盆栽，点缀、美化庭院或室内环境。

形态特征： 多年生水生植物，基部围有少量老叶残留的纤维；根状茎粗壮，绳索状，直径达2.5cm，斜伸，节明显，黄褐色，中部不膨大；须根黄白色，有皱缩的横纹。

花： 花大，两性，黄色，直径10～11cm，着生于花茎分枝顶端。花茎自叶丛中抽出，粗壮，高60～70cm，直径4～6mm，有明显的纵棱，上部分枝；苞片3～4枚，膜质，绿色，披针形，长6.5～8.5cm，宽1.5～2cm，顶端渐尖；花梗长5～5.5cm；花被管长1.5cm，不分花萼和花瓣，常呈花瓣状，花被裂片6枚，2轮排列，外轮花被裂片3枚，卵圆形或倒卵形，长约7cm，宽4.5～5cm，上部常反折下垂，基部爪状，爪部狭楔形，中脉上无附属物，中央下陷呈沟状，有黑褐色的条纹，内轮花被裂片3枚较小，倒披针形，直立，长2.7cm，宽约5mm，花凋谢后花被管不残存在果实上；雄蕊3枚，着生于外轮花被裂片的基部，长约3cm，花丝黄白色，花药黑紫色；雌蕊的花柱单一，上部3分枝，分枝扁平，拱形弯曲，呈花瓣状，淡黄色，长约4.5cm，宽约1.2cm，顶端再2裂，顶端裂片半圆形，边缘有疏牙齿。

果： 蒴果椭圆形，大多无喙，成熟时室背开裂。种子多数，梨形、半圆形或圆形，有时压扁，通常无翼或沿边缘有狭窄的翼状凸起；胚乳无淀粉。

叶： 基生叶灰绿色，草质，相互套迭，排成二列，宽剑形，长40～

60cm，宽 1.5～3cm，顶端渐尖，基部鞘状，色淡，叶脉平行，中脉较明显；茎生叶比基生叶短而窄。

128. 水葱 *Schoenoplectus tabernaemontani*

莎草科藨草属。

花期： 4月中旬开花，4月下旬至5月中旬盛花，花期4～5月；果熟期8～9月。生长期观叶效果最佳。见图128。

习性： 喜光，喜水，耐寒，对土壤要求不严，喜生于浅水、湿地中；能净化水质。播种、分株繁殖。

景观应用： 株形优美，多用于公园游园内的水体景观。

形态特征： 多年生水生草本植物；秆高大，圆柱状，高 1～2m，平滑，中空，纵横隔膜成网状；秆基部具 3～4 个叶鞘，鞘长可达38cm，管状，膜质，最上面一个叶鞘具叶片；匍匐根状茎粗壮，具许多须根。

花：苞片1枚，为秆的延长，直立，钻状，常短于花序，极少数稍长于花序；长侧枝聚伞花序简单或复出，假侧生，具4～13或更多个辐射枝；辐射枝长可达5cm，一面凸，一面凹，边缘有锯齿；小穗单生或2～3个簇生于辐射枝顶端，卵形或长圆形，顶端急尖或钝圆，长5～10mm，宽2～3.5mm，具多数花；鳞片膜质，椭圆形或宽卵形，顶端稍凹，具短尖，膜质，长约3mm，棕色或紫褐色，有时基部色淡，背面有铁锈色凸起小点，脉1条，边缘具缘毛，螺旋状覆瓦式排列，每鳞片内均具1朵两性花；下位刚毛6条，针状，与小坚果等长，红棕色，有倒刺；雄蕊3枚，花药线形，药隔突出；花柱单一，柱头2枚，长于花柱。

果：小坚果倒卵形或椭圆形，双凸状，少有三棱形，长约2mm，平滑。

叶：叶片线形，扁平，长 1.5～11cm。

129. 灯心草 *Juncus effusus*

俗名水灯草。灯心草科灯心草属。

花期： 4 月中旬开花，4 月下旬至 5 月中旬盛花，花期 4～6 月；果熟期 7～9 月。生长期观叶效果最佳。见图 129。

习性： 喜光，也半耐阴，耐寒，喜水湿，不耐旱，适应性强，对土壤要求不严，喜生于河湖溪塘沿岸的湿地、沼泽、浅水中，水深不宜超过 20cm；能净化水质。分株、播种繁殖。

景观应用： 适宜各类浅水景观和湿地、水岸绿化。

形态特征： 多年生水生草本植物，高 27～91cm，有时更高；茎丛生，直立，圆柱形，淡绿色，具纵条纹，直径 1～4mm，茎内充满白色的髓心；根状茎粗壮横走，具黄褐色稍粗的须根。

花： 花小，两性，淡绿色。聚伞花序假侧生，含多花，排列紧密或疏散；总苞片圆柱形，生于顶端，似茎的延伸，直立，长 5～28cm，顶端尖锐；小苞片 2 枚，宽卵形，膜质，顶端尖；花被不分花萼和花瓣，呈颖片状，花被片 6 枚，2 轮，线状披针形，长 2～12.7mm，宽约 0.8mm，顶端锐尖，背脊增厚突出，黄绿色，边缘膜质，外轮者稍长于内轮；雄蕊 3 枚，长约为花被片的 2/3，花药长圆形，黄色，长约 0.7mm；雌蕊花柱单一，极短，柱头 3 分叉，长约 1mm。

果： 蒴果长圆形或卵形，长约 2.8mm，顶端钝或微凹，黄褐色。种子多数，卵状长圆形，长 0.5～0.6mm，黄褐色，表面常具条纹，无附属物。

叶： 单叶全部为低出叶，呈鞘状或鳞片状，包围在茎的基部，长 1～22cm，基部红褐至黑褐色；叶片退化为刺芒状。

其他用途： 茎内白色髓心供点灯和烛心用，入药有利尿、清凉、镇静作用；茎皮纤维可作编织和造纸原料。

5月　开花植物

5月，合欢红、玫瑰香、绣球满院花开忙。5月正是植物生长茂盛的季节，常见的开花植物有七叶树、荷花玉兰、栗、合欢、玫瑰、小叶女贞、夹竹桃、金丝桃、绣球、凌霄等，本书收集48种。

图 130-1　七叶树（摄于信阳羊山）

图 130-2　七叶树（摄于信阳羊山）

图 131　臭椿（摄于信阳平桥）

图 132　梓（摄于信阳平桥）

图 133-1　山槐（摄于信阳羊山公园）

图 133-2　山槐（摄于信阳羊山公园）

图 134　荷花玉兰（摄于信阳羊山）

图 135　枣（摄于信阳平桥）

图 136　栗（摄于信阳羊山公园）

图 137-1　合欢（摄于信阳浉河）

图 137-2　合欢（摄于信阳羊山）

图 138-1　香椿（摄于羊山森林植物园）

图 138-2 香椿（摄于羊山森林植物园）

图 139-1 无患子（摄于信阳百花园）

图 139-2 无患子（摄于信阳百花园）

图 140 玫瑰（摄于信阳明港）

图 141-1　小叶女贞（摄于信阳羊山）

图 141-2　小叶女贞（摄于信阳羊山）

图 141-3　小叶女贞（摄于信阳羊山）

图 142-1　粉花绣线菊（摄于信阳平桥）

图 142-2　粉花绣线菊（摄于信阳平桥）

图 143　木蓝（摄于羊山森林植物园）

图 144-1　马缨丹（摄于信阳平桥）

图 144-2　马缨丹（摄于信阳平桥）

图 145　金森女贞（摄于信阳百花园）

图 146-1　夹竹桃（摄于信阳百花园）

图 146-2　夹竹桃（摄于信阳百花园）

图 146-3　夹竹桃（摄于信阳百花园）

图 147-1　南天竹（摄于信阳平桥）

图 147-2　南天竹（摄于信阳平桥）

图 148-1　绣球（摄于信阳平桥）

图 148-2　绣球（摄于信阳平桥）

图 149　大花六道木（摄于信阳百花园）

图 150-1　金丝桃（摄于信阳百花园）

图 150-2　金丝桃（摄于信阳百花园）

图 151-1　络石（摄于信阳琵琶台公园）

图 151-2　络石（摄于信阳琵琶台公园）

图 152　小果蔷薇（摄于信阳震雷山）

图 153-1　凌霄（摄于信阳平桥）

图 153-2　凌霄（摄于信阳平桥）

图 154-1　芭蕉（摄于羊山森林植物园）

图 154-2　芭蕉（摄于信阳羊山森林植物园）

图 155-1　大花金鸡菊（摄于信阳羊山）

图 155-2　大花金鸡菊（摄于信阳羊山）

图 156　滨菊（摄于信阳浉河）

图 157　锦葵（摄于信阳明港）

图 158　蜀葵（摄于信阳平桥）

图 159　韭莲（摄于羊山森林植物园）

图 160-1　美女樱（摄于信阳羊山）

图 160-2　美女樱（摄于信阳羊山）

图 161-1　粉美人蕉（摄于信阳羊山公园）

图 161-2　粉美人蕉（摄于信阳羊山公园）

图 162-1　紫玉簪（摄于信阳和园）

图 162-2　紫玉簪（摄于信阳和园）

图 163-1　马鞭草（摄于信阳郝堂）

图 163-2　马鞭草（摄于信阳郝堂）

图 164-1　大丽花（摄于新县）

图 164-2　大丽花（摄于新县）

图 165-1　萱草（摄于信阳平桥）

图 165-2 萱草（摄于信阳羊山森林植物园）

图 166-1　松果菊（摄于信阳羊山）

图 166-2　松果菊（摄于信阳羊山）

图 167　狗芽根（摄于信阳羊山公园）

图 168　睡莲（摄于息县）

228

图 169-1　白睡莲（摄于信阳震雷山）

图 169-2　红睡莲（摄于信阳震雷山）

图 170-1　荇菜（摄于羊山森林植物园）

图 170-2　荇菜（摄于羊山森林植物园）

图 171　小香蒲（摄于信阳羊山公园）

图 172　花菖蒲（摄于信阳羊山）

图 173-1　梭鱼草（摄于信阳羊山公园）

图 173-2　梭鱼草（摄于信阳羊山公园）

图 174-1　喜旱莲子草（摄于羊山森林植物园）

图 174-2　喜旱莲子草（摄于羊山森林植物园）

图 175　菖蒲（摄于信阳郝堂）

图 176-1　再力花（摄于羊山森林植物园）

图 176-2　再力花（摄于羊山森林植物园）

图 177　水烛（摄于羊山森林植物园）

130. 七叶树 *Aesculus chinensis*

七叶树科七叶树属。

花期： 5 月初开花，有时 4 月下旬开花，最佳观赏期 5 月上中旬，花期 5～6 月；果熟期 9～10 月。生长期观叶效果也很好。见图 130-1、图 130-2。

习性： 喜光，稍耐阴，喜温暖湿润气候，耐寒，喜深厚、肥沃、湿润而排水良好的土壤；深根性树种，萌芽力强；生长偏慢，寿命长。播种繁殖。

景观应用： 树干通直，树形优美，花似烛台，叶如手掌，观赏价值较高，可孤植、列植、丛植、片植成景，是优良的园林绿化树种，可用于行道树、道路绿化、单位庭院、居住小区、街头绿地、广场游园、综合公园、郊野公园、植物园的绿化。

形态特征： 落叶乔木，高达 25m；树皮深褐色或灰褐色，小枝圆柱形，黄褐色或灰褐色，无毛或嫩时有微柔毛，有皮孔。冬芽大形，有树脂。

花： 花杂性，白色，雄花与两性花同株，不整齐。聚伞圆锥花序圆筒形，大形，顶生，直立，连同总花梗长 21～25cm，总花梗长 5～10cm；花序总轴有微柔毛，小花序为蝎尾状聚伞花序，常由 5～10 朵花组成，平斜向伸展，有微柔毛，长 2～2.5cm；小花梗长 2～4mm；花萼管状钟形，长 3～5mm，外面有微柔毛，不等 5 裂，裂片钝形，边缘有短纤毛；花瓣 4 枚，与萼片互生，长圆倒卵形至长圆倒披针形，长 8～12mm，宽 5～1.5mm，边缘有纤毛，基部爪状，大小不等；雄蕊 6 枚，长 1.8～3cm，花丝线状，无毛，花药长圆形，淡黄色，长 1～1.5mm，有腺体；花柱细长，无毛，不分枝，柱头扁圆形，胚珠每室 2 枚，重叠。

果： 蒴果，球形或倒卵圆形，顶部短尖或钝圆而中部略凹下，直径 3～4cm，黄褐色，无刺，具很密的斑点，果壳干后厚 5～6mm。种子 1～2 粒发育，近于球形，直径 2～3.5cm，栗褐色；种脐白色，约占种子体积的 1/2。

叶： 掌状复叶，对生，由 5～7 枚小叶组成，叶柄长 10～12cm，有灰色微柔毛；小叶纸质，长圆披针形至长圆倒披针形，稀长椭圆形，先端短锐尖，基部楔形或阔楔形，边缘有钝尖形的细锯齿，长 8～16cm，宽 3～5cm，上面深绿色，无毛，下面除中脉及侧脉的基部嫩时有疏柔毛外，其余部分无毛；中脉在上面显著，在下面凸起，侧脉 13～17 对，在上面微显著，在下面显著；中央小叶的小叶柄长 1～1.8cm，两侧的小叶柄长 5～10mm，有灰色微柔毛；无托叶。

变种：浙江七叶树，小叶较薄，背面绿色，微有白粉，侧脉 18～22 对，小叶柄常无毛，较长，中间小叶的小叶柄长 1.5～2cm；圆锥花序长而狭窄，长 30～36cm，花萼无柔毛；果壳薄，干后仅厚 1～2mm，种脐较小，仅占种子面积的 1/3 以下。花期 6 月。

131. 臭椿 *Ailanthus altissima*

俗名椿树、黑皮椿树、樗等。苦木科臭椿属。

花期：5 月初开花，有时 4 月底开花，最佳观赏期 5 月上中旬，花期 5月；果熟期 7～8 月。见图 131。

习性：喜光，耐旱，耐寒，不耐阴，不耐水湿，适应性强，适生于深厚、肥沃、湿润的中性砂壤土；深根性树种，萌芽力强，生长快，寿命长；对氟化氢及二氧化硫抗性强。播种繁殖。

景观应用：树干通直高大，树形优美，叶如羽毛，果红如翅，可孤植、列植、丛植、片植成景，多用于行道树、道路绿化、单位庭院、居住小区、街头绿地、广场游园、综合公园、郊野公园、植物园、工厂及矿区绿化。

形态特征：落叶乔木，高可达 20 余米，树皮平滑而有直纹；嫩枝有髓，幼时被黄色或黄褐色柔毛，后脱落。

花：花小，淡绿色，杂性或单性异株。圆锥花序长 10～30cm，生于枝顶叶腋；花梗长 1～2.5mm；萼片 5 枚，覆瓦状排列，裂片长 0.5～1mm；花瓣 5 枚，分离，长 2～2.5mm，镊合状排列，基部两侧被硬粗毛，花盘 10裂；雄蕊 10 枚，着生于花盘基部，花丝分离，基部密被硬粗毛，雄花中的花丝长于花瓣，雌花中的花丝短于花瓣，但在雌花中的雄蕊不发育或退化；花柱黏合，柱头头状，5 裂。

果：翅果长椭圆形，长 3～4.5cm，宽 1～1.2cm。种子 1 粒，位于翅的中间，扁圆形。

叶：叶互生，奇数羽状复叶，长 40～60cm，叶柄长 7～13cm，有小叶 13～27 枚；小叶对生或近对生，纸质，卵状披针形，长 7～13cm，宽 2.5～4cm，先端长渐尖，基部偏斜，截形或稍圆，两侧各具 1 或 2 个粗锯齿，齿背有腺体 1 个，叶面深绿色，背面灰绿色，揉碎后具臭味。

品种：大果臭椿，变种，小枝粗壮，紫红色，无毛，密布白色皮孔。叶柄基部常紫红色，稍上部具紫红色斑点；小叶片薄革质，长 9～15cm，宽 3.5～6cm，无毛，基部阔楔形或稍带圆形。翅果长 5～7cm，宽 1.4～1.8cm。

其他用途：叶可饲椿蚕；树皮、根皮、果实可入药，有清热利湿、收敛止痢等效。

132. 梓 *Catalpa ovata*

俗名梓树、花楸、水桐、河楸、木角豆、水桐楸、黄花楸等。紫葳科梓属。

花期：5 月上旬开花，最佳观赏期 5 月，花期 5～6 月。见图 132。

习性：喜光，幼苗稍耐阴，适应性强，耐寒，不耐旱，喜深厚、湿润、肥沃、疏松的中性土；深根性树种，生长快；抗污染能力强，能抗二氧化硫、氯气、烟尘等。播种繁殖。

景观应用：果实下垂如线，形态奇特，宜孤植、列植、丛植、片植，常作居住小区、单位庭院、行道树、广场游园、综合公园、郊野公园、植物园及工业区绿化树种。

形态特征：落叶乔木，高达 15m；树冠伞形，主干通直，嫩枝具稀疏柔毛。

花：花两性，淡黄色或黄白色，直径约 2cm，左右对称。顶生圆锥花序，长 12～28cm，花序梗微被疏毛；花萼蕾时圆球形，2 唇开裂，长 6～8mm；花冠钟状，合瓣，二唇形，上唇 2 裂，下唇 3 裂，内面具 2 黄色条纹及紫色斑点，长约 2.5cm；能育雄蕊 2 枚，内藏，着生于花冠基部，花丝插生于花冠筒上，花药叉开，退化雄蕊 3 枚；花盘明显，环状，肉质；花柱丝形，柱头 2 裂。

果： 蒴果线形，下垂，长 20～30cm，粗 5～7mm，2 瓣开裂，果瓣薄而脆，隔膜纤细，圆柱形，隔膜与果瓣平行并卷曲凋落。种子长椭圆形，长 6～8mm，宽约 3mm，两端具有平展的长毛。

叶： 单叶对生或近于对生，阔卵形，长宽近相等，长约 25cm，顶端渐尖，基部心形，全缘或浅波状，常 3 浅裂，叶片上面及下面均粗糙，微被柔毛或近于无毛；侧脉 4～6 对，基部掌状脉 5～7 条，叶下面脉腋间通常具紫色腺点；叶柄长 6～18cm；叶揉之有臭味。

其他用途： 木材制琴底，叶或树皮可作农药杀稻螟、稻飞虱，果实入药可利尿，治肾脏病、膀胱炎、肝硬化、腹水，根皮入药消肿毒。

133. 山槐 *Albizia kalkora*

俗名山合欢、马缨花、白夜合、滇合欢。豆科合欢属。

花期： 5 月上旬开花，最佳观赏期 5 月上中旬至 6 月上旬，花期 5～6 月；果熟期 8～10 月。见图 133-1、图 133-2。

习性： 喜光，喜温暖湿润气候，耐寒，耐旱，耐瘠薄，适应性强，不耐涝，对土壤要求不严，在土层深厚、疏松肥沃、湿润而排水良好的土壤中生长较好；根系较发达，生长较慢。播种繁殖。

景观应用： 树形优美，枝叶秀丽，花形奇特，观赏性强，孤植、列植、丛植、片植均有较好的效果，可作行道树、庭院栽植或与假山、岩石、建筑小品等配置，园林中广泛应用于单位庭院、居住小区、行道树、道路绿化、街头景观、广场绿地、各类公园游园及工厂矿区绿化。

形态特征： 落叶小乔木，高 3～8m；枝条暗褐色，被短柔毛，有显著皮孔。

花： 花小，两性，初白色，后变黄带紫色，具明显的小花梗。花常二型，位于花序中央的花常较边缘的为大，但不结实。头状花序 2～7 枚生于叶腋，或于枝顶排成圆锥花序；苞片小，生在总花梗的基部或上部，通常脱落；花萼管状，长 2～3mm，5 齿裂，镊合状排列；花冠长 6～8mm，中部以下连合呈管状，上部 5 裂，裂片披针形，镊合状排列，花萼、花冠均密被长柔毛；雄蕊 20～50 枚，长 2.5～3.5cm，花丝突出于花冠之外，十分显著，基部连合呈管状，花药小，2 室，纵裂；花柱细长，柱头小。

果： 荚果带状，长 7～17cm，宽 1.5～3cm，深棕色，嫩荚密被短柔毛，老时无毛，扁平，果皮薄。种子 4～12 粒，倒卵形，扁平，无假种皮，种皮厚。

叶： 二回羽状复叶，互生，总叶柄及叶轴上有腺体，腺体密被黄褐色或灰白色短茸毛；羽片 2～4 对，对生；小叶 5～14 对，对生，长圆形或长圆状卵形，长 1.8～4.5cm，宽 7～20mm，先端圆钝而有细尖头，基部不等侧，两面均被短柔毛，中脉稍偏于上侧。

134. 荷花玉兰 *Magnolia grandiflora*

俗名广玉兰、洋玉兰、白玉兰。木兰科木兰属。

花期： 5 月上中旬开花，最佳观赏期 5 月中下旬至 6 月上旬，花期 5～6 月；果熟期 9～10 月。见图 134。

习性： 喜光，喜温暖湿润气候，稍耐寒，幼苗期耐阴，不耐碱，在肥沃、深厚、湿润而排水良好的酸性或微酸性土壤中生长良好；病虫害少，生长慢；抗污染，耐烟尘，对二氧化硫、氯气、氟化氢等有毒气体抗性较强。播种、嫁接、压条繁殖。

景观应用： 花大而美，形如荷花，芳香怡人，叶色亮丽，树冠饱满，是豫南常用园林绿化树种之一，观赏价值较高，孤植、列植、丛植、片植均可，庭院栽植较多，常用于居住小区、单位庭院、行道树、道路绿化、城市节点、广场绿地、公园游园绿化。

形态特征： 常绿乔木，原产地高达 30m；树皮淡褐色或灰色，薄鳞片状开裂；小枝粗壮，托叶痕环状，具横隔的髓心；小枝、芽、叶下面、叶柄、均密被褐色或灰褐色短茸毛。芽二型：营养芽腋生或顶生，具芽鳞 2 枚，膜质，镊合状合成盔状托叶，包裹着次一幼叶和生长点，与叶柄连生；混合芽顶生，具 1 至数枚次第脱落的佛焰苞状苞片，包着 1 至数个节间，每节间有 1 腋生的营养芽，末端 2 节膨大，顶生着较大的花蕾。

花：花大而美丽，白色，芳香，两性，单生枝顶，直径 15～20cm，状如荷花。花被片 9～12 枚，白色，厚肉质，倒卵形，长 6～10cm，宽 5～7cm，多轮，每轮 3～5 片，近相等；雄蕊多数，长约 2cm，螺旋状排列在伸长的花托下部，花丝粗短，扁平，紫色，花药线形，药隔伸出成短尖，早落，虫媒传粉；雌蕊群椭圆体形，密被长茸毛，螺旋状排列在伸长的花托上部，和雄蕊群相连接，无雌蕊群柄，常先熟；心皮卵形，长 1～1.5cm，分离，花柱呈卷曲状，沿近轴面为具乳头状突起的柱头面；花柄上有数个环状苞片脱落痕。

果：聚合果圆柱状长圆形或卵圆形，长 7～10cm，径 4～5cm，密被褐色或淡灰黄色茸毛；成熟蓇葖木质，互相分离，背裂，背面圆，顶端外侧具长喙，全部宿存于果轴。每蓇葖含种子 1～2 粒，近卵圆形或卵形，长约 14mm，径约 6mm，外种皮红色，肉质，含油分，内种皮坚硬，除去外种皮的种子，顶端延长成短颈，种脐有丝状假珠柄与胎座相连，悬挂种子于外。

叶：叶互生，厚革质，全缘，椭圆形、长圆状椭圆形或倒卵状椭圆形，长 10～20cm，宽 4～10cm，先端钝或短钝尖，基部楔形，叶面深绿色，有光泽；羽状脉，侧脉每边 8～10 条；叶柄长 1.5～4cm，无托叶痕，具深沟；托叶膜质，与叶柄离生，早落；幼叶在芽中直立，对折；先出叶后开花。

其他用途：叶、幼枝和花可提取芳香油；花制浸膏用；叶入药治高血压；种子可榨油。

135. 枣 *Ziziphus jujuba*

俗名枣树、枣子、大枣、红枣树、枣子树等。鼠李科枣属。

花期：5 月上中旬开花，最佳观赏期 5 月中旬至 6 月上旬，花期 5～6 月；果熟期 8～9 月。果实成熟期观果效果较好。见图 135。

习性：喜光，喜温，适应性强，耐旱，耐寒，耐贫瘠，耐水湿，耐盐碱；根系发达，生长较快，根蘖能力强。播种、嫁接、分株繁殖。

景观应用：红果满枝，枝叶茂密，具有一定的观赏价值，多用于居住小区、单位庭院、综合公园、郊野公园、植物园栽植。利用枝条"之"字形曲折特性，常作盆景培养。

形态特征：落叶小乔木，高达10m；树皮褐色或灰褐色；有长枝，短枝和无芽小枝比长枝光滑，紫红色或灰褐色，呈"之"字形曲折，具2个托叶刺，长刺可达3cm，粗直，短刺下弯，长4～6mm；短枝短粗，矩状，自老枝发出；当年生小枝绿色，下垂，单生或2～7个簇生于短枝上。

花：花小，两性，黄绿色，5基数，无毛，单生或2～8个密集成腋生聚伞花序。总花梗短，不超2mm，花梗长2～3mm；萼片卵状三角形，淡黄绿色，镊合状排列，内面有凸起的中肋，与花瓣互生；花瓣倒卵圆形，基部有爪，比萼片小，极凹，与雄蕊等长，着生于花盘边缘下的萼筒上；花盘厚，肉质，圆形，5裂；雄蕊与花瓣对生，为花瓣抱持，花丝与花瓣爪部离生；花柱2枚，半裂。

果：核果矩圆形或长卵圆形，不开裂，长2～3.5cm，直径1.5～2cm，成熟时红色，后变红紫色，基部有宿存的萼筒，中果皮肉质，厚，味甜，内果皮硬骨质，核顶端锐尖，基部锐尖或钝，2室，具1或2种子，果梗长2～5mm。种子扁椭圆形，长约1cm，宽8mm。

叶：叶互生，纸质，卵形、卵状椭圆形或卵状矩圆形，长3～7cm，宽1.5～4cm，顶端钝或圆形，稀锐尖，具小尖头，基部稍不对称，近圆形，边缘具圆齿状锯齿，上面深绿色，无毛，下面浅绿色，无毛或仅沿脉多少被疏微毛，基生三出脉；叶柄长1～6mm，在长枝上的可达1cm，无毛或有疏微毛；托叶刺纤细，后期常脱落。

变种：

无刺枣，长枝无皮刺，幼枝无托叶刺。

酸枣，落叶灌木，枝具锐刺；叶小；果小，近球形或短矩圆形，直径0.7～1.2cm，中果皮薄，味酸，核两端钝；开花稍晚，花期6～7月。

其他用途：果实味甜，含有丰富的维生素C，除鲜食外，可制成蜜枣、红枣、熏枣、黑枣、酒枣及牙枣等蜜饯和果脯，为食品工业原料；药用有养胃、健脾、益血、滋补、强身之效，枣仁可以安神；也是良好的蜜源植物。

136. 栗 *Castanea mollissima*

俗名板栗、栗子、油栗、毛栗、魁栗。壳斗科栗属。

花期: 5月下旬开花,最佳观赏期5月下旬6月上旬,花期5~6月;果熟期9~10月。见图136。

习性: 喜光,耐寒,耐旱,耐湿,耐瘠薄,忌水涝,适应性极强,对土壤要求不严,在土层深厚、疏松肥沃、排水良好的砂质壤土中生长较好;深根性树种,根系发达;生长快,寿命长。播种、嫁接繁殖。

景观应用: 树木高大,冠大荫浓,花形奇特,果实特别,观赏性强,多用于综合公园、植物园、郊野公园等各类公园绿化。

形态特征: 落叶乔木,高达20m;树皮纵裂,小枝灰褐色。冬芽长约5mm,为3~4片芽鳞包被,无顶芽。

花: 花单性同株或为混合花序,混合花序则雄花位于花序轴的上部,雌花位于下部。穗状花序,直立,通常单穗腋生枝的上部叶腋间,偶因小枝顶部的叶退化而形成总状排列;花被6裂,基部合生,干膜质。雄花序长10~20cm,花序轴被毛,花后整序脱落,花3~5朵聚生成簇,每簇有3片苞片;每朵雄花有雄蕊10~12枚,中央有被长茸毛的不育雌蕊;花丝细长,花药细小。雌花单生或生于混合花序的花序轴下部;雌花1~5朵发育结实,聚生于一壳斗内;花柱6枚,下部被毛;柱头与花柱等粗,细点状。壳斗由总苞发育而成,外壁在授粉后不久即长出短刺,刺随壳斗的增大而增长且密集;成熟壳斗的锐刺有长有短,有疏有密,密时全遮蔽壳斗外壁,疏时则外壁可见,壳斗连刺径4.5~6.5cm;壳斗4瓣裂,有栗褐色坚果1~5个,通称栗子。

果: 坚果高1.5~3cm,宽1.8~3.5cm,果顶部常被伏毛,底部有淡黄白色略粗糙的果脐。每果有1~3种子,种皮红棕色至暗褐色,被伏贴的丝光质毛。

叶: 单叶互生,椭圆至长圆形,长11~17cm,宽达7cm,叶缘有锐裂齿,顶部短至渐尖,基部近截平或圆,或两侧稍向内弯而呈耳垂状,常一侧偏斜而不对称，新生叶的基部常狭楔尖且两侧对称，叶背被星芒状伏贴茸毛或因毛脱落变为几无毛；羽状侧脉直达齿尖，齿尖常呈芒状；叶柄长 1～2cm；托叶长圆形，对生，长 10～15mm，被疏长毛及鳞腺，早落。

品种： 在长期的栽培过程中，选出了众多的优良品种，豫南优良品种有豫栗 1 号、豫栗 2 号、豫罗红等，当地称为油栗，果实小，含糖量高，糯性强，口味香甜。

其他用途： 栗子除富含淀粉外，尚含单糖与双糖、胡萝卜素、硫胺素、核黄素、烟酸、抗坏血酸、蛋白质、脂肪、无机盐类等营养物质，供食用，被称为"铁杆庄稼""木本粮食"；栗木心材黄褐色，纹理直，结构粗，坚硬、耐水湿，属优质材；壳斗及树皮富含没食子类鞣质；叶可作蚕饲料。

137. 合欢 *Albizia julibrissin*

俗名合欢树、夜合欢、马缨花、绒花树等。豆科合欢属。

花期： 5 月下旬开花，最佳观赏期 5 月下旬至 6 月中旬，花期 5～6 月；果熟期 9～10 月。生长期观叶效果也极佳。见图 137-1、图 137-2。

习性： 喜光，喜温暖湿润气候，耐寒、耐旱、耐瘠薄，适应性强，不耐涝，在土层深厚、疏松肥沃、湿润而排水良好的土壤中生长较好；对二氧化硫、氯化氢等有害气体有较强的抗性。播种繁殖。

景观应用： 叶形奇特，花艳而美丽，树形优美，观赏性极强，是优良的园林绿化树种，孤植、列植、丛植、片植均有较好的效果，可作行道树、庭院栽植或与假山、岩石、建筑小品等配置，园林中被广泛应用于单位庭院、居住小区、行道树、道路绿化、街头景观、广场绿地、各类公园及工厂矿区绿化。

形态特征： 落叶乔木，高达 16m，树冠开展；小枝有棱角，嫩枝、花序和叶轴被茸毛或短柔毛。

花： 花小，两性，粉红色或紫红色。花常两型，位于花序中央的花常较边缘的为大，但不结实。头状花序于枝顶排成圆锥花序，花序轴短而蜿蜒状；苞片小，生在总花梗的基部或上部，通常脱落；花萼管状，长 3mm，5 裂，镊合状排列；花冠长 8mm，中部以下合生成漏斗状，上部 5 裂，裂片三角形，镊合状排列，长 1.5mm，花萼、花冠外均被短柔毛；雄蕊 20～50 枚，花丝红色，突出于花冠之外，十分显著，长 2.5cm，基部合生成管，花药小；花柱细长，柱头小。

果：荚果带状，扁平，长 9～15cm，宽 1.5～2.5cm，果皮薄，嫩荚有柔毛，老荚无毛。种子圆卵形，扁平，无假种皮，种皮厚。

叶：二回羽状复叶，互生，总叶柄近基部及最顶一对羽片着生处各有 1 枚腺体；羽片 4～12 对，有时达 20 对，对生；小叶 10～30 对，对生，线形至长圆形，长 6～12mm，宽 1～4mm，向上偏斜，先端有小尖头，有缘毛，有时在下面或仅中脉上有短柔毛；中脉紧靠上边缘；托叶线状披针形，较小叶小，早落。

其他用途：木材可制家具；嫩叶可食，老叶可以洗衣服；树皮供药用，有驱虫之效。

138. 香椿 *Toona sinensis*

俗名椿、春甜树、春阳树等。楝科香椿属。

花期：5 月下旬开花，最佳观赏期 5 月下旬至 6 月上旬，花期 5～6 月；果熟期 11～12 月。生长期观叶效果也很好。见图 138-1、图 138-2。

习性：喜光，喜温暖湿润气候，耐寒，较耐湿，稍耐旱，不耐阴，对土壤要求不严，适宜在深厚、疏松、肥沃、湿润的中性或微酸性土壤中生长；深根性树种，生长快，寿命长。播种、分株繁殖。

景观应用：树干通直高大，树形优美，叶如羽毛，果有展翅，可孤植、列植、丛植、片植成景，多用于单位庭院、居住小区、道路绿化、街头绿地、广场游园、综合公园、郊野公园、植物园绿化。

形态特征：落叶乔木，树皮粗糙，深褐色，片状脱落。芽有鳞片。

花：花小而多，两性，白色，具短梗。小花组成小聚伞花序，生于短的小枝上，再组成圆锥花序，顶生或腋生，圆锥花序与叶等长或更长，被稀疏的锈色短柔毛或有时近无毛；花萼短，管状，5 齿裂或浅波状，外面被柔毛，且有睫毛；花瓣 5 枚，长圆形，先端钝，长 4～5mm，宽 2～3mm，无毛，与花萼裂片互生，分离，远比花萼长；雄蕊 10 枚，其中 5 枚能育，分离，与花瓣互生，着生花盘上，花丝钻形，花药丁字着生，另 5 枚退化；花盘厚，肉质，成一个具 5 棱的短柱，无毛，近念珠状，比子房短；花柱线形，比子房长，顶端柱头盘状。

果： 蒴果狭椭圆形，长 2～3.5cm，深褐色，5 室，有小而苍白色的皮孔，果瓣薄。种子基部通常钝，上端有膜质的长翅，下端无翅。

叶： 叶互生，具长柄，偶数羽状复叶，长 30～50cm 或更长；小叶 16～20 片，对生或互生，纸质，卵状披针形或卵状长椭圆形，长 9～15cm，宽 2.5～4cm，先端尾尖，基部一侧圆形，另一侧楔形，不对称，叶边全缘或有疏离的小锯齿，两面均无毛，无斑点，背面常呈粉绿色；侧脉每边 18～24 条，平展，与中脉几成直角开出，背面略凸起；小叶柄长 5～10mm。枝叶揉搓后具芳香。

其他用途： 香椿幼芽嫩叶芳香可口，可作蔬菜食用；木材黄褐色而具红色环带，纹理美丽，质坚硬，有光泽，耐腐蚀，为家具、装饰优良木材；根皮及果入药，有收敛止血、祛湿止痛之功效。

139. 无患子 *Sapindus saponaria*

俗名木患子、油患子、洗手果、油罗树等。无患子科无患子属。

花期： 5 月下旬开花，最佳观赏期 5 月下旬至 6 月上旬，花期 5～6 月；果熟期 9～10 月。生长期观叶效果也很好。见图 139-1、图 139-2。

习性： 喜光，稍耐阴，喜温暖湿润气候，耐寒，耐旱，不耐水湿，适应性强，对土壤要求不严；深根性，抗风；萌芽力弱，不耐修剪；生长较快，寿命长；能抗二氧化硫。播种繁殖。

景观应用： 树干通直，冠大荫浓，秋冬树叶金黄，观赏性较强，孤植、列植、丛植、片植俱佳，可作单位庭院、居住小区、行道树、道路绿化、城市重要节点、广场绿地、公园等绿化，效果较好，由于对二氧化硫有较强的抗性，适宜工厂矿区绿化。

形态特征： 落叶乔木，高可达 20m；树皮灰褐色或黑褐色，嫩枝绿色，无毛。

花： 花小，单性，辐射对称，雌雄同株，花梗常很短。花序大，顶生，圆锥形，多分枝；苞片和小苞片均小而钻形；萼片5枚，覆瓦状排列，卵形或长圆状卵形，大的长约2mm，外面基部被疏柔毛，外面2片较小；花瓣5枚，披针形，有长爪，长约2.5mm，外面基部被长柔毛或近无毛，内面基部有鳞片2个，小耳状；花盘肉质，碟状，无毛；雄蕊8枚，伸出，花丝分离，长约3.5mm，中部以下密被长柔毛，退化雌蕊很小，常密被毛；雌花花被和花盘与雄花相同，不育雄蕊的外貌与雄花中能育雄蕊常相似，但花丝较短，花药有厚壁，不开裂；花柱顶生。

果： 蒴果，室背开裂，深裂为3分果，通常仅1或2个发育，发育分果近球形，直径2～2.5cm，橙黄色，干时变黑，内面在种子着生处有绢质长毛。种子与分果近同形，黑色或淡褐色，种皮骨质。

叶： 偶数羽状复叶，互生，复叶连柄长25～45cm或更长，叶轴稍扁，上面两侧有直槽，无毛或被微柔毛，无托叶；小叶5～8对，通常近对生，叶片薄纸质，全缘，长椭圆状披针形或稍呈镰形，长7～15cm或更长，宽2～5cm，顶端短尖或短渐尖，基部楔形，稍不对称，腹面有光泽，两面无毛或背面被微柔毛；侧脉纤细而密，15～17对，近平行；小叶柄长约5mm。

其他用途： 根和果可入药，味苦微甘，有小毒，具清热解毒、化痰止咳功能；果皮含有皂素，可代肥皂，尤宜于丝质品之洗濯；木材可做箱板和木梳等。

140. 玫瑰 *Rosa rugosa*

俗名刺玫。蔷薇科蔷薇属。

花期： 5月初开花，有时4月下旬开花，最佳观赏期5月，花期5～6月；果熟期8～9月。见图140。

习性： 喜光，喜肥，耐寒，耐旱，适应性强，抗病能力强，土壤以肥沃、疏松的壤土为佳，且通风、光照充足的条件下生长好。播种、扦插、嫁接繁殖。

景观应用： 花色艳丽，常用于公园绿地、街道景观、庭院盆栽，可孤植、丛植、片植，用于花篱较多。宋代杨万里诗《红玫瑰》赞到："非关月季姓名同，不与蔷薇谱牒通。接叶连枝千万绿，一花两色浅深红。风流各自燕支格，雨露何私造化功。别有国香收不得，诗人熏入水沉中。"

形态特征： 落叶灌木，高可达 2m；茎粗壮直立，丛生，多针刺；小枝密被茸毛，并有针刺和腺毛，有直立或弯曲、淡黄色的皮刺，皮刺外被茸毛。

花： 花两性，紫红色、红色、粉红色、白色，芳香，直径 4～5.5cm，单生于叶腋，或数朵簇生。苞片卵形，边缘有腺毛，外被茸毛；花梗长 5～22.5mm，密被茸毛和腺毛；萼筒坛状，萼片 5 枚，开展，覆瓦状排列，卵状披针形，先端尾状渐尖，常有羽状裂片而扩展成叶状，上面有稀疏柔毛，下面密被柔毛和腺毛；花瓣 5 枚，开展，覆瓦状排列，倒卵形，重瓣至半重瓣；花盘环绕萼筒口部；雄蕊多数，分为数轮，着生在花盘周围；花柱顶生至侧生，分离，被毛，稍伸出萼筒口外，比雄蕊短很多。花托（萼筒）上部和萼片、花盘、花柱在果实成熟时不脱落。

果： 瘦果木质，扁球形，直径 2～2.5cm，砖红色，肉质，平滑，萼片宿存。种子下垂。

叶： 奇数羽状复叶，互生；小叶 5～9 枚，椭圆形或椭圆状倒卵形，长 1.5～4.5cm，宽 1～2.5cm，连叶柄长 5～13cm，先端急尖或圆钝，基部圆形或宽楔形，边缘有尖锐锯齿，上面深绿色，无毛，叶脉下陷，有褶皱，下面灰绿色，中脉突起，网脉明显，密被茸毛和腺毛，有时腺毛不明显；叶柄和叶轴密被茸毛和腺毛；托叶大部贴生于叶柄，离生部分卵形，边缘有带腺锯齿，下面被茸毛，无皮刺。

品种： 有白花单瓣玫瑰、白花重瓣玫瑰、紫花重瓣玫瑰、粉红单瓣玫瑰等品种。

其他用途： 鲜花可蒸制芳香油，制作化妆品，花瓣可制饼馅、玫瑰酒、玫瑰糖浆、泡茶，花蕾入药治肝、胃气痛、胸腹胀满和月经不调。

141. 小叶女贞 *Ligustrum quihoui*

俗名小叶水蜡。木樨科女贞属。

花期：5月初开花，有时4月下旬开花，最佳观赏期5月上中旬，花期5月；果熟期9～11月。见图141-1至图141-3。

习性：喜光，稍耐阴，喜温暖湿润气候，耐寒，耐旱；对二氧化硫、氯等毒气有较好的抗性；耐修剪，萌发力强。播种、扦插、分株繁殖。

景观应用：花开繁密，花色洁白，可作绿篱、造型景观、盆景、花境，园林中常用于单位庭院、居住小区、道路绿化、广场游园、各类公园及工厂矿区绿化，也可作为桂花、丁香的砧木。

形态特征：常绿灌木，高1～3m；小枝淡棕色，圆柱形，密被微柔毛，后脱落。

花：花两性，白色，直径4～5mm，辐射对称。圆锥花序顶生，紧缩，近圆柱形，长4～22cm，宽2～4cm；分枝处常有1对叶状苞片，小苞片卵形，具睫毛；花萼钟状，无毛，长1.5～2mm，萼齿4枚，宽卵形或钝三角形；花冠管长2.5～3mm，裂片4枚，卵形或椭圆形，长1.5～3mm，先端钝，花蕾时呈镊合状排列；雄蕊2枚，着生于近花冠管喉部，伸出裂片外，花丝与花冠裂片近等长或稍长；花柱丝状，柱头肥厚，常2浅裂。

果：核果浆果状，倒卵形、宽椭圆形或近球形，长5～9mm，径4～7mm，呈紫黑色。种子1～4枚，种皮薄。

叶：单叶对生，薄革质，全缘，形状和大小变异较大，披针形、长圆状椭圆形、椭圆形、倒卵状长圆形至倒披针形或倒卵形，长1～5.5cm，宽0.5～3cm，先端锐尖、钝或微凹，基部狭楔形至楔形，叶缘反卷，上面深绿色，下面淡绿色，常具腺点，两面无毛，稀沿中脉被微柔毛；中脉在上面凹入，下面凸起，侧脉2～6对，不明显，在上面微凹入，下面略凸起，近叶缘处网结不明显；叶柄长1～5mm，无毛或被微柔毛；无托叶。

其他用途：叶入药，具清热解毒等功效，治烫伤、外伤；树皮入药治烫伤。

142. 粉花绣线菊 *Spiraea japonica*

俗名日本绣线菊、吹火筒、火烧尖、蚂蟥梢。蔷薇科绣线菊属。

花期：5月上旬开花，有时4月下旬开花，最佳观赏期5月上旬到6月上旬，花期 5～8 月，有时 9 月仍有花开；果熟期 9～10 月。见图 142-1、图 142-2。

习性：喜光，喜温暖湿润气候，稍耐阴，耐寒，耐旱，耐瘠薄，适应性强，在土壤深厚、疏松肥沃的壤土中生长良好。播种、分株、扦插繁殖。

景观应用：花朵繁密，花色粉红艳丽，可观花，可作地被、花篱、花境、花球，观赏价值高，园林中常用于单位庭院、居住小区、道路绿化、广场绿地及各类公园的绿化。

形态特征：落叶灌木，高达 1.5m；枝条细长，开展，小枝近圆柱形，无毛或幼时被短柔毛。冬芽小，卵形，先端急尖，有数个鳞片。

花：花两性，粉红色至淡紫红色，直径 4～7mm。复伞房花序生于当年生的具叶直立长枝顶端，花朵密集，密被短柔毛；花梗长 4～6mm；苞片披针形至线状披针形，下面微被柔毛；花萼外面有稀疏短柔毛，萼筒钟状，内面有短柔毛，萼片 5 枚，三角形，先端急尖，内面近先端有短柔毛，常直立；花瓣 5 枚，卵形至圆形，先端通常圆钝，长 2.5～3.5mm，宽 2～3mm，较萼片长；雄蕊 25～30 枚，远较花瓣长，着生在花盘和萼片之间；花盘圆环形，约有 10 个不整齐的裂片；花柱顶生，稍倾斜开展。

果：蓇葖果 5 枚，半开张，无毛或沿腹缝有稀疏柔毛，常沿腹缝线开裂，内具数粒细小种子。种子线形至长圆形，种皮膜质，胚乳少或无。

叶：单叶互生，卵形至卵状椭圆形，长 2～8cm，宽 1～3cm，先端急尖至短渐尖，基部楔形，边缘有缺刻状重锯齿或单锯齿，上面暗绿色，无毛或沿叶脉微具短柔毛，下面色浅或有白霜，通常沿叶脉有短柔毛；叶柄长 1～3mm，具短柔毛；无托叶。

品种：狭叶绣线菊，变种，叶片长卵形至披针形，先端渐尖，长 3.5～8cm，边缘有尖锐重锯齿；复伞房花序直径 10～14cm，有时达 18cm，花粉红色。

143. 木蓝 *Indigofera tinctoria*

俗名蓝靛、靛。豆科木蓝属。

花期：5 月上旬开花，最佳观赏期 5 月中下旬至 6 月，有时花期可持续至9月；果熟期10月。见图143。

习性：喜光，耐阴，喜温暖湿润气候，适应性强，不耐寒，在土层深厚、疏松肥沃、湿润而排水良好的砂壤土中生长较好。播种繁殖。

景观应用：花艳叶美，多用于各类公园游园绿化。

形态特征：落叶灌木，高0.5～1m；分枝少，幼枝有棱，扭曲，被白色"丁"字形毛。

花：花两性，红色或淡紫红色。总状花序腋生，长2.5～9cm，花疏生；苞片钻形，长1～1.5mm；近无总花梗，小花梗长4～5mm；花萼钟状，长约1.5mm，萼齿5枚，三角形，基部多少合生，与萼筒近等长，外面有丁字毛；花冠伸出萼外，旗瓣阔倒卵形，长4～5mm，外面被毛，瓣柄短，翼瓣长约4mm，龙骨瓣与旗瓣等长；雄蕊二体，花药同型，心形；花柱线形，无毛，柱头头状。

果：荚果线形，长2.5～3cm，种子间有缢缩，外形似串珠状，无毛或近无毛，内果皮具紫色斑点，果梗下弯，有种子5～10粒。种子近方形，长约1.5mm。

叶：羽状复叶互生，长2.5～11cm；小叶4～6对，对生，全缘，倒卵状长圆形或倒卵形，长1.5～3cm，宽0.5～1.5cm，先端圆钝或微凹，基部阔楔形或圆形，两面被丁字毛或上面近无毛；中脉上面凹入，侧脉不明显；叶轴上面扁平，有浅槽，被丁字毛；叶柄长1.3～2.5cm，托叶钻形，长约2mm；小叶柄长约2mm，小托叶钻形。

其他用途：叶供提取蓝靛染料，入药能凉血解毒、泻火散郁；根及茎叶外敷可治肿毒。

144. 马缨丹 *Lantana camara*

俗名七变花、五色梅、五彩花、如意草、臭草。马鞭草科马缨丹属。

花期：5月上旬开花，最佳观赏期5月中旬至11月，天气温暖时，花期可持续至12月，直至霜冻。见图144-1、图144-2。

习性：喜光，喜温暖湿润气候，耐旱，不耐寒，适应性强，在土层深厚、疏松、肥沃、湿润而又排水良好的壤土中生长较好；生长快，耐修剪，花期长。长江以北多作盆栽，豫南室外栽植需防寒越冬。

景观应用： 花期长，花色丰富，五彩缤纷，观赏性极强，孤植、丛植、片植效果均佳，常作花境材料，与桩景、松景、岩石、景石、假山、水系、旱溪配置效果较好，园林中多用于居住小区、单位庭院、城市节点、道路绿化、广场绿地及各类公园游园绿化，也可作室内盆栽。

形态特征： 落叶灌木，高达 2m；茎枝均呈四方形，有短柔毛，通常有短的倒钩状刺。

花： 花两性，黄色、橙黄色、粉红色，开花后不久转为橘红色、深红色、紫红色等，密集成头状，颜色丰富。头状花序直径 1.5～2.5cm，顶生或腋生，花由下向上开放形成无限花序；花序梗粗壮，长于叶柄；苞片披针形，长 4～6mm，基部宽展，外部有粗毛；花萼小，管状，膜质，长约 1.5mm，顶端有极短的齿；花冠管细长，向上略宽展，圆柱形，长约 1cm，两面有细短毛，直径 4～6mm，花冠 4～5 浅裂，稍不整齐的裂片钝或微凹，几近相等而平展；雄蕊 4 枚，着生于花冠管中部，内藏，花丝分离，花药卵形；花柱短，不外露，柱头偏斜，盾形头状。

果： 核果圆球形，直径约 4mm，中果皮肉质，内果皮质硬，成熟后紫黑色，常为 2 骨质分核，每核 1 室，每室有 1 粒种子。

叶： 单叶对生，揉烂后有强烈的气味，叶片卵形至卵状长圆形，长 3～8.5cm，宽 1.5～5cm，顶端急尖或渐尖，基部心形或楔形，边缘有钝齿，表面有短柔毛，背面有小刚毛；侧脉约 5 对，主脉、侧脉、网状脉均于正面下凹，形成粗糙的皱纹；叶柄长约 1cm；无托叶。

其他用途： 根、叶、花作药用，有清热解毒、散结止痛、祛风止痒之效。

145. 金森女贞 *Ligustrum japonicum* var. *howardii*

木樨科女贞属。

花期： 5 月上中旬始花，最佳观赏期 5 月中下旬至 6 月上旬，花期 5～6 月；果熟期 10～11 月。观叶效果也非常好。见图 145。

习性： 喜光，半耐阴，喜温暖湿润气候，耐旱，稍耐寒，对土壤要求不严，在土层深厚、疏松肥沃、湿润而排水良好的壤土中生长较好，萌发力强。播种、扦插繁殖。

景观应用： 四季常绿，花色洁白艳丽，叶形秀美，可孤植、丛植、片植，可作造型景观、色块、绿篱，园林中常用于单位庭院、居住小区、道路绿化、广场绿地及各类公园绿化。

形态特征： 常绿灌木，高约 1.2m，枝叶稠密，全株无毛。

花：花两性，白色，直径 5～6mm。圆锥花序，着生于新枝顶端；花梗长 1～2mm；花萼钟状，长约 1.5mm，萼齿 4 枚；花冠筒长约 3mm，比裂片稍长或近等长，裂片 4 枚，盔状，长约 2.5mm，先端稍内折；雄蕊 2 枚，着生于近花冠管喉部，伸出花冠，花丝几与花冠裂片等长，花药长圆形；花柱丝状，稍伸出于花冠管外，柱头棒状，先端 2 浅裂。

果：浆果状核果椭圆形，成熟时紫黑色，长 0.8～1cm，径 6～7mm，不开裂。

叶：单叶对生，长卵形或椭圆状卵形，厚革质，全缘，长 5～8cm，宽 2.5～5cm，先端尖或渐尖，基部楔形或圆形，上面深绿色、光亮，下面黄绿色；春季新叶鲜黄色，冬季转成金黄色；叶柄长 0.5～1.5cm。

146. 夹竹桃 *Nerium oleander*

俗名红花夹竹桃、柳叶桃、柳叶树。夹竹桃科夹竹桃属。

花期： 5 月中旬花，最佳观赏期 5 月中下旬至 7 月上旬，花期 5～8 月，有时 10 月仍有开花；果熟期一般在冬春季，栽培很少结果。观叶效果也极佳。见图 146-1 至图 146-3。

习性： 喜光，喜肥，喜温暖湿润气候，稍耐阴，不耐寒，不耐积水，在土层深厚、疏松肥沃、湿润而又排水良好的微酸性土壤中生长较好；萌蘖力强，生长快；对二氧化硫、二氧化碳、氟化氢、氯气有一定的抗性。播种、压条、扦插繁殖。

景观应用： 花朵大，有红有白，颜色艳丽，叶形如竹如柳，形态优美，是良好的园林绿化树种，常用于游园绿地、各类公园及矿区工厂的绿化，与假山、景石、小品、建筑、水景配置，景观效果较好，也用于盆栽观赏。

形态特征： 常绿直立大灌木，高可达5m；枝条灰绿色，含水液，嫩枝具棱，被微毛，老时毛脱落。

花： 花大，两性，红色、粉红色或白色，艳丽，芳香，辐射对称。聚伞花序顶生，着花数朵；总花梗长约3cm，被微毛，花梗长7～10mm；苞片披针形，长7mm，宽1.5mm；花萼5深裂，红色，披针形，长3～4mm，宽1.5～2mm，外面无毛，双覆瓦状排列，内面基部具腺体；花冠合瓣，裂片通常向右覆盖，花冠为单瓣呈5裂时，其花冠为漏斗状，长和直径约3cm，其花冠筒圆筒形，上部扩大呈钟形，长1.6～2cm，花冠筒内面被长柔毛，花冠喉部具5片宽鳞片状副花冠，每片其顶端撕裂，并伸出花冠喉部之外，花冠裂片倒卵形，顶端圆形，长1.5cm，宽1cm，花蕾时向右覆盖；花冠为重瓣呈15～18枚时，裂片组成3轮，内轮为漏斗状，外面2轮为辐状，分裂至基部或每2～3片基部连合，裂片长2～3.5cm，宽1～2cm，每花冠裂片基部具长圆形而顶端撕裂的鳞片；雄蕊5枚，着生在花冠筒中部以上，花丝短，分离，被长柔毛，花药箭头状，内藏，附着在柱头周围，与柱头连生，基部具耳，顶端渐尖；无花盘；花柱丝状，长7～8mm，柱头近球状，基部膜质环状，顶端凸尖。

果： 蓇葖果2枚，离生，平行或并连，长圆形，两端较窄，长10～23cm，直径6～10mm，绿色，无毛，具细纵条纹。种子长圆形，基部较窄，顶端钝，褐色，种皮被锈色短柔毛，顶端具黄褐色绢质种毛，种毛长约1cm。

叶： 单叶，革质，3～4枚轮生，枝下部的为对生，窄披针形，顶端急尖，基部楔形，叶缘反卷，长11～15cm，宽2～2.5cm，叶面深绿，无毛，叶背浅绿色，有多数洼点，幼时被疏微毛，老时毛渐脱落；羽状脉，中脉在叶面陷入，在叶背凸起，侧脉两面扁平，纤细，密生而平行，每边达120条，直达叶缘；叶柄扁平，基部稍宽，长5～8mm，幼时被微毛，老时毛脱落；叶柄内具腺体。

品种： 白花夹竹桃，花为白色，单瓣，开花早，花期长。

其他用途： 茎皮纤维为优良混纺原料；种子含油量约为 58.5%，可榨油供制润滑油；叶、树皮、根、花、种子均含有多种配糖体，毒性极强，人、畜误食能致死。

147. 南天竹 *Nandina domestica*

俗名蓝田竹、红天竺。小檗科南天竹属。

花期： 5 月中旬开花，最佳观赏期 5 月中下旬 6 月上旬，花期 5～6 月；果熟期 10～11 月。观叶效果也极佳。见图 147-1、图 147-2。

习性： 喜光，亦耐阴，喜温暖湿润气候，稍耐寒，耐旱，适应性强，在土层深厚、疏松肥沃、湿润而排水良好的砂质壤土中生长较好。播种、分株繁殖。

景观应用： 树姿优美，枝叶秀丽，秋冬硕果累累，枝叶红艳，观赏价值极高，可孤植、丛植、片植，可植于庭院和房前屋后，可作疏林地被，可与假山、岩石、喷泉、溪流、园林建筑等景观配置，是优良的花境主材和盆景造型树种，园林中广泛应用于单位庭院、居住小区、道路绿化、广场绿地及各类公园绿化。

形态特征： 常绿灌木，高 1～3m；茎常丛生而少分枝，光滑无毛，无根状茎；幼枝常为红色，老后呈灰色。

花： 花小，两性，白色，具芳香，直径 6～7mm。大型圆锥花序直立，顶生或腋生，长 20～35cm；萼片多数，多轮，离生，螺旋状排列，由外向内逐渐增大，外轮萼片卵状三角形，长 1～2mm，最内轮萼片卵状长圆形，长 2～4mm；花瓣 6 枚，长圆形，长约 4.2mm，宽约 2.5mm，先端圆钝，基部无蜜腺；雄蕊 6 枚，与花瓣同数对生，长约 3.5mm，花丝短；花柱短，柱头全缘或偶有数小裂。

果： 浆果球形，直径 5～8mm，熟时鲜红色或橙红色，顶端具宿存花柱，果柄长 4～8mm。种子 1～3 枚，扁圆形，灰色或淡棕褐色，富含胚乳。

叶： 二至三回羽状复叶，互生，集生于茎的上部，长 30～50cm，叶轴具关节；二至三回羽片对生，小叶薄革质，椭圆形或椭圆状披针形，长 2～10cm，宽 0.5～2cm，顶端渐尖，基部楔形，全缘，上面深绿色，冬季变红色，叶脉羽状，背面叶脉隆起，两面无毛；小叶近无柄；无托叶。

其他用途： 根、叶具有强筋活络、消炎解毒之效，果为镇咳药，过量可能会中毒。

148. 绣球 *Hydrangea macrophylla*

俗名八仙花、八仙绣球、粉团花、紫阳花。虎耳草科绣球属。

花期： 5月中旬开花，最佳观赏期5月中下旬至6月，花期5～7月。观叶效果也极佳。见图148-1、图148-2。

习性： 短日照植物，喜半阴，喜温暖湿润气候，不耐寒，耐旱，在疏松、肥沃、湿润而排水良好的酸性或微酸性土壤中生长较好；花色常随土壤pH值的不同而变化。扦插、分株繁殖。

景观应用： 花序大，球形，美观，花色艳丽，观赏性极高，可孤植、丛植、片植，可植于庭院和房前屋后，可作疏林地被，可与假山、岩石、喷泉、溪流、园林建筑等景观配置，是优良的花境主材，应用较为广泛。

形态特征： 落叶灌木，高1～4m；茎常于基部发出多数放射枝而形成一圆形灌丛；枝圆柱形，粗壮，紫灰色至淡灰色，无毛，具少数长形皮孔。

花： 花二型，粉红色、淡蓝色或白色。伞房状聚伞花序近球形，直径8～20cm，具短的总花梗，分枝粗壮，近等长，密被紧贴短柔毛，花密集，多数不育，顶生。不育花萼片4枚，阔倒卵形、近圆形或阔卵形，长1.4～2.4cm，宽1～2.4cm，花瓣状，分离，具长柄，花瓣和雄蕊缺或极退化。孕性花极少数，较小，具2～4mm长的花梗；萼筒倒圆锥状，长1.5～2mm，与子房贴生，与花梗疏被卷曲短柔毛，萼齿4枚，卵状三角形，长约1mm；花瓣常5枚，长圆形，分离，长3～3.5mm，基部通常具爪；雄蕊通常10枚，为花瓣的两倍，近等长，不突出或稍突出，花药长圆形，长约1mm；花柱3枚，结果时长约1.5mm，柱头稍扩大，半环状。

果： 蒴果未成熟，长陀螺状，连花柱长约4.5mm，顶端突出部分长约1mm，约等于蒴果长度的1/3。种子多数，细小，具网状脉纹，未熟。

叶： 单叶对生或近对生，纸质或近革质，倒卵形或阔椭圆形，长

6～15cm，宽4～11.5cm，先端骤尖，具短尖头，基部钝圆或阔楔形，边缘于基部以上具粗齿，两面无毛或仅下面中脉两侧被稀疏卷曲短柔毛，脉腋间常具少许髯毛；侧脉6～8对，直，向上斜举或上部近边缘处微弯拱，上面平坦，下面微凸，小脉网状，两面明显；叶柄粗壮，长1～3.5cm，无毛；无托叶。

其他用途：花和叶含八仙花苷，水解后产生八仙花醇，有清热抗疟作用，也可治心脏病。

149. 大花六道木 *Abelia × grandiflora*

俗名大花糯米条。糯米条与单花六道木的杂交种，忍冬科糯米条属。

花期：5月中旬开花，最佳观赏期5月下旬至7月，花期5～10月；果熟期9～12月。见图149。

习性：喜光，耐阴，喜温暖湿润气候，不耐寒，耐旱，耐瘠薄，耐盐碱，适应性强，在土层深厚、疏松肥沃、湿润而排水良好的壤土中生长较好；萌芽性强，分枝多。扦插、播种繁殖。

景观应用：叶形奇特，花繁色艳，花期长，可丛植造景，可作花篱、地被、图纹色块、花境，与乔木、假山、岩石、水体、建筑配置，景观良好，适于单位庭院、居住小区、道路绿化、广场绿地及各类公园游园绿化。

形态特征：常绿灌木，高达2m；多分枝，嫩枝纤细，红褐色，被短柔毛，老枝树皮灰褐色纵裂。冬芽小，卵圆形，具数对鳞片。

花：花两性，白色或微带紫红色，芳香，整齐，数朵着生于小枝上部叶腋或顶端，形成圆锥状聚伞花序。小苞片3对，矩圆形或披针形，具睫毛；萼筒圆柱形，狭长，被短柔毛，稍扁，萼檐2～5裂，裂片椭圆形或倒卵状矩圆形，长5～6mm，宿存，果期变红色；花冠漏斗状，长1～1.2cm，是萼齿2倍，外面被短柔毛，裂片5枚，圆卵形，开展；雄蕊4枚，着生于花冠筒基部，花丝细长，伸出花冠筒外，花药黄色；花柱丝状，细长，柱头圆盘形。

果：核果瘦果状，矩圆形，黄褐色，革质，无毛，具宿存而略增大的花萼裂片。种子1枚，近圆柱形，种皮膜质。

叶：单叶对生，有时3～4枚轮生，圆卵形至卵状披针形，顶端急尖或长渐尖，基部圆形或微心形，长2～5cm，宽1～4cm，叶缘有疏锯齿或近全缘；叶片浅绿色或黄绿色，有光泽，嫩叶有时浅棕色或黄绿色并逐步变为浅绿色，入冬转为红褐色或橙色；上面初时疏被短柔毛，下面基部主脉及侧脉密被白色长柔毛，花枝上部叶向上逐渐变小；具短柄，无托叶。

150. 金丝桃 *Hypericum monogynum*

俗名狗胡花、金丝莲、金线蝴蝶、金丝海棠。藤黄科金丝桃属。

花期：5月中旬始花，最佳观赏期5月下旬6月上旬，花期5～6月；果熟期9～10月。见图150-1、图150-2。

习性：半喜光，耐阴，喜温暖湿润气候，稍耐寒，耐旱，适应性强，在疏松肥沃、湿润而排水良好的壤土中生长较好。播种、分株、扦插繁殖。

景观应用：树形优美，枝叶秀丽，花大而美，花色鲜艳，雄蕊如金丝，花、果、叶均具有极高的观赏价值，可孤植、丛植于庭院和房前屋后，可与假山、岩石、园林建筑等景观配置，可植于喷泉、水溪两岸，可于疏林下造景或片植成花海，可培育盆景，可作花境材料，枝叶柔美，花开明艳，园林中常用于单位庭院、居住小区、道路绿化、广场绿地及各类公园游园绿化。

形态特征：落叶灌木，高0.5～1.3m，植株无毛，丛状或通常有疏生的开张枝条；茎红色，幼时具2～4纵线棱及两侧压扁，很快为圆柱形；皮层橙褐色。

花：花两性，金黄色至柠檬黄色，无红晕，大而美丽，开张，直径3～6.5cm；聚伞花序，具1～30花，自茎端第1节生出，疏松的近伞房状，有时亦自茎端1～3节生出，稀有1～2对次生分枝；花梗长0.8～5cm；苞片小，线状披针形，早落；花蕾卵珠形，先端近锐尖至钝形；萼片5枚，宽或狭椭圆形或长圆形至披针形或倒披针形，先端锐尖至圆形，边缘全缘，中脉分明，细脉不明显，有或多或少的腺体，在基部的线形至条纹状，向顶端的点状；花瓣5枚，三角状倒卵形，长2～3.4cm，宽1～2cm，长约为萼片的 2.5～4.5 倍，边缘全缘，无腺体，有侧生的小尖突，小尖突先端锐尖至圆形或消失；雄蕊 5 束，每束有雄蕊 25～35 枚，花丝细长，最长者长 1.8～3.2cm，与花瓣几等长，花药黄至暗橙色；花柱 3～5 枚，长 1.2～2cm，合生几达顶端然后向外弯或极偶有合生至全长之半，柱头小。

果： 蒴果宽卵珠形或稀为卵珠状圆锥形至近球形，长 6～10mm，宽 4～7mm，室间开裂。种子深红褐色，圆柱形，长约 2mm，有狭的龙骨状突起，有浅的线状网纹至线状蜂窝纹。

叶： 单叶对生，叶片倒披针形或椭圆形至长圆形，或较稀为披针形至卵状三角形或卵形，长 2～11.2cm，宽 1～4.1cm，先端锐尖至圆形，通常具细小尖突，基部楔形至圆形或上部者有时截形至心形，边缘平坦，坚纸质，上面绿色，下面淡绿色；羽状脉，主脉明显，主侧脉 4～6 对，分枝，第三级脉网密集，不明显，叶片腺体小点状；无柄或具短柄，柄长约 1.5mm。

其他用途： 果实及根供药用，果作连翘代用品，根能祛风、止咳、下乳、调经补血，并可治跌打损伤。

151. 络石 *Trachelospermum jasminoides*

俗名络石藤、万字茉莉、白花藤、石龙藤、风车藤、扒墙虎、石盘藤、墙络藤等。夹竹桃科络石属。

花期： 5 月初开花，有时 4 月下旬开花，最佳观赏期 5 月，花期 5～6 月；果熟期 9～12 月。见图 151-1、图 151-2。

习性： 喜半阴，喜温暖湿润气候，耐阴，耐寒，耐旱，适应性强，在土质疏松、有机质含量高、排水良好的砂质壤土中生长较好；萌蘖力强，生长快；常缠绕于树上或攀缘于墙壁上、岩石上；对二氧化硫、氯化氢、氟化物及汽车尾气有较强抗性。扦插、压条繁殖。

景观应用： 络石四季常青，花洁白如雪，形如风车，幽香袭人，耐阴湿环境，常用于立体绿化和作地被植物，是花架、花篱、花门、墙体、桥体、岩石、石柱、亭、廊、陡壁、屋顶绿化攀附点缀的优良植物，单位庭院、居住小区、公园游园广泛应用，也可盆栽观赏。

形态特征：常绿木质藤本，长达 10m，全株具白色乳汁；茎赤褐色，圆柱形，有皮孔；小枝被黄色柔毛，老时渐无毛；茎和枝条攀缘树上或石上。

花：花白色，两性，辐射对称，芳香。二歧聚伞花序腋生或顶生，多朵组成圆锥状，与叶等长或较长；总花梗长 2～5cm，被柔毛，老时渐无毛；苞片及小苞片狭披针形，长 1～2mm；花萼 5 深裂，裂片双盖覆瓦状排列，线状披针形，顶部反卷，长 2～5mm，外面被有长柔毛及缘毛，内面无毛，基部具 10 枚鳞片状腺体；花蕾顶端钝；花冠合瓣，高脚碟状，花冠筒圆筒形，5 棱，中部膨大，外面无毛，内面在喉部及雄蕊着生处被短柔毛，长 5～10mm，花冠裂片 5 枚，长 5～10mm，斜倒卵状长圆形，向右覆盖，无毛；雄蕊 5 枚，着生在花冠筒中部，腹部黏生在柱头上，花丝短，分离，花药箭头状，基部具耳，隐藏在花喉内；花柱圆柱状，柱头卵圆形，顶端全缘。

果：蓇葖果双生，叉开，无毛，线状披针形，向先端渐尖，长 10～20cm，宽 3～10mm。种子多粒，褐色，线形，长 1.5～2cm，直径约 2mm，顶端具白色绢质种毛，种毛长 1.5～3cm。

叶：单叶对生，革质或近革质，椭圆形至卵状椭圆形或宽倒卵形，长 2～10cm，宽 1～4.5cm，顶端锐尖至渐尖或钝，有时微凹或有小凸尖，基部渐狭至钝，叶面无毛，叶背被疏短柔毛，老渐无毛；具羽状脉，叶面中脉微凹，侧脉扁平，叶背中脉凸起，侧脉每边 6～12 条，扁平或稍凸起；叶柄短，被短柔毛，老渐无毛；叶柄内和叶腋外腺体钻形，长约 1mm。

变种：

石血，又名爬山虎、茉莉藤，茎和枝条以气根攀缘树上或石壁上；叶对生，异形，通常披针形，长 4～8cm，宽 0.5～3cm；萼片长圆形，花冠高脚碟状，花冠筒中部膨大，内面被柔毛；花盘比子房短。根、茎、叶作强壮剂和镇痛药，有解毒之效。

变色络石，叶圆形，杂色，具有绿色和白色，以后变成淡红色，颜色多种，美丽，供观赏。

其他用途：根、茎、叶、果实供药用，有祛风活络、利关节、止血、止痛消肿、清热解毒之效能，民间用来治关节炎、肌肉痹痛、跌打损伤、产后腹痛等。乳汁有毒，对心脏有毒害作用。茎皮纤维拉力强，可制绳索、造纸及人造棉。花芳香，可提取"络石浸膏"。

152. 小果蔷薇 *Rosa cymosa*

俗名山木香、红荆藤。蔷薇科蔷薇属。

花期： 5月中旬开花，最佳观赏期5月中下旬，花期5～6月；果熟期10～11月。见图152。

习性： 喜光，喜温暖湿润气候，喜中性偏酸土壤，适应性强，耐干旱，耐瘠薄，耐寒冷，忌积水。播种、扦插、嫁接繁殖。

景观应用： 花密，色艳，秋果红艳，多用于垂直绿化，适宜作花架、花廊。

形态特征： 落叶攀缘灌木，高2～5m；小枝圆柱形，无毛或稍有柔毛，有钩状皮刺。冬芽具鳞片。

花： 花小，两性，白色，直径2～2.5cm，多朵组成复伞房花序。花梗长约1.5cm，幼时密被长柔毛，老时逐渐脱落近于无毛；萼筒坛形，萼片5枚，开展，覆瓦状排列，卵形，先端渐尖，常有羽状裂片，外面近无毛，稀有刺毛，内面被稀疏白色茸毛，沿边缘较密，反折，花后凋落；花瓣5枚，倒卵形，先端凹，基部楔形，开展，覆瓦状排列；雄蕊多数，分为数轮，着生在花盘周围；花柱离生，稍伸出花托口外，与雄蕊近等长，密被白色柔毛。

果： 瘦果球形，木质，直径4～7mm，红色至黑褐色，着生在肉质萼筒内形成蔷薇果，萼片脱落。种子下垂。

叶： 奇数羽状复叶，互生；小叶3～5枚，稀7枚，叶片卵状披针形或椭圆形，稀长圆披针形，长2.5～6cm，宽8～25mm，连叶柄长5～10cm，先端渐尖，基部近圆形，边缘有紧贴或尖锐细锯齿，两面均无毛，上面亮绿色，下面颜色较淡，中脉凸起，沿脉有稀疏长柔毛；小叶柄和叶轴无毛或有柔毛，有稀疏皮刺和腺毛；托叶膜质，离生，线形，早落。

品种： 毛叶山木香，变种，小枝、皮刺、叶轴、叶柄、叶片上下两面均密被短柔毛。

153. 凌霄 *Campsis grandiflora*

俗名上树龙、五爪龙、九龙下海、接骨丹、苕华、紫葳等。紫葳科凌霄属。

花期： 5 月下旬开花，最佳观赏期 5 月下旬至 8 月，花期 5 ～ 9 月；果熟期 11 ～ 12 月。见图 153-1、图 153-2。

习性： 喜光，稍耐阴，喜温暖湿润气候，稍耐寒，耐旱，不耐水涝，适应性强，耐瘠薄，在土层深厚、疏松肥沃、湿润而排水良好的微酸性壤土中生长较好；生长快，寿命长。播种、扦插、压条、分株繁殖。

景观应用： 枝干扭旋，龙蟠蜿屈，叶形优美，花大美丽，绚丽多姿，豫南广泛栽植，用于点缀庭院，作花门、花架、花篱、花墙、花廊、花栏，也可作造型盆景，与假山、岩石、亭台廊榭、水景、建筑搭配，植于桥首、水岸、古树旁，扶木而上，花红叶翠，景观效果非常好，园林中多用于单位庭院、居住小区、道路绿化、广场绿地及各类公园游园绿化，是优良的立体绿化树种。

形态特征： 落叶攀缘藤本；茎木质，表皮脱落，枯褐色；以气生根攀附于他物之上。

花： 花两性，鲜艳美丽，红色、橙红色，左右对称。顶生疏散的短圆锥花序，花序轴长 15 ～ 20cm；花萼钟状，近革质，长 3cm，分裂至中部，裂片 5 枚，披针形，长约 1.5cm；花冠钟状漏斗形，合瓣，檐部微呈二唇形，内面鲜红色，外面橙黄色，长约 5cm，裂片 5 枚，半圆形，大而开展；雄蕊 4 枚，2 强，着生于花冠筒近基部，弯曲，内藏，花丝线形，细长，长 2 ～ 2.5cm，花药黄色，"个"字形着生；花盘环状，肉质；花柱线形，长约 3cm，自子房顶端伸出，柱头扁平，2 裂。

果： 蒴果长圆形，下垂，顶端钝，室背 2 瓣开裂，隔膜与果瓣平行并卷曲凋落。种子多数，扁平，有半透明的膜质翅，无胚乳。

叶： 奇数羽状复叶，对生；小叶 7 ～ 9 枚，卵形至卵状披针形，顶端尾状渐尖，基部阔楔形，两侧不等大，长 3 ～ 9cm，宽 1.5 ～ 5cm，两面无毛，边缘有粗锯齿，羽状脉，侧脉 6～7 对；叶轴长 4～13cm，小叶柄长 5～10mm；无托叶。

其他用途： 花为通经利尿药，可根治跌打损伤等症。

154. 芭蕉 *Musa basjoo*

俗名芭蕉树，甘蕉，大叶芭蕉。芭蕉科芭蕉属。

花期： 5 月初开花，有时 4 月下旬可开花，花期 5～7 月。观叶植物，整个生长期观赏效果均佳。见图 154-1、图 154-2。

习性： 喜光，稍耐阴，喜温暖湿润气候，不耐寒，不耐旱，不耐水湿，对土壤要求不严，喜土层深厚、疏松肥沃、湿润而排水良好的微酸性或酸性砂质壤土。分株繁殖。

景观应用： 姿态优美，叶大清秀，花果奇特，观赏价值极高，豫南广泛栽植，以孤植、丛植造景为主，多植于庭院和房前屋后，与假山、岩石、喷泉、溪流、园林建筑等配置，景观良好，常栽于窗前营造雨打芭蕉的浪漫情趣，是优良的花境主材，城市节点、广场绿地及各类公园游园也广为应用。

形态特征： 多年生丛生草本，植株高 2.5～4m，多次结实；根茎伸长，假茎由叶鞘层层套迭组成，真茎在开花前短小。

花： 花单性或两性，黄色，两侧对称，同株。花序顶生，下垂，密集如球穗状；苞片红褐色或紫色、紫绿色，多少具槽，脱落，每一苞片内有花多数，二列；雄花生于花序上部，雌花生于花序下部；雌花在每一苞片内 10～16 朵，排成二列；花被片部分连合，内轮中央的 1 枚离生，合生花被片管状，长 4～4.5cm，具 5（3+2）齿裂，离生花被片几与合生花被片等长，顶端具小尖头；发育雄蕊 5 枚，长条状，花药 2 室；花柱单一，柱头 3 裂，头状。

果： 浆果三棱状，长圆形，长 5～7cm，具 3～5 棱，近无柄，肉质，内具多数种子，不开裂。种子黑色，具疣突及不规则棱角，宽 6～8mm。

叶： 叶大型，螺旋状排列，叶片长圆形，长 2～3m，宽 25～30cm，先端钝，基部圆形或不对称，叶面鲜绿色，有光泽；叶脉羽状；叶柄粗壮，长达 30cm，在下部伸长增大成一抱茎的叶鞘。

其他用途： 叶纤维可制芭蕉布，作造纸原料，假茎、叶利尿，花干燥后煎服治脑出血，根与生姜、甘草一起煎服，可治淋症及消渴症，根治感冒、胃痛及腹痛。

155. 大花金鸡菊 *Coreopsis grandiflora*

俗名大花波斯菊。菊科金鸡菊属。

花期： 5 月上旬开花，有时 4 月下旬开花，最佳观赏期 5 月上旬至 6 月，花期 5 ～ 9 月。见图 155-1、图 155-2。

习性： 喜光，稍耐阴，喜温暖湿润气候，适应性强，耐旱，耐寒，不耐积水，喜土层深厚、疏松肥沃、湿润而又排水良好的土壤；花期长，繁殖快。播种繁殖。

景观应用： 花色艳丽，孤植、丛植、片植均可，以丛植和片植为主，是花境组合常用的花卉植物，也作花海植物，园林中常用于居住小区、单位庭院、城市节点、道路绿化、广场绿地及各类公园游园绿化。因其侵入性强，应谨慎使用。

形态特征： 多年生落叶草本，高 20 ～ 100cm；茎直立，下部常有稀疏的糙毛，上部有分枝。植物无乳汁。

花： 花两性，黄色，美丽。头状花序单生于枝端，径 4 ～ 5cm，具长花序梗；总苞片 2 层，每层约 8 个，基部多少连合，外层较短，披针形，长 6 ～ 8mm，顶端尖，有缘毛，革质，内层卵形或卵状披针形，长 10 ～ 13mm，膜质；花托平或稍凸起，托片膜质，线状钻形，有条纹；花被异形，外层有 1 层无性或雌性结果的舌状花，中央有多数结实的两性管状花，舌状花 6 ～ 10 朵，舌片宽大，黄色，长 1.5 ～ 2.5cm，开展，两性花管状，长 5mm，上端有 5 裂片；雄蕊 4 ～ 5 枚，着生于花冠管上，花药内向，合生成筒状，上端有附片，基部全缘，有尖或短尾状的耳部；花柱上端两裂，分枝顶端截形或钻形，被乳头状突起或短毛。

果： 瘦果广椭圆形或近圆形，背面多少压扁，长 2.5 ～ 3mm，不开裂，

261

边缘具膜质宽翅，内凹成耳状，顶端具 2 短鳞片，内面有多数小瘤状突起。

叶：单叶，基生叶披针形或匙形，有长柄；茎生叶对生，下部叶羽状全裂，裂片长圆形，中部及上部叶 3～5 深裂，裂片线形或披针形，中裂片较大，两面及边缘有细毛。

156. 滨菊 *Leucanthemum vulgare*

菊科滨菊属。

花期：5 月上旬开花，有时 4 月底开花，最佳观赏期 5～6 月，花期可持续至 10 月。见图 156。

习性：喜光，喜温暖湿润气候，耐旱，耐寒，不耐阴，适应性强，喜土层深厚、疏松肥沃、富含腐殖质、湿润而又排水良好的壤土；花期长。播种繁殖。

景观应用：花色艳丽，孤植、丛植、片植均可，以丛植和片植为主，是花境组合常用的花卉植物，也作花海植物，园林中常用于居住小区、单位庭院、城市节点、道路绿化、广场绿地及各类公园游园绿化。

形态特征：多年生草本，高 15～80cm，有长根状茎；茎直立，通常不分枝，被茸毛或卷毛至无毛。植株无乳汁。

花：头状花序单生茎顶，有长花梗，或少有茎生 2～5 个头状花序排成疏松伞房状。总苞碟状，苞片 3～4 层，边缘膜质，总苞径 10～20mm，全部苞片无毛，边缘白色或褐色膜质；花托稍突起，无托毛，无托片；花被异型，具舌状花和管状花，边缘 1 层雌花舌状，结实，舌片白色，长 10～25mm，中央多数两性花管状，黄色，顶端 5 齿裂；雄蕊 4～5 枚，着生于花冠管上，花药内向，合生成筒状，基部钝，无尾，顶端附片卵状披针形；两性花花柱分枝线形，上端两裂，顶端截形。

果：瘦果长 2～3mm，不开裂，无冠毛，有 8～12 条强烈突起的等距排列的椭圆形纵肋，纵肋光亮；舌状花瘦果显著压扁，弯曲，腹面的纵肋彼此贴近，顶端无冠齿或有长 0.8mm 的侧缘冠齿，管状花瘦果顶端无冠齿或有长 0.3mm 的由果肋伸延形成的钝形冠齿。

叶：基生叶长椭圆形、倒披针形、倒卵形或卵形，长 3～8cm，宽
1.5～2.5cm，基部楔形，渐狭成长柄，柄长于叶片自身，边缘圆或有钝锯齿，
花期宿存；茎生叶互生，中下部茎叶长椭圆形或线状长椭圆形，向基部收
窄，耳状或近耳状扩大半抱茎，中部以下或近基部有时羽状浅裂，上部叶渐
小，有时羽状全裂；全部叶两面无毛，腺点不明显。

品种：大滨菊，植株高大，叶边缘有细尖锯齿，头状花序大，直径达
7cm。

157. 锦葵 *Malva cathayensis*

俗名荆葵、钱葵、棋盘花、小钱花、金钱紫花葵。锦葵科锦葵属。

花期：5 月上旬开花，有时 4 月底开花，最佳观赏期 5～6 月，花期可
持续至 10 月。见图 157。

习性：喜光，喜温暖湿润气候，耐旱，耐寒，稍耐阴，适应性强，喜土
层深厚、疏松肥沃、湿润而又排水良好的壤土；花期长。播种繁殖。

景观应用：花色艳丽，孤植、丛植、片植均可，是花境组合常用植物，
也作花海植物，园林中常用于居住小区、单位庭院、城市节点、道路绿化、
广场绿地及各类公园游园绿化。

形态特征：多年生或二年生直立草本，高 50～90cm，分枝多，疏被
粗毛。

花：花两性，紫红色、粉红色或粉白色，直径 3.5～4cm，3～11 朵簇
生于叶腋。花梗长 1～2cm，无毛或疏被粗毛；小苞片 3 枚，长圆形，长
3～4mm，宽 1～2mm，先端圆形，疏被柔毛；花萼杯状，长 6～7mm，裂
片 5 枚，宽三角形，两面均被星状疏柔毛；花瓣 5 枚，匙形，长 2cm，具深
红色细条纹，分离，先端微缺，爪具髯毛，与雄蕊管基部合生；雄蕊多数，
连合成管，称雄蕊柱，柱长 8～10mm，被刺毛，花丝无毛，花药着生至顶
端；花柱与心皮同数，花柱分枝 9～11，被微细毛。

果：蒴果扁圆形，径 5～7mm；分裂成分果，与果轴脱离，分果片
9～11 个，肾形，被柔毛，背面网状。种子黑褐色，肾形，长 2mm，有胚

乳，子叶扁平。

叶： 单叶互生，圆心形或肾形，具5～7圆齿状钝裂片，长5～12cm，长宽几相等，基部近心形至圆形，边缘具圆锯齿，两面均无毛或仅脉上疏被短糙伏毛；叶柄长4～8cm，近无毛，但上面槽内被长硬毛；托叶偏斜，卵形，具锯齿，先端渐尖。

158. 蜀葵 *Alcea rosea*

俗名麻杆花、一丈红、棋盘花、斗蓬花、淑气花。锦葵科蜀葵属。

花期： 5月上旬开花，有时4月底开花，最佳观赏期5～8月，花期可持续至9月。见图158。

习性： 喜光，喜温暖湿润气候，耐旱、耐寒，稍耐阴，适应性强，喜土层深厚、疏松肥沃、湿润而又排水良好的壤土；花期长。播种繁殖。

景观应用： 花色艳丽，孤植、丛植、片植均可，是花境组合常用植物，也作花海植物，园林中常用于居住小区、单位庭院、城市节点、道路绿化、广场绿地及各类公园绿化。

形态特征： 多年生或二年生直立草本，高达2m，茎枝密被刺毛。

花： 花大，两性，红色、紫红色、粉红色或白色等，直径6～10cm，单生或簇生叶腋，排列成总状花序式。花梗长约5mm，果时延长至1～2.5cm，被星状长硬毛；苞片叶状，小苞片杯状，常6～7裂，裂片卵状披针形，长10mm，密被星状粗硬毛，基部合生；花萼钟状，直径2～3cm，5齿裂，裂片卵状三角形，长1.2～1.5cm，密被星状粗硬毛；花冠漏斗形，单瓣或重瓣，花瓣倒卵状三角形，长约4cm，具浅色细纹，先端凹缺，基部狭，爪被长髯毛；雄蕊多数，连合成管，称雄蕊柱，雄蕊柱无毛，长约2cm，花丝纤细，长约2mm，花药1室，着生至顶端，黄色；花柱丝形，分枝多数，微被细毛。

果： 蒴果盘状，直径约2cm，被短柔毛；果分裂成分果，分果爿近圆形，多数，背部厚达1mm，成熟时与中轴分离，具纵槽。种子肾形，有胚乳。

叶： 单叶互生，近圆心形，直径6～16cm；掌状5～7浅裂或波状棱角，裂片三角形或圆形，中裂片长约3cm，宽4～6cm；上面疏被星状柔毛，粗糙，下面被星状长硬毛或茸毛；叶柄长 5～15cm，被星状长硬毛；托叶卵形，长约 8mm，先端具 3 裂尖。

其他用途： 全草入药，有清热止血、消肿解毒之功，治吐血、血崩等症；茎皮含纤维可代麻用。

159. 韭莲 *Zephyranthes carinata*

俗名红花葱兰、风雨花、韭菜兰。石蒜科葱莲属。

花期： 5 月上旬开花，最佳观赏期 5～8 月，花期可持续至 10 月。见图 159。

习性： 喜光，稍耐阴，喜肥，喜温暖湿润气候，不耐寒，不耐旱，不耐积水，在疏松、肥沃、湿润而又排水良好的砂壤土中生长较好。分株繁殖、播种繁殖。

景观应用： 叶形秀丽，花繁色艳，适于作疏林地被，作花境、花坛、园路、台阶、岩石、景石、假山的点缀花卉，景观优美，多用于居住小区、单位庭院、各类公园游园的绿化，也可盆栽观赏。

形态特征： 多年生常绿草本植物；鳞茎卵球形，直径 2～3cm。

花： 花两性，玫瑰红色或粉红色，辐射对称，单生于花茎顶端。花茎纤细，中空；佛焰苞状总苞片常带淡紫红色，膜质，长 4～5cm，下部合生成管，顶端 2 裂；花梗长 2～3cm；花被不分花萼和花瓣，花被管长 1～2.5cm，花被裂片 6 枚，裂片倒卵形，顶端略尖，长 3～6cm；雄蕊 6 枚，着生于花被管内，3 长 3 短，长为花被的 2/3～4/5，花丝分离，花药背着，丁字形，黄色；雌蕊花柱细长，柱头深 3 裂。

果： 蒴果近球形，室背 3 瓣开裂。种子黑色。

叶： 单叶基生，常数枚簇生，长条形，扁平，长 15～30cm，宽 6～8mm。

160. 美女樱 *Glandularia × hybrida*

俗名紫花美女樱。马鞭草科美女樱属。

花期： 自然生长 5 月上旬开花，最佳观赏期 5 月中下旬至 6 月，花期可至 10 月。温室培育全年开花，豫南多在 3 月栽植温室苗，4 月上旬即开花。见图 160-1、图 160-2。

习性： 喜光，喜温暖湿润气候，不耐寒，不耐旱，不耐涝，在阳光充足、疏松肥沃、湿润而排水良好的土壤中生长较好，开花艳；豫南局部地区可露地越冬。播种、扦插繁殖。

景观应用： 花期长，花色艳，常作花境、花海、花坛栽植，景观点缀效果较好。

形态特征： 多年生草本植物，株高 10～50cm，茎具 4 棱；植株丛生状，直立或匍匐地面，全株有毛。

花： 花小而密集，两性，红色、紫红色、粉色、白色、复色等，颜色丰富多彩，直径 1～1.8cm，芳香。穗状花序顶生，密集呈伞房状；苞片 1 枚，卵状披针形，长 0.4～0.6cm，宽约 2mm；花萼筒四棱状，长约 1cm，绿色，4 裂，裂片短三角形，长 1mm，尖端具芒；花冠合瓣，高脚碟状，花冠筒长 1.2～1.5cm，顶端稍弯，径约 1mm，白色，裂片 5 枚，开展，长 0.5～0.8cm，宽 0.4～0.6cm，矩圆形或倒卵圆形，顶部心形浅裂，基部色深，管口具睫毛；雄蕊 4 枚，着生花冠管内，2 长 2 短，不伸出花管口部，花丝细长，花药黄色，椭圆形；花柱 1 枚，细长，柱头头状。

果： 豫南尚未见结果。

叶： 单叶，基生叶大，茎生叶对生，自下而上逐渐变小；叶片卵形或卵状披针形，长 1～5cm，宽 0.3～1cm，边缘有整齐裂齿，正面绿色，背面浅绿色，均有硬毛；羽状脉，主脉及网脉均明显，正面凹入，背面凸起，形成皱褶状，侧脉直达裂齿；无托叶。

161. 粉美人蕉 *Canna glauca*

俗名水生美人蕉、粉叶美人蕉、粉色美人蕉。美人蕉科美人蕉属。

花期： 5 月上中旬开花，最佳观赏期 5 月中旬至 8 月，花期 5～12 月。果熟期 8～12 月。见图 161-1、图 161-2。

习性： 喜光，稍耐阴，喜温暖湿润气候，不耐寒，不耐旱，不抗风，耐水湿，可生于浅水、湿地中，温度适宜的地区可全年生长开花，对土壤要求不严，以土层深厚、肥沃湿润的壤土为好；豫南地区冬季地上部分枯萎，春季萌发，但不影响开花；花期长，霜降前开花不断。播种、根茎、分株繁殖。

景观应用： 姿态优美，叶大而清秀，花大而艳丽，观赏价值极高，豫南广泛栽植，可孤植、丛植、片植，可植于庭院和房前屋后，可作疏林地被，可与假山、岩石、喷泉、溪流、园林建筑等景观配置，尤以浅水或水边栽植较多，景观效果最好，是优良的花境主材，也可作盆景栽植，园林中广泛应用于单位庭院、居住小区、道路绿化、广场绿地及各类公园绿化。

形态特征： 多年生直立粗壮草本植物，株高 1.5～2m，茎绿色，根茎延长，有块状地下茎。

花： 花两性，大而美丽，粉红色、黄色，无斑点，不对称。总状花序疏花，顶生，单生或分叉，稍高出叶片；苞片圆形，褐色；萼片 3 枚，卵形，长 1.2cm，绿色，宿存；花冠管长 1～2cm，花冠裂片 3 枚，萼状，线状披针形，长 2.5～5cm，宽 1cm，直立；退化雄蕊花瓣状，基部连合，为花中最美丽、最显著的部分，粉红色或黄色，4 枚，外轮退化雄蕊 3 枚，倒卵状长圆形，长 6～7.5cm，宽 2～3cm，全缘；唇瓣狭，倒卵状长圆形，顶端 2 裂，中部卷曲，淡黄色；发育雄蕊倒卵状近镰形，顶端急尖，内卷，花丝增大呈花瓣状，花药 1 室；花柱狭披针形。

果： 蒴果长圆形，3 瓣裂，长 3.5cm，多少具 3 棱，有小瘤体或柔刺。种子球形，多数，外胚乳丰富。

叶： 单叶互生，披针形，长达 50cm，宽 10～15cm，顶端急尖，基部渐狭，绿色，被白粉，边绿白色，透明，有明显的羽状平行脉，具叶鞘。

162. 紫玉簪 *Hosta albomarginata*

百合科玉簪属。

花期： 5 月中旬开花，最佳观赏期 5 月中下旬至 6 月，花期 5～9 月。

见图 162-1、图 162-2。

习性： 喜半阴，喜温暖湿润气候，稍耐寒，耐阴，不耐旱，忌阳光直射，在土层深厚、疏松肥沃、排水良好的砂壤土和阴湿环境中生长良好。播种、分株繁殖。

景观应用： 叶形秀丽，叶色翠绿，花色美艳，形如发簪，是园林常用观赏植物，可孤植、丛植，点缀于假山、岩石、建筑、溪水的阴湿处，可片植作为林下地被，有较好的景观效果，常用于单位庭院、居住小区、广场绿地、道路绿化及各类公园的绿化，也可作盆栽。

形态特征： 多年生草本，通常具粗短的根状茎，有时有走茎。

花：花两性，淡紫色，长约 4cm，单生，盛开时从花被管向上逐渐扩大，有深紫红色条纹，平展或微下垂，无香味。花莛从叶丛中央抽出，高 33～60cm，常生有 1～3 枚苞片状叶，顶端具总状花序，有几朵至十几朵花；苞片近宽披针形，长 7～10mm，绿色，膜质；花被不分花萼和花瓣，常呈花瓣状，近漏斗状，下半部窄管状，上半部近钟状，钟状部分上端有 6 裂片；雄蕊 6 枚，稍伸出于花被管之外，完全离生，花丝纤细，花药背部有凹穴，作"丁"字状着生；雌蕊花柱细长，柱头小，伸出于雄蕊之外。

果：蒴果近圆柱状，常有棱，室背开裂。种子多数，黑色，有扁平的翅。

叶：单叶基生，成簇，狭椭圆形或卵状椭圆形，长 6～13cm，宽 2～6cm，先端渐尖或急尖，基部钝圆或近楔形；具弧形平行脉和纤细的横脉，侧脉 4～5 对；叶柄长 10～22cm，最上部由于叶片稍下延而多少具狭翅，翅每侧宽 1～2mm。

品种： 花叶紫玉簪，叶边缘白色或黄白色。

163. 马鞭草 *Verbena officinalis*

俗名铁马鞭、透骨草、兔子草、蛤蟆棵、蜻蜓草等。马鞭草科马鞭草属。

花期： 5 月中旬开花，最佳观赏期 5 月中下旬至 7 月，花期 5～8 月；

果熟期 9～10 月。见图 163-1、图 163-2。

习性：喜光，稍耐阴，喜温暖湿润气候，耐寒，耐旱，耐水湿，不耐涝，适应性强，喜疏松肥沃、湿润而排水良好的砂壤土。播种繁殖。

景观应用：花繁色艳，绚丽多彩，常用于花境、花海、地被花卉，适于道路绿化、广场绿地及各类公园绿化。

形态特征：多年生草本植物，高 30～120cm；茎四方形，近基部为圆形，节和棱上有硬毛。

花：花小，两性，淡蓝色至淡紫色，稍两侧对称。穗状花序顶生或腋生，细弱，结果时长达 25cm，由下向上开放形成无限花序；小花无柄，生于狭窄的苞片腋内，最初密集，结果时因穗轴延长而疏离；苞片稍短于花萼，具硬毛；花萼管状，膜质，有 5 棱，长约 2mm，有硬毛，宿存，延伸出成 5 齿，5 脉，脉间凹穴处质薄而色淡；花冠长 4～8mm，外面有微毛，花冠管圆柱形，向上扩展成开展的 5 裂片，裂片长圆形，顶端钝、圆或微凹；雄蕊 4 枚，着生于花冠管的中部，2 枚在上，2 枚在下，花丝短，分离，花药卵形；花柱短，顶生，柱头 2 浅裂。

果：果长圆形，长约 2mm，外果皮薄，果干燥包藏于萼内，成熟后 4 瓣裂为 4 个狭小的分核。

叶：单叶基生，茎叶对生；叶片卵圆形至倒卵形或长圆状披针形，长 2～8cm，宽 1～5cm；基生叶的边缘通常有粗锯齿和缺刻；茎生叶多数 3 深裂，裂片边缘有不整齐锯齿；叶两面均有硬毛，背面脉上尤多；无托叶。

其他用途：全草供药用，性凉，味微寒，有凉血、散瘀、通经、清热、解毒、止痒、驱虫、消胀的功效。

164. 大丽花 *Dahlia pinnata*

俗名大丽菊、大理花、天竺牡丹、洋芍药、苕菊。菊科大丽花属。

花期：5 月中旬开花，最佳观赏期 5 月下旬至 8 月，花期 5～11 月；果熟期 9～12 月。见图 164-1、图 164-2。

习性：半喜光，忌强光照，喜温暖湿润气候，不耐旱，不耐寒，不耐水湿，喜土层深厚、疏松肥沃、湿润而又排水良好的土壤；花期长。播种、分株、扦插繁殖。

景观应用：花色艳丽，孤植、丛植、片植均可，以丛植和片植为主，是花境组合常用的花卉植物，也作花海植物，园林中常用于居住小区、单位庭院、城市节点、道路绿化、广场绿地及各类公园游园绿化。

形态特征：多年生草本，有巨大棒状块根；茎直立，多分枝，高 1.5～2m，粗壮。植物无乳汁。

花：头状花序大，有长花序梗，常下垂，宽 6～12cm，有异形花，外围有无性或雌性小花，中央有多数两性花。总苞片 2 层，外层约 5 个，卵状椭圆形，叶质，开展，内层膜质，椭圆状披针形，基部稍合生，近等长；花托平，托片宽大，膜质，半包雌花；花被舌状或管状，无性花或雌花舌状，舌状花 1 层，红色、黄色、紫色或白色，颜色多样，常卵形，顶端有不明显的 3 齿或全缘，两性花管状，管状花黄色，上部狭钟状，上端有 5 齿，有时栽培种全为舌状花；雄蕊 4～5 个，着生于花冠管上，花药内向，合生成筒状，上端有附片，基部全缘，有尖或短尾状的耳部；花柱上端 2 裂，分枝顶端有线形或长披针形而具硬毛的长附器。

果：瘦果长圆形，长 9～12mm，宽 3～4mm，黑色，扁平，不开裂，有 2 个不明显的齿。种子无胚乳，具 2 枚子叶，稀 1 枚。

叶：单叶互生，一至三回羽状全裂，上部叶有时不分裂，裂片卵形或长圆状卵形，下面灰绿色，两面无毛。

品种：我国品种很多，可分为单瓣、细瓣、菊花状、牡丹花状、球状等类型。

165. 萱草 *Hemerocallis fulva*

俗名大花萱草、忘萱草、摺叶萱草、黄花菜。百合科萱草属。

花期：5 月中旬开花，最佳观赏期 5 月下旬至 6 月，花期 5～7 月；果熟期 7～8 月。见图 165-1、图 165-2。

习性：喜光，耐半阴，喜温暖湿润气候，耐寒，不耐旱，适应性强，在土层深厚、疏松肥沃、富含腐殖质、湿润而又排水良好的壤土中生长良好。播种、分株繁殖。

景观应用：叶形秀美，花朵大，颜色鲜艳美丽，孤植、丛植、片植均可，与假山、岩石、建筑、水体配置，是花境优选材料，作为疏林地被，均有较好的景观效果，常用于单位庭院、居住小区、广场绿地、道路绿化及各类公园的绿化。

形态特征：多年生宿根草本；根状茎粗短，近肉质，中下部有纺锤状膨大。

花：花大色艳，两性，橘红色或橘黄色，直立，疏离，无香味，早上开晚上凋谢。花葶从叶丛中央抽出，顶端具假二歧状的圆锥花序，高 0.6～1m，花多数；苞片披针形，宽 2～5cm；花梗一般较短，不足 1cm；花被不分花萼和花瓣，花被近漏斗状，下部管状，花被管长 2～4cm，花被裂片 6 枚，开展，向外反卷，明显长于花被管，内轮 3 片常比外轮 3 片宽大，外轮 3 片宽 1～2cm，内轮 3 片宽达 2～3cm，边缘稍作波状，内轮花被裂片中央有黄色纵条纹，至下部逐渐扩大为黄色彩斑，在花被管内与其他彩斑连为一体；雄蕊 6 枚，着生于花被管上端；雌蕊花柱细长，柱头小。

果：蒴果钝三棱状椭圆形或倒卵形，表面常略具横皱纹，室背开裂。种子黑色，有十几个，有棱角。

叶：单叶基生，二列，带状披针形，长 30～60cm，宽约 2.5cm，背面被白粉。

品种：萱草的类型极多，如叶的宽窄、质地，花的色泽，花被管的长短，花被裂片的宽窄等变异很大，不易划分。

166. 松果菊 *Echinacea purpurea*

俗名紫锥菊、紫锥花。菊科松果菊属。

花期：5 月下旬开花，最佳观赏期 5 月下旬至 8 月，花期 5～9 月，有时可延长到 10 月，修剪后可二次开花。见图 166-1、图 166-2。

习性：喜光，稍耐阴，喜温暖湿润气候，稍耐寒，耐旱，耐瘠薄，适应性强，不耐湿热，对土壤要求不严，喜深厚、肥沃、富含有机质的土壤。播种繁殖。

景观应用：花朵大，花色艳丽，花开缤纷，是花境、花坛、地被、花海的重要花卉材料，更是假山、岩石、建筑、水畔等园林景观的点缀植物，园林中常用于单位庭院、居住小区、街头景观、道路绿化、广场绿地、各类公园的绿化。

形态特征：多年生草本植物，高 60～150cm；全株具粗毛，茎直立，中空；植株无乳汁。

花：花大，两性或单性，紫红色、粉红色、粉白色及黄褐色，整齐，直径可达 10cm，常辐射对称。头状花序，单生或多数聚生于枝顶，花茎长；总苞片 1 至多层，草质；萼片不发育；花冠异形，外围雌花的花冠舌状，全缘或顶端有 2～3 齿，中央两性花的花冠管状，坚硬；花盘球形凸起；雄蕊5 枚，着生于花冠管上，花药内向，联合成管；柱头 2 裂。

果：瘦果，不开裂。种子浅褐色，无胚乳，外皮硬。

叶：单叶基生，茎叶互生；基生叶长卵形或长三角形，茎生叶卵状披针形，叶缘具锯齿；叶柄长，变化较大，5～20cm 不等，基生叶的叶柄长可达20cm，明显长于茎生叶的叶柄，基部稍抱茎，叶由基部延伸至叶柄两侧；无托叶。

167. 狗牙根 *Cynodon dactylon*

俗名百慕达草、绊根草、爬根草。禾本科狗牙根属。

花期：5 月上旬开花，5 月中旬至 6 月上旬盛花，花期 5～6 月；果熟期 9～10 月。观叶植物，生长期观叶效果较好。见图 167。

习性：喜光，不耐阴，喜温暖湿润气候，耐寒、耐旱、耐湿、耐瘠薄，适应性强，对土壤要求不严，适生于疏松肥沃、排水良好的砂质壤土；生命力强，繁殖快，匍匐茎枝多；叶质硬，耐修剪，耐践踏。播种、分株繁殖。

景观应用：适用于各种公园绿地及运动场、娱乐场的草坪绿化，暖季型草坪植物，常与黑麦草混播。

形态特征：多年生低矮草本植物，具根茎及匍匐枝；秆细而坚韧，下部匍匐地面蔓延甚长，节上常生不定根，长短节间交互生长，直立部分高10～30cm，直径1～1.5mm，秆壁厚，光滑无毛，有时略两侧压扁。

花：穗状花序3～5枚指状着生，长2～5cm。小穗1～2行覆瓦状排列于穗轴之一侧，无芒，两侧压扁，灰绿色或带紫色，长2～2.5mm，仅含1小花；小穗轴脱节于颖之上并延伸至小花之后成芒针状或其上端具退化小花；颖2枚，狭窄，草质，先端渐尖，长1.5～2mm，第二颖稍长，均具1脉，背部成脊而边缘膜质，宿存；第一小花外稃舟形，纸质兼膜质，无芒，具3脉，侧脉靠近边缘，背部明显成脊，脊上被柔毛，较颖长；内稃与外稃近等长，膜质，具2脉；鳞被甚小，2枚，质厚，上缘近截平，有脉纹；花药淡紫色；柱头紫红色。

果：颖果长圆柱形，外果皮潮湿后易剥离。种子小，种脐线形，胚微小。

叶：叶鞘微具脊，无毛或有疏柔毛，鞘口常具柔毛；叶舌仅为1轮纤毛；叶片线形，长1～12cm，宽1～3mm，通常两面无毛，中脉明显，叶枯萎后不易自叶鞘脱落。

其他用途：根茎可喂猪，牛、马、兔、鸡等喜食其叶；全草可入药，有清血、解热、生肌之效。

168. 睡莲 *Nymphaea tetragona*

俗名子午莲、野生睡莲、矮睡莲、侏儒睡莲。睡莲科睡莲属。

花期：5月上旬开花，有时4月下旬开花，最佳观赏期5月上旬至6月，花期5～8月；果熟期9～10月。见图168。

习性：喜光，喜温暖湿润气候，耐寒，对土质要求不严，喜富含有机质的土壤，生长季节水深以不超过50cm为宜；具有净化水质的功能。播种、分株繁殖。

景观应用：叶形美丽，花大而色艳，观赏价值极高，是各类水体景观绿化的常用观赏植物，也可盆栽，点缀、美化庭院或室内环境。

形态特征： 多年生水生草本植物，花莛直立，根状茎短粗，沉水生。

花： 花大形，美丽，两性，白色，直径 3～5cm，辐射对称，单生在花梗顶端，浮在或高出水面。花梗细长；花萼基部四棱形，萼片 4 枚，绿色，革质，宽披针形或窄卵形，长 2～3.5cm，近离生，宿存；花瓣 12～32 枚，宽披针形、长圆形或倒卵形，长 2～2.5cm，多轮，内轮不变成雄蕊；雄蕊多数，比花瓣短，花丝花瓣状，花药内向，条形，长 3～5mm；柱头呈凹入柱头状，具 5～8 辐射线。

果： 浆果球形，直径 2～2.5cm，为宿存萼片包裹，海绵质，不规则开裂，在水面下成熟。种子多数，椭圆形，长 2～3mm，黑色，坚硬，为胶质物包裹，有肉质杯状假种皮，胚小，有少量内胚乳及丰富外胚乳。

叶： 单叶，纸质，芽时内卷，二型：浮水叶心状卵形或卵状椭圆形，长 5～12cm，宽 3.5～9cm，基部具深弯缺，约占叶片全长的 1/3，裂片急尖，稍开展或几重合，全缘，上面光亮，下面带红色或紫色，两面皆无毛，具小点，叶柄长达 60cm；沉水叶薄膜质，脆弱。

其他用途： 根状茎含淀粉，供食用或酿酒。全草可作绿肥。

169. 白睡莲 *Nymphaea alba*

俗名睡莲。睡莲科睡莲属。

花期： 5 月上旬开花，有时 4 月下旬开花，最佳观赏期 5 月上旬至 6 月，花期 5～8 月；果熟期 9～10 月。见图 169-1。

习性： 喜光，喜温暖湿润气候，喜富含有机质的土壤，生长季节水深以不超过 40cm 为宜；具有净化水质的功能。播种、分株繁殖。

景观应用： 是各类水体景观绿化的常用观赏植物，也可盆栽，点缀、美化庭院或室内环境。

形态特征： 多年生水生草本植物，花莛直立，根状茎匍匐，沉水生。

花： 花大而美丽，两性，白色，直径 10～20cm，芳香，辐射对称，单生在花梗顶端，浮在或高出水面。花梗和叶柄略等长；花托圆柱形；萼片 4 枚，绿色，披针形，长 3～5cm，近离生，脱落或花期后腐烂；花瓣 20～25

枚，卵状矩圆形，长 3～5.5cm，多轮，外轮比萼片稍长；雄蕊多数，花丝花瓣状，内轮雄蕊花丝丝状，花药内向，先端不延长；柱头呈凹入柱头状，具 14～20 辐射线，扁平。

果：浆果扁平至半球形，长 2.5～3cm，海绵质，不规则开裂，在水面下成熟。种子多数，椭圆形，长 2～3cm，坚硬，为胶质物包裹，有肉质杯状假种皮。

叶：叶纸质，芽时内卷，二型：浮水叶近圆形，直径 10～25cm，基部具深弯缺，裂片尖锐，近平行或开展，全缘或波状，两面无毛，有小点，叶柄长达 50cm；沉水叶薄膜质，脆弱。

品种：红睡莲，变种，花红色、粉红或玫瑰红，艳丽。见图 169-2。

其他用途：根状茎可食。

170. 荇菜 *Nymphoides peltata*

俗名荇菜、金莲子、凫葵、水荷叶。睡菜科荇菜属。

花期：5 月上旬开花，最佳观赏期 5～7 月，花期 5～8 月；果熟期 8～10 月。见图 170-1、图 170-2。

习性：喜光，喜温暖湿润气候，适应性强，耐寒，稍耐阴，适生于富含腐殖质的微酸性或中性的水底泥土中；生长能力强，繁殖快。分株、扦插、播种繁殖。

景观应用：荇菜叶形小巧，花色鲜艳，可在人工水池、自然水塘、湖泊、河流等平稳浅水和湿地中生长，园林中常用于各类公园中的水景绿化，观赏效果极佳。

形态特征：多年生水生草本植物；茎圆柱形，多分枝，密生褐色斑点，节下生根；地下茎生于水底泥中，匍匐状。

花：花大色艳，常多数，金黄色，两性，长 2～3cm，直径 2.5～3cm，簇生节上，5 数。花梗圆柱形，不等长，稍短于叶柄，长 3～7cm；花萼长 9～11mm，分裂近基部，裂片 5 枚，椭圆形或椭圆状披针形，先端钝，全缘，萼筒短；花冠分裂至近基部，呈辐射状，冠筒短，喉部具 5 束长柔毛，裂片 5 枚，宽倒卵形，先端圆形或凹陷，中部质厚的部分卵状长圆形，中间有一明显的皱痕，边缘宽膜质，近透明，具不整齐的细条裂齿，花冠裂片在花蕾中呈镊合状排列；雄蕊 5 枚，着生于冠筒上，整齐，与裂片互生，花丝基部疏被长毛；雌蕊长短不一，5～17mm，柱头常 2 裂，腺体 5 个，黄色，环绕子房基部。

果：蒴果椭圆形，无柄，长 1.7～2.5cm，宽 0.8～1.1cm，宿存花柱长 1～3mm，成熟时不开裂；种子大，褐色，扁平，椭圆形，长 4～5mm，边缘密生睫毛。

叶：单叶，上部叶对生，下部叶互生；叶片飘浮，近革质，心形、卵圆形或圆形，直径 1.5～8cm，基部心形，全缘，有不明显的掌状叶脉，下面紫褐色，密生腺体，粗糙，上面绿色，光滑；叶柄圆柱形，长 5～10cm，基部变宽，呈鞘状，半抱茎；无托叶。

171. 小香蒲 *Typha minima*

香蒲科香蒲属。

花期：5 月上旬开花，5 月中下旬至 6 月上旬盛花，花期 5～6 月；果熟期 7～8 月。观叶观果植物。见图 171。

习性：挺水植物，喜光，稍耐阴，耐寒，对土壤要求不严，喜河湖溪塘沿岸湿地、沼泽、浅水中生长，水深不宜超过 30cm；具有净化水质的功能。播种、分株繁殖。

景观应用：株形优美，花如蜡烛，观赏价值高，是各类水体景观、湿地绿化的常用观赏和净化植物。

形态特征：多年生水生草本植物；根状茎姜黄色或黄褐色，先端乳白色，横走，须根多；地上茎直立，细弱，矮小，高 16～65cm。

花：花单性，雌雄同株，花序穗状，雌雄花序远离，从不相接。雄花序生于上部至顶端，花期时比雌花序粗壮，长 3～8cm，花序轴无毛，基部具 1 枚叶状苞片，长 4～6cm，宽 4～6mm，花后脱落；雌花序位于下部，长 1.6～4.5cm，叶状苞片明显宽于叶片。雄花无被，雄蕊通常 1 枚单生，有时

2～3枚合生，基部具短柄，长约0.5mm，向下渐宽，花药长1.5mm；雌花无被，具小苞片，孕性雌花柱头条形，长约0.5mm，花柱长约0.5mm；不孕雌花柱头不发育，无花柱。

果：小坚果椭圆形，纵裂，果皮膜质。种子黄褐色，椭圆形。

叶：叶通常基生，鞘状，无叶片，如叶片存在，长15～40cm，宽约2mm，短于花莛，叶鞘边缘膜质，叶耳向上伸展，长0.5～1cm；茎叶互生。

172. 花菖蒲 *Iris ensata* var. *hortensis*

俗名紫色花菖蒲、粉色花菖蒲。玉蝉花的变种，鸢尾科鸢尾属。

花期：5月上旬开花，有时4月下旬开花，最佳观赏期5月上中旬至6月上旬，花期5～6月；果熟期8～9月。见图172。

习性：喜光，稍耐阴，喜温暖湿润气候，不耐寒，喜湿、喜浅水，多在河、湖、池塘边生长。

景观应用：姿态优美，叶形清秀，花大而艳丽，观赏价值极高，豫南广泛用于浅水、湿地景观。

形态特征：多年生水生草本植物，植株基部围有叶鞘残留的纤维；根状茎粗壮，斜伸，外包有棕褐色叶鞘残留的纤维；须根绳索状，灰白色，有皱缩的横纹。

花：花大，两性，深紫色至白色，直径9～10cm，斑点及花纹变化较大。花茎自叶丛中抽出，圆柱形，高约1m，直径5～8mm，实心，有1～3枚茎生叶；苞片3枚，近革质，披针形，长4.5～7.5cm，宽0.8～1.2cm，顶端急尖、渐尖或钝，平行脉明显而突出，内包含有2朵花；花梗长1.5～3.5cm；花被管漏斗形，长1.5～2cm，单瓣或重瓣，花被裂片6枚，2轮排列，外轮花被裂片3枚，倒卵形，长7～8.5cm，宽3～3.5cm，较内轮的大，上部常反折下垂，基部渐狭成爪，爪部细长，中央下陷呈沟状，中脉上无附属物，有黄色斑纹，内花被裂片3枚，较小，直立，狭披针形或宽条形，长约5cm，宽约5～6mm；雄蕊3枚，着生于外轮花被裂片的基部，长约3.5cm，花药紫色，较花丝长，外向开裂；花柱上部3分枝，分枝扁平，长约 5cm，宽 0.7～1cm，略呈拱形弯曲，花瓣状，顶端再 2 裂，裂片三角形，有稀疏的牙齿，柱头生于花柱顶端裂片的基部，子房下位，圆柱形，长 1.5～2cm，直径约 3mm，3 室，中轴胎座，胚珠多数。

果： 蒴果长椭圆形，长 4.5～5.5cm，宽 1.5～1.8cm，顶端有短喙，6 条肋明显，成熟时自顶端向下开裂至 1/3 处。种子棕褐色，扁平，半圆形，边缘呈翅状。

叶： 单叶基生，相互套迭，排成二列，条形，长 50～80cm，宽 1～1.8cm，顶端渐尖或长渐尖，基部鞘状，叶脉平行，两面中脉明显而突出。

173. 梭鱼草 *Pontederia cordata*

雨久花科梭鱼草属。

花期： 5 月中旬开花，最佳观赏期 5 月中下旬至 6 月上旬，花期 5～6 月；果熟期 10～11 月。见图 173-1、图 173-2。

习性： 挺水植物，喜光，喜温暖湿润气候，耐热，稍耐寒，对土壤要求不严，适生于浅水、沼泽或水湿地，水深不宜超过 30cm。播种、分株繁殖。

景观应用： 株形优美，花色艳丽奇特，花期长，适合各类公园绿地的浅水湿地景观绿化。

形态特征： 多年生水生草本植物，茎直立，株高 20～80cm，地下茎粗壮。

花： 花两性，蓝紫色或蓝色，辐射对称。穗形总状花序顶生，花多数；花莛直立，花序下方被佛焰苞状苞片，浅绿色，纸质；花冠筒状，上部渐大，背面具毛，裂片 6 枚，长卵圆形，上部 1 枚裂片具 1 对黄色圆形斑点；雄蕊 6 枚，3 长 3 短，长蕊伸出花冠外；雌蕊短，藏于花冠内。

果： 蒴果长三棱形。种子小，多数。

叶： 单叶，纸质，全缘；基生叶广卵圆状心形，顶端急尖，基部心形，叶脉弧形；茎生叶长卵圆状心形，互生，顶端渐尖，基部心形或圆形，叶脉平行或略弧形；叶柄长，基部具开放叶鞘，环抱茎。

174. 喜旱莲子草 *Alternanthera philoxeroides*

俗名空心莲子草、水花生、空心苋、水马齿苋。苋科莲子草属。

花期： 5 月中旬开花，最佳观赏期 5 月中下旬至 8 月，花期 5～10 月。见图 174-1、图 174-2。

习性： 喜光，喜水，耐寒，稍耐阴，适应性强，在潮湿陆地、湿地、浅水域均能生长。

景观应用： 生长快，耐水湿，在积水、潮湿地块作地被植物景观效果较好，多用于各类公园游园的湿地、水域绿化。

形态特征： 多年生水生草本植物；茎基部匍匐，上部上升，管状，不明显 4 棱，长 55～120cm，具分枝，幼茎及叶腋有白色或锈色柔毛，老茎无毛，仅在两侧纵沟内保留；节处生根，有时呈浅褐色。

花： 花小，两性，白色，密生，形成具总花梗的头状花序，单生叶腋。头状花序球形，直径 8～15mm；总花梗单一，绿色，长 2～3cm，径 1mm，被白色柔毛；苞片及小苞片白色，顶端渐尖，具 1 脉，干膜质，宿存，苞片卵形，长 2～2.5mm，小苞片披针形，长 2mm；花被片 5 枚，覆瓦状排列，干膜质，矩圆形，长 5～6mm，光亮，无毛，顶端急尖，背部侧扁；雄蕊 5 枚，花丝长 2.5～3mm，基部连合成杯状，花药条状长椭圆形；退化雄蕊矩圆状条形，全缘，和雄蕊约等长，顶端裂成窄条；雌蕊柱头头状。

果： 未见果实。

叶： 单叶对生，叶片长矩圆形、倒卵圆形或倒卵状披针形，长 2.5～5cm，宽 7～20mm，顶端急尖或圆钝，具短尖，基部渐狭，全缘，两面无毛或上面有贴生毛及缘毛，下面有颗粒状突起；叶柄长 3～10mm，无毛或微有柔毛。

其他用途： 全草入药，有清热利水、凉血解毒作用；可作饲料。

175. 菖蒲 *Acorus calamus*

俗名臭蒲、泥菖蒲、臭草、大菖蒲、剑菖蒲、臭菖蒲、石菖蒲、土菖蒲等。天南星科菖蒲属。

花期： 5月中旬开花，最佳观赏期5月下旬至6月，花期5～7月。见图175。

习性： 喜光，稍耐阴，喜温凉湿润气候，耐寒，喜水，适应性强，对土壤要求不严，喜生于河湖溪塘沿岸的湿地、沼泽、浅水中，水深不宜超过30cm；能净化水质。播种、分株繁殖。

景观应用： 叶形秀美，花色艳丽，观赏价值高，是各类浅水景观和湿地、水岸绿化的常用观赏植物，也可盆栽，点缀、美化庭院或室内环境。

形态特征： 多年生水生草本；根茎横走，稍扁，分枝，直径5～10mm，外皮黄褐色，芳香，肉质根多数，具毛发状须根。

花： 花密，两性，黄绿色，自下而上开放。肉穗花序狭锥状圆柱形，长4.5～8cm，直径6～12mm，直立或斜展，无附属器，生于当年生叶腋；花序柄长，全部贴生于佛焰苞鞘上，三棱形，长15～50cm；叶状佛焰苞剑状线形，长30～40cm，直立，宿存，与花序柄合生，在肉穗花序着生点之上分离；花被片6枚，长胜于宽，拱形，靠合，近截平，长约2.5mm，宽约1mm，2轮各3枚；雄蕊6枚，花丝线形，长2.5mm，先端渐狭为药隔，花药短；花柱极短，柱头小，无柄。

果： 浆果长圆形，顶端渐狭为近圆锥状的尖头，红色。种子长圆形，从室顶下垂，直，有短的珠柄；胚乳肉质。

叶： 单叶基生，二列，嵌列状，形如鸢尾，基部两侧膜质叶鞘宽4～5mm，向上渐狭，至叶长1/3处渐行消失、脱落；叶片剑状线形，长90～100cm，中部宽1～3cm，基部宽，对折，中部以上渐狭，草质，绿色，光亮；中肋在两面均明显隆起，侧脉3～5对，平行，纤弱，大都伸延至叶尖；无柄。

176. 再力花 *Thalia dealbata*

俗名水竹芋、水莲蕉、塔利亚。竹芋科水竹芋属。

花期： 5月中旬开花，最佳观赏期5月下旬至6月，花期5～10月。见

图 176–1、图 176–2。

习性： 喜光，耐半阴，喜温暖湿润气候，不耐寒，适宜在浅水、沼泽、潮湿地生长，水深以不超过 80cm 为宜；根系发达，萌蘖能力强；能净化水质。播种、分株繁殖。

景观应用： 植株优美，叶形秀丽，花色繁艳，花形奇特，常用于各类公园的水体景观和湿地绿化。

形态特征： 多年生挺水草本植物；茎直立，株高 1～2m，全株有白粉；根茎块状，冬季落叶，翌春根部发芽。

花： 花小，两性，蓝紫色或紫红色，不对称，着生于花轴。花葶直立，自基部抽出，高达 2m；复总状花序顶生，长 20～30cm；总苞片多枚，黄绿色，边缘紫红色，长 5～20cm，宽披针形，顶端尖，小苞片比总苞片小，宽卵状披针形，长 0.8～1.5cm，凹形，革质，表面具蜡质层，腹面具白色柔毛；花萼小，萼片长 1.5～2.5mm，蓝紫色，分离；花瓣 3 枚，下方的 1 枚较大，兜形，基部合生成筒状；雄蕊短，能育雄蕊 1 枚，侧生退化雄蕊呈花瓣状；花柱偏斜、弯曲、变宽。

果： 蒴果球形，顶端开裂，直径 0.8～1.2cm，暗绿色。种子 1 粒，坚硬，棕褐色，有胚乳和假种皮。

叶： 单叶，大型，基生或茎叶互生，纸质，卵状披针形，全缘，长 30～50cm，宽 10～25cm，正面绿色，背面灰绿色，边缘浅紫色，先端渐尖，基部宽楔形、圆形或浅心形，稍偏；羽状脉，主脉明显；叶柄长，变化大，可达 1.5m，基部鞘状。

177. 水烛 *Typha angustifolia*

俗名水蜡烛、蒲草、狭叶香蒲、蜡烛草。香蒲科香蒲属。

花期： 5 月下旬开花，最佳观赏期 5 月下旬至 6 月上旬，花期 5～7 月；果熟期 8～9 月。观叶观果植物。见图 177。

习性： 挺水植物，喜光，稍耐阴，喜温暖湿润气候，耐寒，对土壤要求不严，喜河湖溪塘沿岸湿地、沼泽、浅水中生长，水深不宜超过 1m；具有净化水质的功能。播种、分株繁殖。

景观应用： 株形优美，花如蜡烛，观赏价值高，是各类水体景观、湿地绿化的常用观赏和净化植物。

形态特征： 多年生水生草本；地上茎直立，粗壮，高 1.5～3m；根状茎乳黄色、灰黄色，先端白色。

花：花单性，黄色或黄绿色，雌雄同株。花序穗状，雌雄花序分离，相距 2.5～6.9cm；雄花序生于上部至顶端，花期时比雌花序粗壮，花序轴密生褐色扁柔毛，单出，或分叉，叶状苞片 1～3 枚，花后脱落；雌花序位于下部，花序长 15～30cm，基部具 1 枚叶状苞片，通常比叶片宽，花后脱落；雄花无被，由 3 枚雄蕊合生，有时 2 枚或 4 枚组成，花药长约 2mm，长矩圆形，花丝短，细弱，下部合生成柄，长 1.5～3mm，向下渐宽；雌花无被，具小苞片，孕性雌花柱头单侧，窄条形或披针形，长 1.3～1.8mm，花柱长 1～1.5mm；不孕雌花柱头短尖不发育，无花柱。

果：小坚果长椭圆形，长约 1.5mm，具褐色斑点，纵裂。种子椭圆形，深褐色，长 1～1.2mm，富含胚乳。

叶：叶二列，互生，直立或斜上；叶片条形，全缘，长 54～120cm，宽 4～9mm，上部扁平，中部以下腹面微凹，背面向下逐渐隆起呈凸形，下部横切面呈半圆形，细胞间隙大，呈海绵状；叶脉平行；叶鞘长，边缘膜质，抱茎。

6月 开花植物

6月已入夏，蝉鸣蛐叫，但开花植物却日渐减少，最具代表性的便是莲，"接天莲叶无穷碧，映日荷花别样红"，其次女贞、梧桐、紫薇、栀子、百合、玉簪、美人蕉等花开繁艳，本书收集常见开花植物28种。6月，乔灌植物花开渐少，草本植物、水生植物开花增多。

图 178-1　女贞（摄于信阳平桥）

图 178-2　女贞（摄于信阳平桥）

图 179-1　乌桕（摄于信阳百花园）

图 179-2　乌桕（摄于信阳百花园）

图 180-1 梧桐（摄于信阳羊山）

图 180-2 梧桐（摄于信阳羊山）

图 181-1 紫薇（摄于信阳百花园）

图 181-2 紫薇（摄于信阳百花园）

图 182 日本珊瑚树（摄于信阳琵琶台公园）

图 183-1 木槿（摄于信阳百花园）

图 183-2 木槿（摄于信阳百花园）

图 184-1 黄荆（摄于信阳羊山）

图 184-2 黄荆（摄于信阳羊山）

图 185 栀子（摄于信阳平桥）

图 186 狭叶栀子（摄于信阳平桥）

图 187 冬青卫矛（摄于信阳紫薇园）

287

图 188　胡枝子（摄于信阳羊山公园）

图 189-1　五叶地锦（摄于信阳羊山）

图 189-2　五叶地锦（摄于信阳羊山）

图 190-1　地锦（摄于信阳平桥）

图 190-2　地锦（摄于信阳平桥）

图 191 山葛 （摄于羊山森林植物园）

图 192-1　蓝花草（摄于信阳平桥）

图 192-2　蓝花草（摄于信阳平桥）

图 193-1　雄黄兰（摄于信阳羊山）

图 193-2　雄黄兰（摄于信阳羊山）

图 194-1　银叶菊（摄于信阳百花园）

图 194-2　银叶菊（摄于信阳羊山）

图 195　长药八宝（摄于信阳羊山）

图 196　射干（摄于信阳羊山）

图 197　蒲苇（摄于信阳平桥）

图 198-1　黑心金光菊（摄于信阳羊山）

图 198-2　黑心金光菊（摄于信阳羊山）

图 199-1　大花美人蕉（摄于信阳平桥）

图 199-2　大花美人蕉（摄于信阳羊山）

图 200-1　美人蕉（摄于信阳羊山）

图 200-2　美人蕉（摄于信阳羊山）

图 201　百合（摄于信阳平桥）

图 202　玉簪（摄于信阳羊山）

图 203　早花百子莲（摄于信阳羊山）

图204　香蒲（摄于森林植物园）

图205-1　莲（摄于信阳郝堂）

图205-2　莲（摄于信阳郝堂）

178. 女贞 *Ligustrum lucidum*

俗名大叶女贞、冬青、青蜡树等。木樨科女贞属。

花期： 6月初开花，有时5月下旬开花，最佳观赏期6月上中旬，花期6月；果熟期10～11月。见图178-1、图178-2。

习性： 喜光，喜温暖湿润气候，稍耐阴，稍耐寒，耐水湿，不耐瘠薄，不耐旱，在深厚、肥沃、疏松、湿润、腐殖质含量高的土壤中生长良好；深根性树种，须根发达，生长快，萌芽力强，耐修剪；对大气污染的抗性较强，能吸收部分氟化氢、二氧化硫和氯气，对汞蒸气反应相当敏感，受熏时叶、茎、花冠、花梗和幼蕾便会变成棕色或黑色，严重时落叶落蕾。播种繁殖。可作为砧木嫁接桂花、丁香、金叶女贞等植物。

景观应用： 四季常绿，花香四溢，叶大光亮，枝叶茂密，树形优美，是常用园林树种之一，孤植、列植、丛植、群植景观均佳，多用于居住小区、单位庭院、行道树、道路绿化、重要节点及街头绿地、广场绿地、各类公园绿化。

形态特征： 常绿小乔木，最高可达25m；树皮灰褐色，枝黄褐色、灰色或紫红色，圆柱形，疏生圆形或长圆形皮孔。

花： 花两性，白色，芳香。圆锥花序顶生，长8～20cm，宽8～25cm；花序梗长3cm以下；花序轴及分枝轴无毛，紫色或黄棕色，果时具棱；花序基部苞片常与叶同型。小苞片披针形或线形，长0.5～6cm，宽0.2～1.5cm，凋落；花无梗或近无梗，长不超过1mm；花萼钟状，无毛，长1.5～2mm，先端不明显4齿或近截形；花冠白色，长4～5mm，近辐状、漏斗状或高脚碟状，花冠管长1.5～3mm，裂片长2～2.5mm，4枚，反折；雄蕊2枚，着生于近花冠管喉部，内藏或伸出，花丝长1.5～3mm，花药长圆形；花柱丝状，长1.5～2mm，柱头棒状。

果： 浆果状核果，肾形或近肾形，长7～10mm，径4～6mm，深蓝黑色，成熟时呈红黑色，被白粉；果梗长1～5mm。种子1～4粒，种皮薄，胚乳肉质。

叶：单叶对生，革质，全缘，卵形、长卵形或椭圆形至宽椭圆形，长6～17cm，宽3～8cm，先端锐尖至渐尖或钝，基部圆形或近圆形，有时宽楔形或渐狭，叶缘平坦，上面光亮，两面无毛；中脉在上面凹入，下面凸起，侧脉4～9对，两面稍凸起或有时不明显；叶柄长1～3cm，上面具沟，无毛；无托叶。

其他用途： 种子油可制肥皂，花可提取芳香油，果可酿酒或制酱油，枝、叶可养白蜡虫，果可入药制作女贞子，叶具有解热镇痛的功效。

179. 乌桕 *Triadica sebifera*

俗名木子树、桕子树、腊子树、米桕等。大戟科乌桕属。

花期： 6月上旬开花，最佳观赏期6月上中旬，花期6～7月。见图179-1、图179-2。

习性： 喜光，喜温度湿润气候，适应性强，对土壤要求不严，耐寒，耐水湿，能耐间歇或短期水淹；深根性树种，侧根发达，抗风；抗氟化氢；生长快，寿命长。播种繁殖。

景观应用： 树形奇特，叶形优美，叶片秋季金黄，是优良园林景观树种，可孤植、丛植造景，配置在水边、假山、景石、建筑旁边或草坪中，韵味十足，意境深远，多用于单位庭院、居住小区、道路绿化、城市节点、广场绿地、各类公园绿化。

形态特征： 落叶乔木，高达15m，各部均无毛而具乳状汁液；树皮暗灰色，有纵裂纹；枝广展，具皮孔。

花：花单性，黄色或黄绿色，雌雄同株，聚集成总状花序。花序顶生，长6～12cm，雌雄同序；雌花通常生于花序轴最下部，罕有下部少数雄花着生，雄花生于花序轴上部，有时整个花序全为雄花；无花瓣和花盘。雄花小，黄色或淡黄色；花梗纤细，长1～3mm，向上渐粗；苞片阔卵形，长和宽近相等，约2mm，顶端略尖，基部两侧各具一近肾形的腺体，每一苞片内具10～15朵花；小苞片3枚，不等大，边缘撕裂状；花萼膜质，杯状，顶端近截平，3浅裂，裂片钝，具不规则的细齿；雄蕊2枚，罕有3枚，伸出于花萼之外，花丝分离，与球状花药近等长。雌花比雄花大，花梗粗壮，长 3～3.5mm；苞片深 3 裂，裂片渐尖，基部两侧的腺体与雄花的相同，每一苞片内仅 1 朵雌花，间有 1 雌花和数雄花同聚生于苞腋内；花萼 3 深裂，裂片卵形至卵状披针形，顶端短尖至渐尖；花柱 3 枚，基部合生，柱头外卷。

果： 蒴果梨状球形，成熟时黑色，直径 1～1.5cm，具 3 种子，分果脱落后而中轴宿存。种子扁球形，黑色，长约 8mm，宽 6～7mm，外被白色、蜡质的假种皮。

叶： 单叶互生，纸质，菱形、菱状卵形或稀有菱状倒卵形，长 3～8cm，宽 3～9cm，全缘，顶端骤然紧缩具长短不等的尖头，基部阔楔形或钝；羽状脉，中脉两面微凸起，侧脉 6～10 对，纤细，斜上升，离缘 2～5mm 弯拱网结，网状脉明显；叶柄纤细，长 2.5～6cm，顶端具 2 腺体；托叶小，顶端钝，长约 1mm。

其他用途： 叶为黑色染料；根皮治毒蛇咬伤；种子的白色蜡质层溶解后可制肥皂、蜡烛，种子油适于涂料，可涂油纸、油伞等。

180. 梧桐 *Firmiana simplex*

俗名青桐。梧桐科梧桐属。

花期： 6 月上旬开花，最佳观赏期 6 月中下旬，花期 6～7 月；果熟期 9～10 月。见图 180-1、图 180-2。

习性： 喜光，喜温暖湿润气候，适应性强，喜疏松、肥沃、湿润的砂质壤土，耐旱、耐寒，不抗风，不耐水渍；深根性树种，根系发达、粗壮；萌芽力弱，不耐修剪；生长快，寿命较长；春季发芽较晚，秋季落叶较早。播种繁殖。

景观应用： 树干通直挺拔，青绿光滑，叶大形美，观赏性较强，可孤植、列植、丛植、片植成景，园林中常用于单位庭院、居住小区、行道树、道路街头、广场绿地、各类公园游园绿化，是一种优美的园林观赏树种。

形态特征： 落叶乔木，高达 16m；树皮青绿色，平滑。

花： 花淡黄绿色，单性或杂性。圆锥花序顶生，长 20～50cm，下部分枝长达 12cm；萼片 5 枚，深裂几至基部，萼片条形，向外卷曲，长 7～9mm，外面被淡黄色短柔毛，内面仅在基部被柔毛，有时基部渐变为淡红色，镊合状排列，无明显的萼筒；花梗与花几等长；无花瓣；有雌雄蕊柄；雄花的雌雄蕊柄与萼等长，下半部较粗，无毛，花丝常合生成管状，花药 15 个不规则地聚集在雌雄蕊柄的顶端成头状，花药 2 室，纵裂，有退化雌蕊，退化子房梨形且甚小；雌花花柱在基部连合，柱头 5 枚分离。

果： 蓇葖果膜质，有柄，果皮膜质，成熟前开裂成叶状，长 6～11cm，宽 1.5～2.5cm，外面被短茸毛或几无毛，每蓇葖果有种子 2～4 个，着生在叶状果皮的内缘。种子圆球形，表面有皱纹，直径约 7mm。

叶： 单叶互生，心形，掌状 3～5 裂，直径 15～30cm，裂片三角形，顶端渐尖，基部心形，两面均无毛或略被短柔毛，基生脉 7 条，叶柄与叶片等长；嫩叶被淡黄白色毛。

其他用途： 木材轻软，是制作木匣和乐器的良材；种子炒熟可食或榨油；茎、叶、花、果和种子均可药用，有清热解毒的功效；木材刨片可浸出黏液，润发。

181. 紫薇 *Lagerstroemia indica*

俗名百日红、无皮树、痒痒树、痒痒花。千屈菜科紫薇属。

花期： 花期较长，花朵鲜艳美丽，6 月中旬开花，最佳观赏期 6 月下旬至 7 月，此时花最艳，花期 6～9 月，有时 10 月仍有开花；果熟期 10～12 月。见图 181-1、图 181-2。

习性： 喜光，喜肥，喜温暖湿润气候，适应性强，对土壤要求不严，较耐寒，不耐旱，亦不耐涝，适生于深厚肥沃、疏松、湿润的壤土；萌蘖能力强，耐修剪；抗污染，对二氧化硫、氟化氢及氯气的抗性较强；生长慢，寿命长。以播种繁殖为主，可扦插、嫁接、压条、分株繁殖。

景观应用： 花色繁多，花期长达 3 个多月，树皮光滑，树形优美，是园林绿化最常用的树种之一，可孤植、列植、丛植成景，花枝招展，片植成景，美丽壮观，广泛用于单位庭院、居住小区、行道树、道路绿化、城市重要节点、广场绿地、各类公园游园及工厂绿化，可与其他植物配置成景，也可与建筑、小品、假山、景石、水体配置，更是盆景、艺术造型的好材料，可培养成桩景、花柱、花篱、花廊、花门、花窗等各种造型，优美奇特，华丽绚烂。

形态特征：落叶小乔木，高达7m，多作观赏灌木；树皮平滑，灰色或灰褐色；枝干多扭曲，小枝纤细，具4棱，略成翅状。

花：花两性，紫色、紫红色、淡红色、红色、白色，直径3～4cm，辐射对称，常组成7～20cm的顶生圆锥花序。花梗长3～15mm，在小苞片着生处具关节，中轴及花梗均被柔毛；花萼半球形或陀螺形，革质，长7～10mm，外面平滑无棱，但鲜时萼筒有微突起短棱，两面无毛，裂片6枚，三角形，直立，镊合状排列，无附属体；花瓣6枚，皱缩，边缘波状，长12～20mm，基部具长爪，着生萼筒边缘，花芽时成皱褶状；雄蕊36～42枚，通常为花瓣的倍数，着生于萼筒近基部，花丝细长，长短不一，外面6枚着生于花萼上，比其余的长得多；花柱长，柱头头状。

果：蒴果木质，椭圆状球形或阔椭圆形，长1～1.3cm，基部有宿存的花萼包围，多少与萼黏合，幼时绿色至黄色，成熟时或干燥时呈紫黑色，室背开裂为3～6果瓣。种子多数，顶端有翅，长约8mm。

叶：单叶互生，有时对生，纸质，椭圆形、阔矩圆形或倒卵形，长2.5～7cm，宽1.5～4cm，全缘，叶缘褐色有细小尖芒，顶端短尖或钝形，有时微凹，基部阔楔形或近圆形，无毛或下面沿中脉有微柔毛；侧脉3～7对，小脉不明显，叶缘处不互相连接；托叶极小，圆锥状，脱落；无柄或叶柄很短。

品种：银薇，花白色。

其他用途：紫薇的木材坚硬、耐腐，可作家具、建筑用材；树皮、叶及花为强泻剂；根和树皮煎剂可治咯血、吐血、便血。

182. 日本珊瑚树 *Viburnum awabuki*

俗名法国冬青，珊瑚树的变种。忍冬科荚蒾属。

花期： 6 月上旬开花，有时 5 月底开花，最佳观赏期 6 月上中旬，花期 6～7 月；果熟期 9～10 月。见图 182。

习性： 喜光，较耐阴，喜温暖湿润气候，不耐寒，耐旱，在土层深厚、疏松肥沃、湿润而排水良好的中性和微酸性壤土中生长较好；根系发达，萌芽性强，耐修剪，生长快；对煤烟及有毒气体抗性强。播种、扦插繁殖。

景观应用： 枝繁叶茂，四季常绿，叶色青翠，繁花洁白，果色红艳，是景观造型、绿篱、色块、花境的优良树种，可孤植、丛植成景，可列植成屏，多用于单位庭院、居住小区、道路绿化、广场绿地及各类公园绿化。

形态特征： 常绿灌木；枝灰色或灰褐色，有凸起的小瘤状皮孔，无毛或有时稍被褐色簇状毛。冬芽有 1～2 对卵状披针形的鳞片。

花： 花小，两性，白色至淡黄色，芳香，直径约 7mm，整齐。圆锥花序通常生于具两对叶的幼枝顶端，长 9～15cm，直径 8～13cm，无毛或散生簇状毛；总花梗长可达 10cm，扁，有淡黄色小瘤状凸起；苞片长不足 1cm，宽不及 2mm，早落；萼筒筒状钟形，长 2～2.5mm，无毛，萼檐碟状，萼齿 5 枚，宽三角形，宿存；花冠筒钟形，花冠辐状，长 3.5～4mm，裂片 5 枚，圆卵形，顶端圆，长 2～3mm，开展，反折；雄蕊 5 枚，着生于花冠筒顶端，略超出花冠裂片，花药黄色，内向，矩圆形，长近 2mm；花柱较细，长约 1mm，柱头头状，常高出萼齿。

果： 核果卵圆形或卵状椭圆形，先红色后变黑色，长约 8mm，直径 5～6mm；果核通常倒卵圆形至倒卵状椭圆形，骨质，长 6～7mm，直径约 4mm，有 1 条深腹沟。种子 1 枚，胚乳坚实，硬肉质或嚼烂状。

叶： 单叶对生，革质，倒卵状矩圆形至矩圆形，长 7～13cm，顶端钝或急狭而钝头，基部宽楔形，边缘常有较规则的波状浅钝锯齿，上面深绿色有光泽，下面浅绿色，两面无毛或脉上散生簇状微毛，下面有时散生暗红色微腺点，脉腋常有集聚簇状毛和趾蹼状小孔；羽状脉，侧脉 6～8 对，弧形，近缘前互相网结，连同中脉下面凸起而显著；叶柄长 1～2cm，无毛或被簇状微毛；无托叶。

其他用途： 木材可供细工原料；根和叶入药，治跌打肿痛和骨折。

183. 木槿 *Hibiscus syriacus*

俗名木棉、荆条、喇叭花、朝开暮落花等。锦葵科木槿属。

花期： 6月上旬开花，有时5月底就开花，最佳观赏期6月上旬至7月，花期6～9月。见图183-1、图183-2。

习性： 喜光，喜温暖湿润气候，耐旱，耐寒，耐贫瘠，耐水湿，稍耐阴，适应性强，在深厚、疏松、肥沃、湿润的土壤中生长良好；耐修剪，萌蘖性强，生长快，根系浅；对二氧化硫与氯化物等有害气体具有很强的抗性。播种、压条、分株繁殖。

景观应用： 花大色艳，观赏性强，孤植、列植、丛植、群植均可，多用于居住小区、单位庭院、道路绿化、街头绿地、广场游园、公园绿化，亦可作花篱、绿篱，是常用园林绿化树种之一。

形态特征： 落叶灌木，高达4m，小枝密被黄色星状茸毛。

花： 花两性，淡紫色，直径5～6cm，单朵顶生于枝端叶腋间。花梗长4～14mm，被星状短茸毛；小苞片6～8枚，线形，长6～15mm，宽1～2mm，密被星状疏茸毛；花萼钟形，长14～20mm，密被星状短茸毛，裂片5枚，三角形，宿存；花冠钟形，花瓣5枚或多枚，倒卵形，长3.5～4.5cm，外面疏被纤毛和星状长柔毛，基部与雄蕊柱合生；雄蕊顶端平截或5齿裂，花丝长约3cm，花药多数，生于柱顶，不伸出花外；花柱5裂，柱头头状，花柱枝无毛。

果： 蒴果卵圆形，直径约12mm，密被黄色星状茸毛。种子肾形，背部被黄白色长柔毛。

叶： 单叶互生，坚纸质，菱形至三角状卵形，长3～10cm，宽2～4cm，具深浅不同的3裂或不裂，先端钝，基部楔形，边缘具不整齐齿缺；掌状叶脉，下面沿叶脉微被毛或近无毛；叶柄长5～25mm，上面被星状柔毛；托叶线形，长约6mm，疏被柔毛。

变型：

白花重瓣木槿，花白色，重瓣，直径6～10cm。

粉紫重瓣木槿，花粉紫色，花瓣内面基部洋红色，重瓣。

雅致木槿，花粉红色，重瓣，直径 6～7cm。

大花木槿，花桃红色，单瓣。

牡丹木槿，变型，花粉红色或淡紫色，重瓣，直径 7～9cm。

白花单瓣木槿，花纯白色，单瓣。

紫花重瓣木槿，花青紫色，重瓣。

其他用途：茎皮富含纤维，供造纸原料；入药治疗皮肤癣疮。

184. 黄荆 *Vitex negundo*

俗名黄荆条。马鞭草科牡荆属。

花期：6 月上旬开花，有时 5 月底即开花，最佳观赏期 6 月，花期 6～7 月；果熟期 9～10 月。见图 184-1、图 184-2。

习性：喜光，稍耐阴，喜温暖湿润气候，不耐寒，耐旱，耐瘠薄，适应性强，喜土层深厚、疏松肥沃、湿润而排水良好的酸性或微酸性砂质壤土。播种繁殖。

景观应用：花繁色艳，适应能力强，常用于各类公园的绿化，也可作造型盆景。

形态特征：落叶灌木或小乔木；小枝四棱形，密生灰白色茸毛。

花：花两性，淡紫色，多少两侧对称。聚伞花序排成圆锥花序式，顶生，长 10～27cm；花序梗密生灰白色茸毛；苞片小；花萼钟状，顶端有 5 裂齿，外有灰白色茸毛，宿存，结果时稍增大；花冠管圆柱形，外有微柔毛，略长于萼，顶端 5 裂，二唇形，上唇 2 裂，下唇 3 裂，中间的裂片较大；雄蕊 4 枚，着生于花冠管上，2 长 2 短或近等长，伸出花冠管外，花丝分离；花柱顶生，丝状，柱头 2 裂。

果：核果近球形，径约 2mm，外果皮薄，中果皮肉质，内果皮骨质，宿萼接近果实的长度。种子 4 粒，倒卵形、长圆形或近圆形，无胚乳；子叶通常肉质。

叶：掌状复叶，对生；小叶 3～5 枚，小叶片长圆状披针形至披针形，顶端渐尖，基部楔形，全缘或每边有少数粗锯齿，表面绿色，背面密生灰白色茸毛；中间小叶长 4～13cm，宽 1～4cm，两侧小叶依次渐小；若具 5 小叶，中间 3 片小叶有柄，最外侧的 2 片小叶无柄或近于无柄；无托叶。

变种：

牡荆，小叶边缘较多粗锯齿，背面疏生柔毛，圆锥花序稍短，长 10～20cm，开花晚，6 中旬开花，6 月下旬至 7 月上旬盛花，果熟期 10～11 月。

荆条，小叶片边缘有缺刻状锯齿，浅裂或深裂，背面密被灰白色茸毛。

其他用途：茎皮可造纸及制人造棉，茎叶治久痢，种子为清凉性镇静、镇痛药，根可以驱蛲虫，花和枝叶可提取芳香油。

185. 栀子 *Gardenia jasminoides*

俗名栀子花、大叶栀子、水横枝等。茜草科栀子属。

花期：6 月上旬开花，最佳观赏期 6 月，花期 6～7 月；果熟期 11～12 月。见图 185。

习性：半喜光，耐阴，喜温暖湿润气候，不耐强光直射，稍耐寒，耐旱，耐湿，适应性强，喜土层深厚、疏松肥沃、湿润而排水良好的酸性重壤土；可抗有害气体；萌芽力强，耐修剪，生长快；是典型的酸性植物，微酸性土壤也能正常生长。扦插繁殖，也可播种繁殖。

景观应用：四季常绿，枝叶繁茂，株形优美，花大美丽，洁白如玉，纯洁无瑕，香气怡人，是豫南常用而优良的园林绿化树种，可室内盆栽，可作花篱、地被、图纹色块、花境材料，可与假山、岩石、水体、园林建筑、乔木配置，可作造型盆景，庭院中广泛栽植观赏，孤植、丛植、列植、片植均有较好的景观，园林中多用于单位庭院、居住小区、道路绿化、广场绿地及各类公园绿化。

形态特征：常绿灌木，高可达 3m；嫩枝常被短毛，枝圆柱形，灰色。

花：花大，美丽，两性，初为白色，后变为乳黄色，芳香，直径 3～8cm，单朵或 2 朵生于枝顶。花梗长 3～5mm；萼管倒圆锥形或卵形，长 8～25mm，有纵棱，萼檐管形，膨大，顶部 5～8 裂，通常 6 裂，裂片披针形或线状披针形，长 10～30mm，宽 1～4mm，结果时增长，宿存；花冠高脚碟状，喉部有疏柔毛，冠管狭圆筒形，长 3～5cm，宽 4～6mm，顶部 5～8 裂，通常 6 裂，裂片广展或外弯，倒卵形或倒卵状长圆形，长 1.5～4cm，宽 0.6～2.8cm，旋转排列；雄蕊与花冠裂片同数而互生，着生于花冠喉部，花丝极短，花药背着，线形，长 1.5～2.2cm，伸出；花柱粗厚，长约 4.5cm，柱头纺锤形，伸出，长 1～1.5cm，宽 3～7mm。

果： 浆果卵形、近球形、椭圆形或长圆形，黄色或橙红色，长 1.5～7cm，直径 1.2～2cm，有翅状纵棱 5～9 条，顶部的宿存萼片长达 4cm，宽达 6mm。种子多数，扁，近圆形而稍有棱角，长约 3.5mm，宽约 3mm，常与肉质的胎座胶结而成一球状体；胚乳坚实。

叶： 单叶对生，革质，少为 3 枚轮生，叶形多样，全缘，通常为长椭圆形、长圆状披针形、倒卵状长圆形或倒卵形，长 3～25cm，宽 1.5～8cm，顶端渐尖、骤然长渐尖或短尖而钝，基部楔形或短尖，两面常无毛，上面亮绿，下面色较暗；侧脉 8～15 对，在下面凸起，在上面平；叶柄长 0.2～1cm；托叶生于叶柄内，三角形，膜质，基部常合生。

变种： 白蟾，花重瓣，大而美丽。

其他用途： 果是常用中药，能清热利尿、泻火除烦、凉血解毒、散瘀，叶、花、根亦可作药用；果实提取栀子黄色素，可作染料应用，在化妆等工业中用作天然着色剂原料，又是一种品质优良的天然食品色素；花可提制芳香浸膏，用于多种花香型化妆品和香皂香精的调和剂。

186. 狭叶栀子 *Gardenia stenophylla*

俗名小叶栀子、野白蟾、花木。茜草科栀子属。

花期： 6 月上旬开花，最佳观赏期 6 月，花期 6～7 月；果熟期 11～12 月。见图 186。

习性： 半喜光，耐阴，喜温暖湿润气候，不耐强光直射，稍耐寒，耐旱，耐湿，适应性强，喜土层深厚、疏松肥沃、湿润而排水良好的酸性重壤土；可抗有害气体；萌芽力强，耐修剪，生长快；是典型的酸性植物，微酸性土壤也能正常生长。扦插繁殖，也可播种繁殖。

景观应用：四季常绿，枝叶繁茂，株形优美，花大美丽，洁白如玉，纯洁无瑕，香气怡人，是豫南常用而优良的园林绿化树种，可室内盆栽，可作花篱、地被、图纹色块、花境材料，可与假山、岩石、水体、园林建筑、乔木配置，可作造型盆景，庭院中广泛栽植观赏，孤植、丛植、列植、片植均有较好的景观，园林中多用于单位庭院、居住小区、道路绿化、广场绿地及各类公园绿化。

形态特征：常绿灌木，高可达 3m；小枝纤弱。

花：花两性，白色，大而美丽，芳香，盛开时直径达 4～5cm，单生于叶腋或小枝顶部。花梗长约 5mm；萼管倒圆锥形，长约 1cm，萼檐管形，顶部 5～8 裂，裂片狭披针形，长 1～2cm，结果时增长；花冠高脚碟状，冠管长 3.5～6.5cm，宽 3～4mm，顶部 5～8 裂，裂片盛开时外反，长圆状倒卵形，长 2.5～3.5cm，宽 1～1.5cm，顶端钝；花丝短，花药线形，伸出，长约 1.5cm；花柱长 3.5～4cm，柱头棒形，顶部膨大，长约 1.2cm，伸出。

果：果长圆形，长 1.5～2.5cm，直径 1～1.3cm，有纵棱或有时棱不明显，成熟时黄色或橙红色，顶部有增大的宿存萼裂片。

叶：单叶对生，薄革质，狭披针形或线状披针形，长 3～12cm，宽 0.4～2.3cm，顶端渐尖而尖端常钝，基部渐狭，常下延，两面无毛；羽状脉，侧脉纤细，9～13 对，在下面略明显；叶柄长 1～5mm；托叶膜质，长 7～10mm，脱落。

其他用途：果实和根供药用，有凉血、泻火、清热解毒的效用。

187.冬青卫矛 *Euonymus japonicus*

俗名大叶黄杨、正木、扶芳树。卫矛科卫矛属。

花期：6 月上旬开花，最佳观赏期 6 月上中旬，花期 6～7 月；果熟期 9～10 月。见图 187。

习性：喜光，稍耐阴，喜温暖湿润气候，不耐寒，不耐旱，在土层深厚、疏松肥沃、湿润而又排水良好的壤土中生长较好；抗病性差，萌芽力强，耐修剪。扦插、压条、播种繁殖。

景观应用： 四季常绿，分枝多，耐修剪，可作球形、色块、造型等景观植物，可作房前绿篱，孤植、丛植、列植、片植均可，园林中多用于单位庭院、居住小区、道路绿化及各类公园绿化。

形态特征： 常绿灌木，高可达 3m；小枝四棱，具细微皱突，多被小疣点。冬芽常较粗大，长可达 10mm，直径可达 6mm。

花：花小，两性，白绿色，直径 5～7mm。聚伞花序 5～12 朵，花序梗长 2～5cm，2～3 次分枝，分枝及花序梗均扁状，第三次分枝常与小花梗等长或较短；小花梗长 3～5mm；花萼绿色，4～5 数，多为宽短半圆形；花瓣近卵圆形，4～5 数，较花萼大，长宽各约 2mm；花盘发达，一般肥厚扁平，边缘不卷，不抱合子房；雄蕊 4～5 数，着生花盘上面，花丝长 2～4mm，花药长圆状；子房半沉于花盘内，花柱单一，明显或极短，柱头细小或小圆头状。

果：蒴果近球状，淡红色，直径约 8mm，不凹裂或极浅凹裂，顶端圆形或平钝，外皮平滑无刺突或有时粗糙呈细斑块状，成熟时开裂，开裂时果皮内层常突起成假轴。种子每室 1 粒，顶生，椭圆状，长约 6mm，直径约 4mm，假种皮橘红色，全包种子。

叶：单叶对生，革质，有光泽，倒卵形或椭圆形，长 3～5cm，宽 2～3cm，先端圆或急尖，基部楔形，边缘具浅细钝齿；叶柄长约 1cm；托叶小，早落。

品种： 花叶黄杨，栽培变型，叶片有金黄色或银白色斑块或边缘。

188. 胡枝子 *Lespedeza bicolor*

俗名随军茶、萩。豆科胡枝子属。

花期： 6 月上旬开花，最佳观赏期 6 月中旬至 9 月，花期 6～9 月；果熟期 10～11 月。见图 188。

习性： 喜光，喜温暖湿润气候，稍耐阴，耐寒，耐旱，耐瘠薄，适应性强，在土层深厚、疏松肥沃、湿润而又排水良好的壤土中生长较好；根系发达，生长快，抗风、固土能力强，能固氮。播种、扦插繁殖。

景观应用： 多用于单位庭院、居住小区、广场绿地、各类公园游园绿化，以景观点缀和花境造型为主。

形态特征： 落叶灌木，高可达 3m；多分枝，小枝黄色或暗褐色，有条棱，被疏短毛。芽卵形，长 2～3mm，具数枚黄褐色鳞片。

花： 花两性，紫红色。总状花序腋生，比叶长，常构成大型、较疏松的圆锥花序；总花梗长 4～10cm；小苞片 2 枚，卵形，长不到 1cm，先端钝圆或稍尖，黄褐色，被短柔毛，宿存，着生于花基部；花梗短，长约 2mm，密被毛；花萼钟形，长约 5mm，5 浅裂，裂片通常短于萼筒，上方 2 裂片合生成 2 齿，裂片卵形或三角状卵形，先端尖，外面被白毛；无闭锁花；花冠紫红色，极稀白色，长约 10mm，旗瓣倒卵形，先端微凹，翼瓣较短，近长圆形，基部具耳和瓣柄，龙骨瓣与旗瓣近等长，先端钝，基部具较长的瓣柄；雄蕊 10 枚，二体（9+1），花药同型；花柱内弯，柱头顶生。

果： 荚果斜倒卵形，稍扁，长约 10mm，宽约 5mm，表面具网纹，密被短柔毛，无钩状毛，通常具 1 荚节。种子 1 粒，不开裂。

叶： 羽状复叶互生，具 3 小叶；小叶质薄，卵形、倒卵形或卵状长圆形，长 1.5～6cm，宽 1～3.5cm，先端钝圆或微凹，稀稍尖，具短刺尖，基部近圆形或宽楔形，全缘，上面绿色，无毛，下面色淡，被疏柔毛，老时渐无毛，网状脉；托叶 2 枚，线状披针形，长 3～4.5mm；叶柄长 2～9cm。

其他用途： 种子油可供食用或作机器润滑油；叶可代茶；枝可编筐。

189. 五叶地锦 *Parthenocissus quinquefolia*

俗名五叶爬山虎、美国地锦、美国爬山虎。葡萄科地锦属。

花期： 6 月上旬开花，最佳观赏期 6 月上中旬，花期 6～7 月；果熟期 9～10 月。观叶植物，生长期观赏效果好。见图 189-1、图 189-2。

习性： 喜光，耐阴，喜温凉湿润气候，耐寒，耐旱，耐瘠薄，适应性强，喜疏松肥沃、排水良好的砂质壤土。播种、扦插、压条繁殖。

景观应用： 枝叶繁茂，攀缘能力强，多用于廊架、屋顶、墙体、桥体、河岸绿化及疏林地被，是常用立体绿化植物。

形态特征： 落叶木质藤本；小枝圆柱形，无毛；卷须总状 5～9 分枝，相隔 2 节间断与叶对生，卷须顶端嫩时尖细卷曲，后遇附着物扩大成吸盘。

花： 花小，两性，黄绿色或褐绿色，圆锥状多歧聚伞花序；花序假顶生，主轴明显，长 8～20cm；花序梗长 3～5cm，无毛，花梗长 1.5～2.5mm，无毛；花蕾椭圆形，高 2～3mm，顶端圆形；萼碟形，全缘，无毛；花瓣 5 枚，长椭圆形，高 1.7～2.7mm，开展，无毛，分离脱落；雄蕊 5 枚，花丝长 0.6～0.8mm，花药长椭圆形，长 1.2～1.8mm，黄色。

果： 浆果球形，直径 1～1.2cm，有种子 1～4 颗。种子倒卵形，顶端圆形，基部急尖成短喙。

叶： 复叶互生，掌状 5 小叶；小叶倒卵圆形、卵圆形或椭圆形，长 5.5～15cm，宽 3～9cm，顶端短尾尖，基部楔形或阔楔形，边缘有粗锯齿，上面绿色，下面浅绿色，两面均无毛或下面脉上微被疏柔毛；侧脉 5～7 对，网脉两面均不突出；叶柄长 5～14.5cm，无毛，小叶有短柄或几无柄。

190. 地锦 *Parthenocissus tricuspidata*

俗名爬墙虎、爬山虎、土鼓藤、铺地锦。葡萄科地锦属。

花期： 6 月中旬开花，最佳观赏期 6 月中下旬，花期 6～7 月；果熟期 9～10 月。观叶植物，生长期观赏效果好。见图 190-1、图 190-2。

习性： 喜光，稍耐阴，喜温暖湿润气候，耐寒，耐旱，耐湿，适应性强，喜疏松肥沃、排水良好的砂质壤土。播种繁殖。

景观应用： 枝叶繁茂，攀缘能力强，多用于廊架、屋顶、墙体、桥体、河岸绿化，是常用立体绿化植物。

形态特征： 落叶木质藤本；小枝圆柱形，无毛或微被疏柔毛；卷须 5～9 分枝，相隔 2 节间断与叶对生，顶端嫩时膨大呈圆珠形，后遇附着物扩大成吸盘。

花： 花小，两性，黄绿色或绿色，多歧聚伞花序。花序着生在短枝上，基部分枝，长 2.5 ～ 12.5cm，主轴不明显；花序梗长 1 ～ 3.5cm，几无毛，花梗长 2 ～ 3mm，无毛；花蕾倒卵状椭圆形，高 2 ～ 3mm，顶端圆形；萼碟形，全缘或呈波状，无毛；花瓣 5 枚，长椭圆形，高 1.8 ～ 2.7mm，开展，无毛，分离脱落；雄蕊 5 枚，花丝长约 1.5 ～ 2.4mm，花药长椭圆状卵形，长 0.7 ～ 1.4mm，黄色；花盘不明显花柱明显，基部粗，柱头不扩大。

果：浆果球形，直径 1 ～ 1.5cm，有种子 1 ～ 3 粒。种子倒卵圆形，顶端圆形，基部急尖成短喙。

叶：单叶互生，通常短枝上的叶 3 浅裂，长枝上的叶小不裂，叶片掌状或宽卵圆形，长 4.5 ～ 17cm，宽 4 ～ 16cm，顶端裂片急尖，基部心形，边缘有粗锯齿，上面绿色，无毛，下面浅绿色，无毛或中脉上疏生短柔毛；基出脉 5 条，中央脉有侧脉 3 ～ 5 对，网脉上面不明显，下面微突出；叶柄长 4 ～ 12cm，无毛或疏生短柔毛。

其他用途：根入药，能祛瘀消肿。

191. 山葛 *Pueraria montana*

俗名葛藤、野葛、葛。豆科葛属。

花期：6 月中旬始花，最佳观赏期 6 月下旬至 8 月中旬，花期 6 ～ 9 月；果熟期 10 ～ 11 月。见图 191。

习性：喜光，喜温暖湿润气候，耐寒，耐旱，耐瘠薄，适应性强，喜土层深厚、疏松肥沃、湿润而排水良好的砂质壤土。播种、扦插繁殖。

景观应用：枝叶繁茂，攀缘能力强，多用于山体、廊架、桥体、河岸绿化，是常用立体绿化植物。

形态特征：粗壮落叶藤本，长达 8m，全体被黄色长硬毛；茎基部木质，有粗厚的块状根。

花：花两性，紫色，蝶形，两侧对称。总状花序腋生，长 15 ～ 30cm，中部以上有密集的花；花序轴上通常具稍凸起的节，2 ～ 3 朵花聚生于花序轴的节上；苞片线状披针形至线形，远比小苞片长，早落，小苞片卵形，长不及 2mm；花萼钟形，长 8 ～ 10mm，被黄褐色柔毛，5 裂，裂片披针形，渐尖，比萼管略长；花冠长 10～12mm，伸出萼外，花瓣 5 枚，不等大，旗瓣倒卵形，基部有 2 耳及一黄色硬痂状附属体，具短瓣柄，翼瓣镰状，较龙骨瓣为狭，基部有线形向下的耳，龙骨瓣镰状长圆形，基部有极小急尖的耳；二体雄蕊（9+1），对旗瓣的 1 枚雄蕊仅上部离生；花柱丝状，上部内弯，柱头小，头状。

果：荚果长椭圆形，长 5～9cm，宽 8～11mm，扁平，被褐色长硬毛，2 瓣裂，果瓣薄革质。种子 1 至多数，扁圆形或长扁圆形，常具革质种皮。

叶：复叶具 3 小叶，互生，小叶 3 裂或全缘，顶生小叶宽卵形或斜卵形，长 7～19cm，宽 5～18cm，先端长渐尖，侧生小叶斜卵形，稍小，上面被淡黄色平伏的疏柔毛，下面较密；小叶柄被黄褐色茸毛；托叶背着，卵状长圆形，具线条，小托叶线状披针形，与小叶柄等长或较长。

其他用途：葛根供药用，有解表退热、生津止渴、止泻的功能，并能改善高血压患者的项强、头晕、头痛、耳鸣等症状。

192. 蓝花草 *Ruellia simplex*

俗名翠芦莉、兰花草。爵床科芦莉草属。

花期：6 月上旬开花，有时 5 月底开花，最佳观赏期 6～9 月，花期 6～10 月，花期长，开花不断；果实秋冬成熟。见图 192-1、图 192-2。

习性：喜光，稍耐阴，喜肥，喜温暖湿润气候，耐旱，耐湿，耐高温，不耐寒，不耐瘠薄，喜疏松肥沃、富含有机质的微酸性砂质壤土。播种、分株繁殖。

景观应用：植株优美，叶片秀丽，花色鲜艳，花期长，孤植、丛植、片植均可，是花境常用观赏花卉植物，作为疏林地被、花坛点缀效果极佳，园林中可用于单位庭院、居住小区、道路绿化、广场绿地、各类公园的绿化。

形态特征：多年生宿根草本植物，株高可达 150cm，灌木状；茎直立，褐色或褐绿色，略呈方形，具沟槽，与叶柄、花序轴和花梗均无毛。

花：花两性，蓝紫色、淡紫色至粉红色，直径 3～5cm，辐射对称。总状花序数个组成圆锥花序，顶生或腋生；花冠漏斗状，裂片5枚，倒卵圆形，具放射状条纹，有皱褶，边缘波浪状；雄蕊4枚，花柱单一，雄蕊和雌蕊均不伸出花冠外。

果：蒴果长圆形，先为绿色，成熟后转为褐色，室背开裂。种子多数，细小如粉末。

叶：单叶对生，草质，宽条状披针形，全缘或边缘具疏锯齿，先端渐尖，基部楔形，长8～15cm，宽0.5～1cm；中脉正面凹入，背面凸起；茎上部叶柄短、下部叶柄长，绿褐色或褐色。

193. 雄黄兰 *Crocosmia × crocosmiiflora*

俗名观音兰、倒挂金钩、火星花。园艺杂交种，鸢尾科雄黄兰属。

花期：6月上旬开花，有时5月下旬开花，最佳观赏期6月上中旬，花期6～7月；果熟期9～10月。见图193-1、图193-2。

习性：喜光，稍耐阴，喜温暖湿润气候，不耐寒，不耐旱，耐湿，适生于疏松肥沃、潮湿而排水良好的酸性或微酸性土壤中。播种、球茎繁殖。

景观应用：叶形秀美，花形奇特，花色艳丽，观赏价值极高，可孤植、丛植点缀于假山、景石、雕塑、花坛、园林建筑侧旁，片植可作花海、水畔地被，做花境景观效果极好，也可盆栽，园林中可用于单位庭院、居住小区、道路绿化、广场绿地及各类公园绿化。

形态特征：多年生草本植物，高可达100cm；茎直立，球茎扁圆形，外有棕褐色网状的膜质包被。

花：花两性，橙红色，两侧对称，直径3.5～4cm。花茎直立，上部有2～4分枝，每分枝由多花组成疏散的穗状花序，多花序形成总圆锥花序；每朵花基部有2枚膜质的苞片，苞片顶端有缺刻；花被管略弯曲，较短，不分花萼和花瓣，常呈花瓣状，花被裂片6枚，宽披针形或倒卵形，长约2cm，宽约5mm，内轮较外轮的花被裂片略宽而长；雄蕊3枚，长1.5～1.8cm，偏向花的一侧，花丝着生在花被管上，花药"丁"字形着生；花柱长2.8～3cm，顶端3裂，柱头略膨大。

果： 蒴果三棱状长球形，室背开裂。每室有 4 至多数种子，胚乳无淀粉。

叶： 叶多基生，剑形，长 40～60cm，嵌迭状排成二列，基部鞘状，顶端渐尖；具平行脉，中脉明显；茎生叶较短而狭，披针形。

194. 银叶菊 *Senecio cineraria*

菊科千里光属。

花期： 6 月上旬开花，最佳观赏期 6 月，花期 6～7 月；果熟期 9～10 月。生长期观叶效果较好。见图 194-1、图 194-2。

习性： 喜光，喜温暖湿润气候，不耐寒，耐旱，较耐热，耐瘠薄，喜疏松肥沃、湿润而排水良好的砂质壤土。播种、分株繁殖。

景观应用： 叶形优美，叶色银白，花色金黄，观赏价值高，常作花境栽培，园林中多用于单位庭院、居住小区、广场绿地及各类公园游园绿化。

形态特征： 多年生常绿草本，直立，高可达 80cm；全株被银白色茸毛，多分枝，无乳汁。

花： 花小，异形，两性或单性，黄色，具舌状花。头状花序集成伞房花序，顶生，总苞具外层苞片，花托平，萼片不发育；外围小花雌性，花冠舌状，金黄色，顶端通常具 3 细齿，花柱 2 浅裂；中央小花两性，多数，花冠管状，檐部漏斗状或钟状，裂片 5 枚，褐黄色，花柱 2 浅裂，分枝内侧具柱头，有时不育或不裂及不育，顶端被乳头状毛或无毛；雄蕊 5 枚，着生于花冠管上，花药长圆形至线形，内向，合生成筒状，基部钝，具短耳，颈部柱状，向基部稍至明显膨大，两侧具增大基生细胞。

果： 瘦果圆柱形，具肋，无毛或被柔毛，表皮细胞光滑或具乳头状毛，冠毛毛状，顶端具叉状毛，不开裂。

叶： 单叶，厚纸质，正反面均被银白色柔毛，叶柄长 1～3cm；基生叶椭圆状披针形，全缘或分裂，羽状脉；茎叶互生，一至二回羽状分裂，深裂；无托叶。

195. 长药八宝 *Hylotelephium spectabile*

俗名八宝景天、长药景天、石头菜、蝎子掌。景天科八宝属。

花期: 6月上旬开花,最佳观赏期6～7月,花期6～8月;果熟期9～10月。观叶效果也较好。见图195。

习性: 喜光,喜温暖湿润气候,耐寒,耐旱,耐瘠薄,不耐水湿,适宜在疏松肥沃、富含腐殖质、排水良好的砂质壤土中生长。播种繁殖。

景观应用: 叶形优美,花色艳丽,常丛植造景,花境中常用,或作假山、景石、水体、园林建筑、小品的景观点缀,效果较好。

形态特征: 多年生草本;根状茎肉质,短;茎直立,高30～70cm;新枝不为鳞片包被,茎自基部脱落或宿存而下部木质化,自其上部或旁边发出新枝。

花: 花两性,密生,淡紫红色至紫红色,直径约1cm,5基数,辐射对称。花序大型,伞房状,顶生,直径7～11cm;萼片5枚,线状披针形至宽披针形,长1mm,渐尖,不具距,常较花瓣为短,基部多少合生,宿存;花瓣5枚,披针形至宽披针形,长4～5mm,离生,基部渐狭,先端通常不具短尖;雄蕊10枚,长6～8mm,超出花冠之上,花药紫色;鳞片5枚,长方形,长1～1.2mm,先端有微缺;花柱长1.2mm以内。

果: 蓇葖果,直立。种子小,长椭圆形,多数,有狭翅。

叶: 单叶对生,或3叶轮生,卵形至宽卵形,或长圆状卵形,长4～10cm,宽2～5cm,肉质,先端急尖,钝,基部渐狭,楔形,全缘或多少有波状齿,不具距,扁平,无毛;无托叶。

196. 射干 *Belamcanda chinensis*

俗名野萱花、交剪草。鸢尾科射干属。

花期: 6月上旬开花,最佳观赏期6月,花期6～7月;果熟期8～9月。见图196。

习性： 半喜光，耐阴，喜温凉湿润气候，耐寒，耐旱，耐湿，对土壤要求不严，喜疏松肥沃、湿润而排水良好、腐殖质丰富的砂质壤土。播种、分株繁殖。

景观应用： 叶形秀美，花形奇特，花色艳丽，观赏价值极高，可孤植、丛植点缀于假山、景石、雕塑、花坛、园林建筑侧旁，片植可作花海、水畔和疏林地被，作花境景观效果好，也可盆栽，园林中可用于单位庭院、居住小区、道路绿化、广场绿地及各类公园游园绿化。

形态特征： 多年生草本植物，高可达 1.5m；茎直立，实心；根状茎为不规则的块状，斜伸，黄色或黄褐色；须根多数，带黄色。

花： 花两性，橙红色，散生紫褐色的斑点，直径 4～5cm。二歧状伞房花序顶生，每分枝的顶端聚生有数朵花；花梗细，长约 1.5cm；花梗及花序的分枝处均包有膜质的苞片，苞片披针形或卵圆形；花被管甚短，不分花萼和花瓣，常呈花瓣状，裂片 6 枚，2 轮排列，外轮花被裂片倒卵形或长椭圆形，长约 2.5cm，宽约 1cm，顶端钝圆或微凹，基部楔形，内轮较外轮花被裂片略短而狭；雄蕊 3 枚，长 1.8～2cm，着生于外轮花被裂片的基部，花药条形，外向开裂，花丝近圆柱形，基部稍扁而宽；花柱圆柱形，上部稍扁，顶端 3 裂，裂片边缘略向外卷，有细而短的毛。

果： 蒴果倒卵形或长椭圆形，长 2.5～3cm，直径 1.5～2.5cm，顶端无喙，常残存有凋萎的花被，成熟时室背 3 瓣开裂，果瓣外翻，中央有直立的果轴。种子多数，圆球形，黑紫色，有光泽，直径约 5mm，着生在果轴上。

叶： 叶互生，嵌迭状二列，剑形，扁平，长 20～60cm，宽 2～4cm，基部鞘状抱茎，顶端渐尖；具平行脉，无中脉。

其他用途： 根状茎药用，味苦、性寒、微毒，能清热解毒、散结消炎、消肿止痛、止咳化痰，用于治疗扁桃腺炎及腰痛等症。

197. 蒲苇 *Cortaderia selloana*

单子叶植物。禾本科蒲苇属。

花期： 花期不集中，6 月上旬始花，6 月中旬至 9 月陆续开花，花期

6～9月；果熟期9～11月。观花观果观叶，效果均较好。见图197。

习性： 喜光，喜温暖湿润气候，喜湿，耐寒，在土层深厚、肥沃的低湿地中生长较好，浅水中也能生长；根状茎发达，萌蘖能力强。分株、播种繁殖。

景观应用： 花穗长而美丽，植株丛生，形态优美，多在庭院栽培或花境点缀，雅致而潇洒，或植于水岸边，入秋白茫茫一片，美丽而壮观，园林中常用于单位庭院、居住小区、各种公园及浅水湿地绿化，观赏价值较高。

形态特征： 多年生草本，高2～3m；秆高大粗壮，直立，丛生，节间中空，节处之内有横隔板。

花： 花小，单性，雌雄异株。圆锥花序大型，稠密，长50～100cm，银白色至粉红色；雌花序较宽大，雄花序较狭窄；小穗轴无毛，脱节于颖之上与诸小花之间；小穗单性，含2～3小花，两侧压扁，雌小穗具丝状柔毛，雄小穗无毛，含雄蕊3枚；颖质薄，膜质，细长，白色，具1脉，渐尖，宿存；外稃具3脉，顶端延伸成长而细弱之芒；基盘两侧具较短柔毛，内稃膜质，具2脉，甚短于其外稃，花柱2，柱头呈细弱帚刷状；鳞被2枚。

果： 颖果狭长圆形，与内外稃分离，胚小型。

叶： 叶舌为一圈密生柔毛，毛长2～4mm；叶片质硬，狭窄，簇生于秆基，长1～3m，边缘锯齿状粗糙，基部圆形或心形。

198. 黑心金光菊 *Rudbeckia hirta*

俗名黑心菊、黑眼菊。菊科金光菊属。

花期： 6月上旬开花，最佳观赏期6月中旬至8月，花期6～9月。见图198-1、图198-2。

习性： 喜光，稍耐阴，喜温暖湿润气候，适应性强，耐旱，耐寒，喜土层深厚、疏松肥沃、湿润而又排水良好的砂壤土；花期长。播种、分株繁殖。

景观应用： 花色艳丽，孤植、丛植、片植均可，以丛植和片植为主，是花境组合常用的花卉植物，也作花海植物，园林中常用于居住小区、单位庭院、城市节点、道路绿化、广场绿地及各类公园游园绿化。

形态特征： 多年生草本多作二年生栽培，高 30 ～ 100cm；茎不分枝或上部分枝，全株被粗刺毛，植物无乳汁。

花： 头状花序大，径 5 ～ 7cm，具异形花，有长花序梗；总苞片 2 层，叶质，覆瓦状排列，外层长圆形，长 12 ～ 17mm，内层较短，披针状线形，顶端钝，全部被白色刺毛；花托圆锥形凸起，托片线形，对折呈龙骨瓣状，长约 5mm，边缘有纤毛；舌状花雌性或无性，不结实，黄色或基部红色，舌片长圆形，通常 10 ～ 14 个，长 20 ～ 40mm，顶端有 2 ～ 3 不整齐短齿，开展；管状花两性，黑褐色或黑紫色，管部短，上部圆柱形，顶端有 5 裂片；雄蕊 4 ～ 5 枚，着生于花冠管上，花药基部截形，全缘或具 2 小尖头；花柱 2 分枝，顶端具钻形附器，被锈毛。

果： 瘦果四棱形，黑褐色，长约 2mm，不开裂，无冠毛。

叶： 单叶基生，茎叶互生，自下而上逐渐变小；下部叶长卵圆形、长圆形或匙形，顶端尖或渐尖，基部楔状下延，有三出脉，边缘有细锯齿，有具翅的柄，长 8 ～ 12cm；上部叶长圆披针形，顶端渐尖，边缘有细至粗疏锯齿或全缘，无柄或具短柄，长 3 ～ 5cm，宽 1 ～ 1.5cm，两面被白色密刺毛；无托叶。

199. 大花美人蕉 *Canna × generalis*

俗名美人蕉。园艺杂交品种，美人蕉科美人蕉属。

花期： 6 月上旬始花，最佳观赏期 6 月中下旬至 8 月，花期可至 12 月。见图 199-1、图 199-2。

习性： 喜光，稍耐阴，喜温暖湿润气候，不耐寒，不耐旱，不抗风，耐水湿，温度适应的地区可全年生长开花，对土壤要求不严，以土层深厚、肥沃湿润的砂壤土为好；豫南地区冬季地上部分枯萎，春季萌发，但不影响开花；花期长，霜降前开花不断。播种、根茎、分株繁殖。

景观应用： 姿态优美，叶大而清秀，花大而艳丽，观赏价值极高，豫南广泛栽植，可孤植、丛植、片植，可植于庭院和房前屋后，可作疏林地被，可与假山、岩石、喷泉、溪流、园林建筑等景观配置，是优良的花境主材，也可作盆景栽植，园林中广泛应用于单位庭院、居住小区、道路绿化、广场绿地及各类公园绿化。

形态特征： 多年生直立粗壮草本植物，株高约 1.5m；茎、叶和花序均被白粉，有块状地下茎。

花： 花两性，大而美丽，密集，红、橘红、淡黄、白色均有，不对称。总状花序顶生，长 15～30cm（连总花梗）；每一苞片内有花 1～2 朵；萼片 3 枚，披针形，长 1.5～3cm，绿色，宿存；花冠管长 5～10mm，花冠裂片 3 枚，萼状，披针形，长 4.5～6.5cm；退化雄蕊花瓣状，基部连合，为花中最美丽、最显著的部分，红色或黄色，4 枚，外轮退化雄蕊 3 枚，倒卵状匙形，长 5～10cm，宽 2～5cm；唇瓣倒卵状匙形，长约 4.5cm，宽 1.2～4cm，外反；发育雄蕊披针形，花丝增大呈花瓣状，长约 4cm，宽 2.5cm，花药 1 室；花柱带形，离生部分长 3.5cm。

果： 蒴果微三棱形，3 瓣裂，有小瘤体或柔刺。种子球形，多数，外胚乳丰富。

叶： 单叶互生，椭圆形，长达 40cm，宽达 20cm，叶缘、叶鞘紫色，有明显的羽状平行脉。

200. 美人蕉 *Canna indica*

俗名蕉芋。美人蕉科美人蕉属。

花期： 6 月中旬开花，最佳观赏期 6 月下旬至 7 月，花可开至 12 月；果熟期 10～12 月。见图 200-1、图 200-2。

习性： 喜光，稍耐阴，喜温暖湿润气候，不耐寒，不耐旱，不抗风，温度适宜的地区可全年生长开花，对土壤要求不严，能耐瘠薄，以土层深厚、疏松肥沃、湿润而排水良好的砂壤土为好；豫南地区冬季地上部分枯萎，春季萌发，但不影响开花；花期长，霜降前开花不断。播种、根茎、分株繁殖。

景观应用： 姿态优美，叶大而清秀，花大而艳丽，观赏价值极高，豫南广泛栽植，可孤植、丛植、片植，可植于庭院和房前屋后，可作疏林地被，可与假山、岩石、喷泉、溪流、园林建筑等景观配置，是优良的花境主材，也可作盆景栽植，园林中广泛应用于单位庭院、居住小区、道路绿化、广场绿地及各类公园游园绿化。

形态特征： 多年生草本，高达 1.5m，粗壮直立；植株绿色，有块状地下茎。

花：花两性，美丽，红色，不对称。总状花序疏花，顶生，略超出于叶片之上；苞片卵形，绿色，长约 1.2cm；萼片 3 枚，披针形，长约 1cm，绿色而有时染红，宿存；花冠管长不及 1cm，花冠裂片 3 枚，萼状，披针形，长 3～3.5cm，绿色或红色；退化雄蕊花瓣状，基部连合，为花中最美丽、最显著的部分，红色或黄色，3～4 枚，外轮退化雄蕊 2～3 枚，鲜红色，其中 2 枚倒披针形，长 3.5～4cm，宽 5～7mm，另一枚如存在则特别小，长 1.5cm，宽仅 1mm；唇瓣披针形，长 3cm，外反弯曲；发育雄蕊长 2.5cm，花丝增大呈花瓣状，花药 1 室，长 6mm；花柱扁平，长 3cm，一半和发育雄蕊的花丝连合。

果：蒴果绿色，长卵形，长 1.2～1.8cm，3 瓣裂，多少具 3 棱，有小瘤体或柔刺。种子球形，多数，外胚乳丰富。

叶：单叶互生，卵状长圆形，长 10～30cm，宽达 10cm，有明显的羽状平行脉，具叶鞘。

变型： 黄花美人蕉，花冠、退化雄蕊杏黄色。

其他用途： 根茎清热利湿，舒筋活络；治黄疸肝炎，风湿麻木，外伤出血，跌打，子宫下垂，心气痛等。茎叶纤维可制人造棉、织麻袋、搓绳，其叶提取芳香油后的残渣还可做造纸原料。

201. 百合 *Lilium brownii* var. *viridulum*

俗名山百合、香水百合、天香百合。百合科百合属。

花期： 花大色艳，芳香，6 月中旬开花，最佳观赏期 6 月中下旬，花期 6～7 月；果熟期 9～10 月。见图 201。

习性： 喜温暖凉爽气候，喜肥，耐寒，耐旱，耐阴，不耐高温，不耐水涝，适应性强，对土壤要求不严，喜土层深厚、疏松肥沃、排水良好的砂质壤土。分球、播种繁殖。

景观应用： 株形优美，亭亭玉立，花色艳丽，观赏价值极高，可孤植、丛植点缀于假山、景石、雕塑、花坛、园林建筑侧旁，片植可作花海、水畔和疏林地被，作花境景观效果好，也可盆栽。

形态特征： 多年生草本植物，茎圆柱形，高 1m 左右；鳞茎球形，直径 2～4.5cm，鳞片披针形，长 1.8～4cm，宽 0.8～1.4cm，肉质，无节，白色。

花： 花两性，大而美丽，白色、粉红色至紫红色，芳香，单生或几朵排成近伞形。花梗长 3～10cm，稍弯；苞片叶状，披针形，长 3～9cm，宽 0.6～1.8cm；花被不分花萼和花瓣，呈花瓣状，喇叭形，外面稍带紫色，向外张开或先端外弯而不卷，长 13～18cm，有些具深色斑点；花被片 6 枚，离生，2 轮排列，外轮花被片宽 2～4.3cm，先端尖；内轮花被片宽 3.4～5cm，基部蜜腺两边具小乳头状突起；雄蕊 6 枚，上部向上弯，花丝钻形，长 10～13cm，中部以下密被柔毛，少有具稀疏的毛或无毛，花药长椭圆形，长 1.1～1.6cm，背着，"丁"字状；子房上位，圆柱形，长 3.2～3.6cm，宽 4mm，3 心皮组成 3 室，每室具多数胚珠，中轴胎座，花柱长 8.5～11cm，柱头膨大，3 裂。

果： 蒴果矩圆形，长 4.5～6cm，宽约 3.5cm，有棱，具多数种子，室背开裂。种子扁平，具丰富的胚乳，周围有翅。

叶： 单叶散生，稀轮生，叶片长椭圆状披针形或倒卵状披针形，长 7～15cm，宽 0.6～2cm，先端渐尖，基部渐狭，全缘，两面无毛；叶脉弧状平行，5～7 脉。

其他用途： 鲜花含芳香油，可作香料；鳞茎含丰富淀粉，为名贵食品，作药用有润肺止咳、清热、安神和利尿等功效。

202. 玉簪 *Hosta plantaginea*

百合科玉簪属。

花期： 6 月中旬开花，最佳观赏期 6 月中下旬至 7 月上旬，花期 6～8 月；果熟期 10 月。见图 202。

习性： 耐阴，喜温暖湿润气候，稍耐寒，不耐旱，忌阳光直射，在土层深厚、疏松肥沃、排水良好的砂壤土和阴湿环境中生长良好。播种、分株繁殖。

景观应用： 叶形秀丽，叶色翠绿，花如白玉，形如发簪，香气袭人，是园林常用观赏植物，可孤植、丛植，点缀于假山、岩石、建筑、溪水的阴湿处，可片植作为林下地被，有较好的景观效果，常用于单位庭院、居住小区、广场绿地、道路绿化及各类公园游园的绿化，也可作盆栽，是花境常用花卉植物。

形态特征： 多年生草本；根状茎粗厚，粗 1.5～3cm。

花： 花两性，白色，平展，长 10～13cm，通常单生，极少 2～3 朵簇生，芳香。花葶从叶丛中央抽出，高 40～80cm，生有 1～3 枚苞片状叶，顶端具总状花序，几朵至十几朵花，自下而上陆续开放；苞片绿色，外苞片卵形或披针形，长 2.5～7cm，宽 1～1.5cm，内苞片很小；花梗长约 1cm；花被近漏斗状，下半部窄管状，上半部近钟状，钟状部分上端有 6 裂片，花被不分花萼和花瓣，常呈花瓣状；雄蕊 6 枚，与花被近等长或略短，基部约 15～20mm 贴生于花被管上，稍伸出花被之外，花丝纤细，花药"丁"字状着生；雌蕊花柱细长，柱头小，伸出于雄蕊之外。

果： 蒴果圆柱状，有 3 棱，长约 6cm，直径约 1cm，室背开裂。种子多数，黑色，有扁平的翅。

叶： 单叶基生，成簇，卵状心形、卵形或卵圆形，长 14～24cm，宽 8～16cm，先端近渐尖，基部心形；弧形平行脉，侧脉 6～10 对，横脉纤细；叶柄长 20～40cm。

品种： 花叶玉簪，叶稍狭小，长卵圆形或长椭圆形，宽 5～8cm，边缘金黄色或黄白色。

其他用途： 全草供药用，花清咽、利尿、通经，根、叶有小毒，外用治乳腺炎、中耳炎、疮痈肿毒、溃疡等。

203. 早花百子莲 *Agapanthus praecox*

石蒜科百子莲属。

花期： 6月下旬开花，最佳观赏期6月下旬至7月，花期6～8月；果熟期9～10月。见图203。

习性： 半喜光，喜温暖湿润气候，不耐旱，不耐寒，怕积水，在疏松肥沃、湿润而排水良好的砂壤土中生长良好。播种、鳞茎繁殖。

景观应用： 叶色翠绿，株形秀美，花形秀丽，是优良的园林花卉植物，作花境景观效果非常好，可配置在庭院、岩石、假山、水体、小品、建筑旁边，作林缘地被或点缀草坪，都有较好的效果，也可盆栽观赏。

形态特征： 多年生草本，具鳞茎，高30～60cm。

花： 花两性，深蓝色、淡蓝色或淡蓝紫色，辐射对称。伞形花序，有花50多朵，花序径10～20cm；花莛自基部抽出，粗壮直立，高50～100cm，圆柱形；花梗长5～10cm，圆柱形，绿色；苞片多枚，长条形，黄绿色；花冠漏斗状，不分花萼和花瓣，裂片6枚，倒卵状长圆条形，顶端急尖圆钝，中间有深色纵条纹；雄蕊6枚，花丝细长，稍短于花瓣或等长，花药丁字形背着，长椭圆形；花柱丝状细长，短于雄蕊，柱头头状。

果： 蒴果长圆形，3瓣裂。种子多数。

叶： 单叶基生，带状，近革质，从根状茎上抽生而出，全缘，长30～50cm，宽约3cm。

204. 香蒲 *Typha orientalis*

俗名菖蒲、东方香蒲、长苞香蒲。香蒲科香蒲属。

花期： 6月中旬开花，最佳观赏期6月中下旬，花期6～7月；果熟期8～9月。观花观果观叶，效果均佳。见图204。

习性： 挺水植物，喜光，稍耐阴，喜温暖湿润气候，耐寒，对土壤要求不严，喜河湖溪塘沿岸湿地、沼泽、浅水中生长，水深不宜超过100cm；具有净化水质的功能。播种、分株繁殖。

景观应用：株形优美，花如蜡烛，观赏价值高，是各类水体景观、湿地绿化的常用观赏和净化植物。

形态特征：多年生水生草本植物；地上茎直立，粗壮，向上渐细，高1.3～2m；根状茎乳白色。

花：花单性，雌雄同株，花序穗状，雌雄花序紧密连接。雄花序生于上部至顶端，花期时比雌花序粗壮，花序长2.7～9.2cm，花序轴具白色弯曲柔毛，自基部向上具1～3枚叶状苞片，花后脱落；雌花序位于下部，花序长4.5～15.2cm，基部具1枚叶状苞片，花后脱落。雄花无被，通常由3枚雄蕊组成，有时2枚，或4枚雄蕊合生，花药长约3mm，条形，2室，纵裂，花粉粒单体，花丝很短，基部合生成短柄；雌花无被，无小苞片，孕性雌花柱头单侧，匙形，外弯，长0.5～0.8mm，花柱长1.2～2mm，子房上位，纺锤形至披针形，1室，胚珠1枚，倒生，双珠被，厚珠心，子房柄细弱，长约2.5mm；不孕雌花柱头不发育，无花柱，子房长约1.2mm，近圆锥形，先端呈圆形，不发育柱头宿存。

果：小坚果椭圆形至长椭圆形，果皮具长形褐色斑点。种子椭圆形，褐色，微弯，富含胚乳。

叶：叶二列，互生，直立或斜上；叶片条形，全缘，长40～70cm，宽0.4～0.9cm，光滑无毛，上部扁平，下部腹面微凹，背面逐渐隆起呈凸形，横切面呈半圆形，细胞间隙大，海绵状；叶脉平行；叶鞘长，边缘膜质，抱茎。

其他用途：花粉即蒲黄入药，叶片用于编织、造纸等，幼叶基部和根状茎先端可作蔬食，雌花序可作枕芯和坐垫的填充物。

205. 莲 *Nelumbo nucifera*

俗名莲花、荷花、芙蕖、芙蓉、菡萏。睡莲科莲属。

花期：6月中旬始花，最佳观赏期6月下旬至8月上旬，花期6～8月；果熟期8～10月。见图205-1、图205-2。

习性： 水生，喜相对稳定的静水和浅水，水深不超 1m 为佳；喜光，喜温暖气候，耐寒，不耐阴，对土壤要求不严，喜微酸性、有机质含量高的淤泥土，不抗大风；花朵陆续开放，单朵花期短，群体花期长，雌花先成熟。播种、分藕繁殖。

景观应用： 朵大色艳，花期长，叶圆形美，是我国"十大名花"之一，被誉为"水中芙蓉"，广泛应用于各类公园游园和单位小区的水体造景，如杭州西湖的曲院风荷、北京北海公园的荷花胜景和清华大学的荷塘等，而近年各地的廉政主题公园，尤以莲花必不可少。

植物文化： 莲花如少女亭亭玉立，风姿秀丽，而又寓意深远，是历代文人志士抒情言志的对象。唐代著名诗人李商隐描写莲花"惟有绿荷红菡萏，卷舒开合任天真"，宋代诗人白玉蟾在《荷花》中赞美莲花"恍似瑶池初宴罢，万妃醉脸沁铅华"，宋代文学家杨万里一首《晓出净慈寺送林子方》"毕竟西湖六月中，风光不与四时同。接天莲叶无穷碧，映日荷花别样红"，道尽了莲花的无限美景；元代吴师道《莲藕花叶图》"玉雪窈玲珑，纷披绿映红。生生无限意，只在苦心中"，悟出了人间哲理；北宋著名哲学家周敦颐的《爱莲说》"予独爱莲之出淤泥而不染，濯清涟而不妖，中通外直，不蔓不枝，香远益清，亭亭净植，可远观而不可亵玩焉"，以物言志，表达了高尚的品格，与清代方婉仪的"清清不染淤泥水，我与荷花同日生"有同工之妙。

形态特征： 多年生水生草本植物；根状茎沉水横生，肥厚粗壮，节间膨大为藕，内有多数纵行通气孔道，节部缢缩，上生黑色鳞叶，下生须状不定根。

花： 花大，两性，白色、红色、粉红色，美丽，芳香，辐射对称，单生在花梗顶端，直径 10～20cm，伸出水面。花梗和叶柄等长或稍长，散生小刺；萼片 4～5 枚，绿色至花瓣状，与花瓣不同形；花瓣多数，矩圆状椭圆形至倒卵形，长 5～10cm，宽 3～5cm，由外向内渐小，有时变成雄蕊，先端圆钝或微尖；雄蕊多数，具外向药，纵裂，药隔先端成 1 细长内曲附属物，花药条形，花丝细长，着生在花托之下；花柱极短，柱头顶生，心皮离生，嵌生在扩大的倒圆锥状花托的穴内，子房上位，每心皮有 1～2 胚珠；

花托（莲房）海绵质，果期膨大，直径 5～10cm。

果： 坚果椭圆形或卵形，长 1.8～2.5cm，果皮革质，坚硬，熟时黑褐色，不裂。种子卵形或椭圆形，长 1.2～1.7cm，种皮红色或白色，种子无胚乳。

叶： 叶圆形，盾状，互生，直径 25～90cm，全缘稍呈波状，上面光滑，具白粉，下面叶脉从中央射出，有 1～2 次叉状分枝，漂浮或挺出水面，芽时内卷；叶柄粗壮，圆柱形，长 1～2m，中空，外面散生小刺。

品种： 莲的品种很多，按照应用价值，可以分为 3 类：藕莲、子莲、花莲。

藕莲，以采藕为主，开花少，叶片大，如江苏花藕、白莲藕等；

子莲，以采种子为主，耐深水，成熟晚，花多，藕小，如红莲、白莲等；

花莲，以观赏为主，花大而美，藕细小，开花多，花色丰富，有单瓣、重瓣花莲，小型盆栽、碗栽的盆莲和碗莲等。

其他用途： 莲藕可作蔬菜、可制作藕粉，种子可食用，为营养品；叶、花、果、种子、根茎均可药用，藕、莲叶、叶柄煎水喝可清暑热，藕节、荷叶、荷梗、莲房、雄蕊及莲子都富有鞣质，可作收敛止血药。

7月 开花植物

7月，一年中最热的时候，开花的植物也急剧减少，只有9种：复羽叶栾、槐、扶芳藤、麦冬、沿阶草、山麦冬、千屈菜、阔叶山麦冬、狼尾草，且以草本为主，无大型花。

图 206-1 复羽叶栾（摄于信阳羊山）

图 206-2 复羽叶栾（摄于信阳南湾湖风景区）

图 206-3 复羽叶栾（摄于信阳南湾湖风景区）

图 207-1 槐（摄于信阳平桥）

图 207-2 **槐**（摄于信阳平桥）

图 208 **扶芳藤**（摄于信阳百花园）

图 209 **麦冬**（摄于信阳浉河）

图 210 **沿阶草**（摄于信阳平桥）

图 211 山麦冬（摄于信阳羊山公园）

图 212 千屈菜（摄于信阳羊山公园）

图 213 阔叶山麦冬（摄于信阳平桥）

图 214 狼尾草（摄于羊山森林植物园）

206. 复羽叶栾 *Koelreuteria bipinnata*

俗名南方栾、复羽叶栾树。无患子科栾属。

花期： 花期不集中，7月上旬开花，有时6月下旬开花，最佳观赏期7月下旬至9月上旬，花期7～9月；果熟期11～12月。见图206-1至图206-3。

习性： 喜光，喜温暖湿润气候，适应性强，不耐寒，不耐旱，不耐盐碱，在深厚、肥沃、湿润、疏松的微酸性砂质土壤中生长良好；深根性树种，主根发达，萌蘖能力强，抗风；对粉尘、烟尘、二氧化硫和臭氧有较强的抗性；生长快，寿命长。播种、扦插繁殖。

景观应用： 冠形优美，通直高大，枝叶茂密，叶形奇特美观，序大花多，花色嫩黄而又有红色点缀，果实形似灯笼高挂，红色艳丽，是理想的园林绿化树种，观花观果观叶俱佳，可孤植、列植、丛植、片植造景，可与建筑、小品、亭廊楼阁、假山、景石、水系配置，红绿相益，刚柔相济，相得益彰，适宜于单位庭院、居住小区、行道树、城市节点、道路绿化、广场绿地、各类公园和工厂矿区绿化。

形态特征： 落叶乔木，高可达20m；皮孔圆形至椭圆形，枝具小疣点。

花： 花小，淡黄色，稍芬芳，杂性，同株，两侧对称。聚伞圆锥花序大型，顶生，长35～70cm，分枝广展，与花梗同被短柔毛；苞片小；萼片5裂达中部，镊合状排列，外面2片较小，裂片阔卵状三角形或长圆形，有短而硬的缘毛及流苏状腺体，边缘呈啮蚀状；花瓣4枚，离生，覆瓦状排列，开花时向外反折，长圆状披针形，瓣片长6～9mm，宽1.5～3mm，顶端钝或短尖，瓣爪长1.5～3mm，被长柔毛，瓣片内面基部鳞片深2裂，明显鲜红色；花盘厚，肉质，偏于一边，上端通常有圆裂齿；雄蕊8枚，长4～7mm，着生于花盘之内，花丝分离、被白色开展的长柔毛，下半部毛较多，花药背着，纵裂，有短疏毛，药粉红棕色，退化雌蕊很小，常密被毛，不育雄蕊花药有厚壁不开裂；柱头3裂或近全缘。

果： 蒴果膨胀，椭圆形或近球形，具3棱，长4～7cm，宽3.5～5cm，顶端钝或圆，有小凸尖，果淡红绿色至紫红色，老时枯黄色至淡褐色，常经冬不落；室背开裂为 3 果瓣，果瓣膜质，椭圆形至近圆形，外面具网状脉纹，内面有光泽。种子每室 1 粒，近球形，直径 5～6mm，嫩时浅绿色，成熟后棕褐色至黑褐色，种皮脆壳质；胚旋卷，胚根稍长。

叶：叶平展，二回奇数羽状复叶，长 45～70cm，无托叶，总复叶互生，二回羽状复叶对生，叶轴和叶柄向轴面常有一纵行皱曲的短柔毛；小叶 9～17 片，互生，很少对生，纸质或近革质，斜卵形，长 3.5～7cm，宽 2～3.5cm，顶端短尖至短渐尖，基部阔楔形或圆形，略偏斜，边缘有内弯的小锯齿，无缺刻，两面无毛或上面中脉上被微柔毛，下面密被短柔毛，有时杂以皱曲的毛；小叶柄长约 3mm 或近无柄。

变种：全缘叶栾树，又称黄山栾，小叶通常全缘，有时一侧近顶部边缘有锯齿。

其他用途：木材可制家具，种子油可供工业用，根可入药，有消肿、止痛、活血、驱蛔之功，花能清肝明目，清热止咳，又为黄色染料。

207. 槐 *Styphnolobium japonicum*

俗名国槐、槐树、守宫槐、槐花木、豆槐、金药树。豆科槐属。

花期：7 月中旬开花，最佳观赏期 7 月下旬至 8 月中旬，花期 7～9 月；果熟期 10～11 月。见图 207-1、图 207-2。

习性：喜光，适应性强，耐寒，耐旱，在土层深厚、疏松肥沃、湿润而又排水良好的壤土中生长较好；根系发达，生长快，抗风、固土能力强；对二氧化硫、氯气有抗性。种子繁殖。

景观应用：树高冠大，枝叶茂密，形如伞盖，孤植则独木参天，列植则整齐威武，片植则郁郁葱葱，园林中多用于单位庭院、居住小区、行道树、道路绿化、游园绿地、各类公园和工厂矿区绿化。

形态特征：落叶大乔木，高达 25m；树皮灰褐色，具纵裂纹；当年生枝绿色，无毛。

花：花两性，白色或淡黄色。圆锥花序顶生，常呈金字塔形，长达 30cm；花梗比花萼短；小苞片 2 枚，形似小托叶；花萼浅钟状，长约 4mm，萼齿 5 枚，近等大，圆形或钝三角形，基部多少合生，被灰白色短柔毛，萼管近无毛；旗瓣近圆形，长和宽约 11mm，具短柄，先端微缺，基部浅心形，翼瓣卵状长圆形，长 10mm，宽 4mm，先端浑圆，基部斜戟形，无皱褶，龙骨瓣阔卵状长圆形，与翼瓣等长，宽达 6mm；雄蕊 10 枚，近分离，宿存，花药卵形或椭圆形，丁字着生；花柱直或内弯，无毛，柱头棒状或点状，稀被长柔毛，呈画笔状。

果： 荚果圆柱形稍扁，串珠状，果皮肉质，长 2.5～5cm 或稍长，径约 10mm，种子间缢缩不明显，种子排列较紧密，成熟后不开裂。种子 1～6 粒，卵球形，淡黄绿色，干后黑褐色。

叶： 羽状复叶互生，长达 25cm；小叶 4～7 对，对生或近互生，纸质，卵状披针形或卵状长圆形，长 2.5～6cm，宽 1.5～3cm，全缘，先端渐尖，具小尖头，基部宽楔形或近圆形，稍偏斜，下面灰白色，初被疏短柔毛，旋变无毛；叶轴初被疏柔毛，旋即脱净；叶柄基部膨大，包裹着芽；托叶形状多变，有时呈卵形，叶状，有时线形或钻状，早落；小托叶 2 枚，钻状。

变型和变种：

龙爪槐，又名倒栽槐、蟠槐，变型，枝条均下垂，并向不同方向弯曲盘旋，形似龙爪。

堇花槐，又名紫花槐，变种，小叶上面多少被柔毛，翼瓣和龙骨瓣紫色，旗瓣白色或先端带有紫红脉纹。

其他用途： 花和荚果入药，有清凉收敛、止血降压作用；叶和根皮有清热解毒作用，可治疗疮毒；木材供建筑用；亦为优良的蜜源植物。

208. 扶芳藤 *Euonymus fortunei*

俗名爬行卫矛。卫矛科卫矛属。

花期： 7 月上旬开花，最佳观赏期 7 月中下旬，花期 7～8 月；果熟期 10～11 月。见图 208。

习性： 半喜光，也耐阴，喜温暖湿润气候，耐水湿，稍耐旱，不耐寒，对土壤适应性强，在疏松、肥沃、湿润的砂壤土中生长较好，适宜雨量充沛、空气湿度大的环境条件；生长快，萌芽力强，耐修剪；具攀缘性能，抗病能力强；能抗二氧化硫、氯、氟化氢、二氧化氮等有害气体。扦插繁殖。

景观应用： 枝叶翠绿，攀缘能力强，常用于立体绿化和作地被植物，是花架、花篱、花门、墙体、桥体、岩石、石柱、亭、廊、陡壁、屋顶绿化攀附点缀的优良植物，单位庭院、居住小区、公园游园广泛应用，也可盆栽观赏。

形态特征： 常绿藤本灌木，高可达数米；小枝方棱不明显，多被小疣点，有气生根。冬芽较粗大，长可达10mm，直径可达6mm。

花： 花小，两性，白绿色或黄绿色，辐射对称，直径约6mm。聚伞花序3～4次分枝，花序梗长1.5～3cm，第1次分枝长5～10mm，第2次分枝5mm以下，小聚伞花密集，有花4～7朵，分枝中央有单花，小花梗长约5mm；具有较小的苞片和小苞片；花萼绿色，4枚，宽短半圆形；花瓣4枚，较花萼长大；花盘发达，方形，肥厚扁平，直径约2.5mm，边缘不卷，不抱合子房；雄蕊4枚，着生花盘上面靠近边缘处，花丝细长，长2～3mm，花药圆心形；子房半沉于花盘内，三角锥状，4棱，粗壮明显，花柱单一，长约1mm。

果： 果实发育时，心皮各部等量生长；蒴果粉红色，果皮光滑，近球状，直径6～12mm，无翅，胞间开裂，开裂后果皮不卷曲，中央无明显宿存中轴；果序梗长2～3.5cm；小果梗长5～8mm。种子长方椭圆状，棕褐色，假种皮鲜红色，全包种子，种子具不分枝种脊。

叶： 单叶对生，薄革质，椭圆形、长方椭圆形或长倒卵形，宽窄变异较大，可窄至近披针形，长3.5～8cm，宽1.5～4cm，先端钝或急尖，基部楔形，边缘齿浅不明显；侧脉细微和小脉全不明显；叶柄长3～6mm，无透明疣状凸起；托叶细小早落。

209. 麦冬 *Ophiopogon japonicus*

俗名麦门冬、书带草、养神草、沿阶草。百合科沿阶草属。

花期： 7月上旬开花，有时6月下旬开花，最佳观赏期7月至8月上旬，花期7～8月；果熟期10～11月。观叶植物，一年四季观叶效果均较好。见图209。

习性：半喜光，耐阴，喜温暖湿润气候，耐寒，耐旱，耐水湿，适应性强，对土壤要求不严，但在土质疏松、肥沃、湿润、排水良好的微酸性或中性砂质壤土中生长较好。播种、分株繁殖。

景观应用：四季常绿，株形美观，花淡紫色，果暗蓝色，均有较高的观赏价值，常栽植于房前屋后、门前台阶、小路两旁、水体景观旁边，常作假山、景石、岸石、挡墙的配景，还可作为盆栽主景，室内室外均可。由于其常绿、耐阴、耐寒、耐旱、抗病虫害的特性，被广泛用于公园游园、广场绿地乔灌木等林下绿化，效果极好。

形态特征：多年生常绿草本；茎短，根状，不分枝，生根；根较粗，中间或近末端常膨大成椭圆形或纺锤形的小块根，小块根长 1～1.5cm，宽5～10mm，淡褐黄色；地下走茎根状，细长，直径 1～2mm，节上具膜质的鞘。

花：花小，两性，白色或淡紫色，辐射对称，单生或成对着生于苞片腋内。花葶长 6～15cm 或更长，通常比叶短得多；总状花序长 2～5cm，具几朵至十几朵花；苞片披针形，先端渐尖，最下面的长可达 7～8mm；花梗长3～4mm，关节位于中部以上或近中部；花被片 6 枚，分离，两轮排列，常稍下垂而不展开，披针形，长约 5mm；雄蕊 6 枚，着生于花被片基部，分离，花丝很短，花药基着，三角状披针形，长 2.5～3mm；雌蕊花柱长约4mm，较粗，基部宽阔，向上渐狭，略呈长圆锥形。

果：果实具薄果皮，在发育早期外果皮即破裂而露出种子。种子球形，直径 7～8mm，浆果状，种皮肉质，成熟后常呈暗蓝色。

叶：单叶基生成丛，禾叶状，长 10～50cm，少数更长些，宽1.5～3.5mm，具 3～7 条脉，边缘具细锯齿，基部渐狭。

其他用途：小块根是名贵中药，有生津解渴、润肺止咳之效。

210. 沿阶草 *Ophiopogon bodinieri*

百合科沿阶草属。

花期：7 月上旬开花，有时 6 月下旬开花，最佳观赏期 7 月至 8 月上旬，花期 7～8 月；果熟期 10～11 月。观叶植物，一年四季观叶效果均较好。见图 210。

习性： 半喜光，也耐阴，喜温暖湿润气候，耐寒，耐旱，耐水湿，适应性强，对土壤要求不严，但在土质疏松、肥沃、湿润、排水良好的微酸性或中性砂质壤土中生长较好。播种、分株繁殖。

景观应用： 四季常绿，株形美观，花、果均有较高的观赏价值，常栽植于房前屋后、门前台阶、小路两旁、水体景观旁边，常作假山、景石、岸石、档墙的配景，还可作为盆栽主景，室内室外均可。由于其常绿、耐阴、耐寒、耐旱、抗病虫害的特性，被广泛用于公园游园、广场绿地乔灌木等林下绿化，效果极好。

形态特征： 多年生常绿草本植物；茎短，根状，不分枝；根纤细，近末端处有膨大成纺锤形的小块根；地下根状走茎长，直径 1～2mm，节上具膜质的鞘。

花： 花小、两性、白色或稍带紫色，辐射对称，单生或 2 朵簇生于苞片腋内。花莛较叶稍短或几等长；总状花序长 1～7cm，具几朵至十几朵花；苞片条形或披针形，少数呈针形，稍带黄色，半透明，最下面的长约 7mm；花梗长 5～8mm，关节位于中部；花被片 6 枚，分离，两轮排列，卵状披针形、披针形或近矩圆形，长 4～6mm，内轮 3 片宽于外轮 3 片，在花盛开时多少展开；雄蕊 6 枚，着生于花被片基部，分离，花丝很短，长不及 1mm，花药基着，狭披针形，长约 2.5mm，常呈绿黄色；雌蕊花柱细长，圆柱形，长 4～5mm。

果： 果实具薄果皮，在发育早期外果皮即破裂而露出种子。种子近球形或椭圆形，浆果状，直径 5～6mm，种皮肉质，成熟后常呈紫黑色或蓝黑色。

叶： 单叶基生成丛，禾叶状，长 20～40cm，宽 2～4mm，先端渐尖，基部渐狭，具 3～5 条脉，边缘具细锯齿。

211. 山麦冬 *Liriope spicata*

俗名麦门冬、土麦冬、麦冬。百合科山麦冬属。

花期： 7 月上旬开花，有时 6 月底开花，最佳观赏期 7 月至 8 月上旬，花期 7～8 月；果熟期 9～10 月。观叶植物，一年四季观叶效果均较好。见

图 211。

习性：半喜光，耐阴，喜温暖湿润气候，耐寒、耐旱，耐水湿，适应性强，对土壤要求不严，但在土质疏松、肥沃、湿润、排水良好的微酸性或中性砂质壤土中生长较好。播种、分株繁殖。

景观应用：四季常绿，株形美观，花淡紫色，果紫黑色，均有较高的观赏价值，常栽植于房前屋后、门前台阶、小路两旁、水体景观旁边，常作假山、景石、岸石、挡墙的配景，还可作为盆栽主景，室内室外均可。由于其常绿、耐阴、耐寒、耐旱、抗病虫害的特性，被广泛用于公园游园、广场绿地乔灌木等林下绿化，效果极好。

形态特征：多年生常绿草本植物，多散生，少有丛生；根稍粗，直径 1～2mm，分枝多，近末端处常膨大成矩圆形、椭圆形或纺锤形的肉质小块根；根状地下走茎短，木质。

花：花小，两性，淡紫色至蓝紫色，辐射对称，通常 3～5 朵簇生于苞片腋内，少有 2 或 6 朵的。花莛通常长于或几等长于叶，少数稍短于叶，从叶丛中央抽出，长 25～65cm；总状花序长 6～20cm，具花多数；苞片小，披针形，最下面的长 4～5mm，干膜质；花梗直立，长约 4mm，关节位于中部以上或近顶端；花被片 6 枚，分离，两轮排列，矩圆形、矩圆状披针形，长 4～5mm，先端钝圆，开展；雄蕊 6 枚，着生于花被片基部，花丝长约 2mm，狭条形，花药基着，狭矩圆形，长约 2mm；雌蕊花柱三棱柱形，长约 2mm，稍弯，柱头小，不明显，略具 3 齿裂。

果：果实在发育的早期外果皮即破裂，露出种子。种子近球形，具肉质种皮，浆果状，直径约 5mm，成熟后常呈紫黑色。

叶：单叶基生，禾叶状，基部常为具膜质边缘的褐色叶鞘所包裹；叶长 25～60cm，宽 4～6mm，先端急尖或钝，基部常包以褐色的鞘，上面深绿色，背面粉绿色，具 5 条脉，中脉比较明显，边缘具细锯齿。

212. 千屈菜 *Lythrum salicaria*

俗名水柳、水枝锦。千屈菜科千屈菜属。

花期： 7月上旬开花，最佳观赏期7月中下旬及8月，花期7～9月。见图212。

习性： 喜光，喜水，喜温暖湿润气候，耐寒，不耐旱，适应性强，在深厚、湿润、富含腐殖质的土壤中生长较好，在潮湿陆地、湿地、浅水域均能生长。分株、播种、扦插繁殖。

景观应用： 生长快，耐水湿，在积水、潮湿地块作地被植物景观效果较好，多用于各类公园游园的湿地、水域绿化。

形态特征： 多年生草本，高30～100cm；根茎横卧于地下，粗壮；茎直立，多分枝，全株略被粗毛或密被灰白色茸毛，尤以花序为甚，枝常具4棱。

花： 花两性，紫红色或淡紫色，辐射对称。小聚伞花序簇生叶腋内，花梗及总梗极短，花枝似一大型穗状花序；苞片阔披针形至三角状卵形，长5～12mm；萼筒直生，圆筒形，基部无距，长5～8mm，有纵棱12条，稍被粗毛，裂片6枚，三角形，宿存，与子房分离而包围子房，附属体针状，直立，长1.5～2mm；花瓣6枚，倒披针状长椭圆形，基部楔形，长7～8mm，着生于萼筒上部，有短爪，稍皱缩；雄蕊12枚，为花瓣的倍数，6长6短，着生于萼筒上，但位于花瓣的下方，又伸出萼筒之外，花丝长短不一；花柱线形，单生，柱头头状。

果： 蒴果扁圆形，完全包藏于宿存萼内，常2瓣裂，每瓣或再2裂。种子8至多数，细小。

叶： 单叶对生或三叶轮生，披针形或阔披针形，长4～10cm，宽8～15mm，顶端钝形或短尖，基部圆形或心形，有时略抱茎，全缘，无柄。

其他用途： 全草入药，治肠炎、痢疾、便血；外用于外伤出血。

213. 阔叶山麦冬 *Liriope muscari*

俗名阔叶麦冬、阔叶土麦冬。百合科山麦冬属。

花期： 7月中旬开花，最佳观赏期7月中下旬至8月，花期7～9月，有时可持续至10月；果熟期9～11月。观叶植物，一年四季观叶效果均较好。见图 213。

习性： 半喜光，耐阴，喜温暖湿润气候，不耐寒，耐旱，耐水湿，在土质疏松、肥沃、湿润、排水良好的酸性或微酸性砂质壤土中生长较好。播种、分株繁殖。

景观应用： 四季常绿，株形美观，花、果均有较高的观赏价值，常栽植于房前屋后、门前台阶、小路两旁、水体景观旁边，常作假山、景石、岸石、挡墙的配景，还可作为盆栽主景，室内室外均可。由于其常绿、耐阴、耐寒、耐旱、抗病虫害的特性，被广泛用于公园游园、广场绿地乔灌木等林下绿化，效果极好。

形态特征： 多年生常绿草本植物，根状茎短；根细长，分枝多，有时局部膨大成纺锤形的小块根，小块根长达 3.5cm，宽 7～8mm，肉质；无地下走茎。

花： 花小，两性，紫色或红紫色，3～8 朵簇生于苞片腋内。花莛从叶丛中央抽出，通常长于叶，长 45～100cm；总状花序长 12～40cm，具许多花；苞片小，近刚毛状，长 3～4mm，有时不明显，小苞片卵形，干膜质，位于花梗基部；花梗直立，长 4～5mm，关节位于中部或中部偏上；花被片 6 枚，分离，矩圆状披针形或近矩圆形，长约 3.5mm，先端钝，两轮排列；雄蕊 6 枚，着生于花被片基部，花丝长约 1.5mm，狭条形，花药基着，近矩圆状披针形；花柱三棱柱形，长约 2mm，柱头小，3 齿裂。

果： 果实在发育的早期外果皮即破裂，露出种子。种子球形，直径 6～7mm，浆果状，成熟时紫黑色，具丰富的胚乳。

叶： 叶密集成丛，禾叶状，革质，长 25～65cm，宽 1～3.5cm，先端急尖或钝，基部渐狭，常为具膜质边缘的鞘所包裹，具 9～11 条脉，有明显的横脉，边缘几不粗糙。

214. 狼尾草 *Pennisetum alopecuroides*

俗名狗尾巴草、芮草。禾本科狼尾草属。

花期： 7 月下旬开花，最佳观赏期 7 月下旬至 8 月中旬，花期 7～8 月；

果熟期 9～10 月。观叶效果也较好。见图 214。

习性：喜光，喜冷凉湿润气候，耐寒，耐旱，耐瘠薄，适应性强，在土层深厚、疏松肥沃、湿润的砂质壤土中生长较好；长势强，繁殖快。分株、播种繁殖。

景观应用：花穗淡紫色，形如狼尾，观赏性强，多与假山、岩石、水景、园林建筑、小品配置，或作花境的点缀材料，景观效果好，园林中常用于广场绿地及各类公园游园的绿化，营造自然、旷野的景观效果。

形态特征：多年生草本，高 30～120cm，丛生；须根较粗壮；秆直立，质坚硬，在花序下密生柔毛。

花：圆锥花序直立，呈紧缩穗状圆柱形，长 5～25cm，宽 1.5～3.5cm；主轴密生柔毛；总梗长 2～5mm；小穗轴从不延伸至上部小花的内稃之后；刚毛总苞状，粗糙，无柔毛，淡绿色或紫色，长 1.5～3cm；小穗两性，同形，通常单生，偶有双生或 2～3 聚生成簇，脱节于颖之下，线状披针形，长 5～8mm，无柄或具短柄，有 1～2 小花，其下围以总苞状的刚毛；第一小花中性，第二小花通常两性；颖不等长，第一颖微小或缺，长 1～3mm，膜质，先端钝，脉不明显或具 1 脉；第二颖卵状披针形，先端短尖，无芒，具 3～5 脉，长为小穗 1/3～2/3；第一外稃与小穗等长，具 7～11 脉；第二外稃与小穗等长，披针形，平滑，质硬，无芒，具 5～7 脉，边缘包着同质的内稃；鳞被 2 枚，楔形，折叠，通常 3 脉；雄蕊 3 枚，花药顶端无毫毛；花柱 2，基部连合，柱头帚刷状。

果：颖果长圆形，背腹压扁，被内、外稃紧包，长约 3.5mm。

叶：单叶基生，叶鞘光滑，两侧压扁，主脉呈脊；叶舌具长约 2.5mm 的纤毛；叶片线形，扁平，长 10～80cm，宽 3～8mm，先端长渐尖，基部生疣毛。

其他用途：可作饲料，也是编织或造纸的原料。

8月 开花植物

8月尤热而力减，秋肥夏瘦。开花的植物继续减少，本书仅列6种：木樨、十大功劳、中国石蒜、石蒜、葱莲，而以木樨最为出名。八月桂花遍地开，木樨是最受人们喜爱的花之一，以8月底、9月初花开最艳。

图 215-1　木樨（摄于信阳百花园）

图 215-2　木樨（摄于信阳百花园）

图 215-3　木樨（摄于信阳百花园）

图 215-4　木樨（摄于信阳百花园）

图216　**十大功劳**（摄于信阳羊山）

图217　**中国石蒜**（摄于鸡公山）

图218　**石蒜**（摄于信阳百花园）

图219　**葱莲**（摄于信阳平桥）

215. 木樨 *Osmanthus fragrans*

俗名桂花、八月桂。木樨科木樨属。

花期： 8月下旬开花，最佳观赏期8月下旬至9月，花期8～10月；翌年3～4月果实成熟。见图215-1至图215-4。

习性： 喜光，稍耐阴，喜温暖湿润气候，抗逆性强，耐寒，不耐涝，不耐旱，对土壤要求不严，在土层深厚、肥沃、疏松、湿润而排水良好的微酸性砂质土壤中生长最佳，适生于亚热带地区；抗粉尘，对氯气、二氧化硫、氟化氢有一定抗性；生长慢，寿命长。播种、嫁接、压条繁殖。

景观应用： 树冠饱满，枝繁叶茂，形态优美，四季常绿，其花秀而不扬，清雅高洁，其香清浓兼得，清可怡神，浓亦致远，是我国"十大名花"之一，是信阳的市花，代表着高尚的品格，也是荣誉的象征，深受广大人民群众喜爱，广泛应用于城市园林绿化中，孤植则芳姿可嘉，对植则双桂留芳，列植则整齐大方，丛植与片植，则艳压群芳，十里飘香，在豫南广泛用于单位庭院、居住小区、行道树、道路绿化、城市节点、重点区域、广场绿地、各类公园游园和工厂矿区绿化，与建筑、小品、亭廊楼阁、假山、景石、水系配置，给生硬的建筑平添几分柔和与内涵。

植物文化： "桂"与"贵"谐音，豫南有门前、庭院栽植桂花的习惯，寓意富贵、吉祥、美好；我国有蟾宫折桂的典故，希腊有桂冠的传说，表示金榜题名、荣获冠军，因此桂花是地位、荣誉、财富的象征。自古以来，桂花就深受人们青睐，历代文人墨客爱桂咏桂者甚多。西晋郤诜以"桂林之一枝，昆山之片玉"自喻；元代诗人艾性夫《桂花》诗赞"秋树婆娑风露凉，老蟾落子种虚堂。胚浑天地中央色，漏泄神仙上界香"；宋代吕声之《咏桂花》"独占三秋压众芳，何咏橘绿与橙黄。自从分下月中种，果若飘来天际香。清影不嫌秋露白，新业偏带晚烟苍。高枝已折郤生手，万斛奇芬贮锦囊"；宋代才女朱淑真赞美桂花"弹压西风擅众芳，十分秋色为伊忙。一枝淡贮书窗下，人与花心各自香"；词人李清照一首《鹧鸪天·桂花》"暗淡轻黄体性柔，情疏迹远只香留。何须浅碧深红色，自是花中第一流。梅定妒，菊应羞，画阑开处冠中秋。骚人可煞无情思，何事当年不见收"，可谓形神兼备，道出了桂花的独特风韵，虽貌不出众，却美在淡雅高洁、品格高尚，卓尔不群，自是花中第一流。在土地革命时期，信阳大别山区革命群众以桂花为题材，以大别山民歌曲调改编谱写了革命歌曲《八月桂花遍地开》，庆祝大别山区首个苏维埃政府的成立，宣传革命真理，鼓励群众参加革命，以新县、商城为中心，流传全国，经久不衰。

形态特征： 常绿乔木或大灌木，高可达 18m；树皮灰褐色，小枝黄褐色，无毛。

花： 花小，黄色、淡黄色、橙红色、黄白色，极芳香；花两性，常有雌蕊或雄蕊不育而成单性花，雌雄异株或雄花、两性花异株。聚伞花序簇生于叶腋，或近于帚状，每腋内有花多朵；苞片 2 枚，基部合生，宽卵形，质厚，长 2～4mm，具小尖头，无毛；花梗细弱，长 4～10mm，无毛；花萼钟状，4 裂，长约 1mm，裂片稍不整齐；花冠钟状圆柱形，长 3～4mm，花冠管长 0.5～1mm，深裂，裂片 4 枚，长于花冠管 2 倍以上，花蕾时呈覆瓦状排列；雄蕊 2 枚，着生于花冠管中部，花丝极短，长约 0.5mm，花药长约 1mm；雌蕊长约 1.5mm，花柱长约 0.5mm，柱头头状，不育雌蕊呈钻状或圆锥状。

果： 核果，歪斜，椭圆形，长 1～1.5cm，紫黑色。种子 1 枚，胚乳肉质。

叶： 单叶对生，叶片革质，椭圆形、长椭圆形或椭圆状披针形，长 7～14.5cm，宽 2.6～4.5cm，先端渐尖，基部渐狭呈楔形或宽楔形，全缘或上半部具细锯齿，两面无毛，腺点在两面连成小水泡状凸起；侧脉 6～8 对，多达 10 对，中脉和侧脉均在上面凹入，下面凸起，不呈网状；叶柄长 0.8～1.2cm，无毛；无托叶。

品种： 根据花色和花期不同，常见有以下品种：

金桂，乔木，树势健壮，花色金黄，芳香浓郁，花期 8～9 月。

银桂，乔木，树形开展，花白色或淡黄白色，芳香浓郁，花期 9 月。

丹桂，乔木，树势健壮，花橙红色，鲜艳，芳香，花期 9～10 月。

四季桂，又名月桂，灌木，多枝，枝条开展，花淡黄色，微香或不香，一年中可多次开花，花序近帚状。

其他用途：桂花材坚质密，可作家具、雕刻用；花为名贵香料，并作食品材料，有桂花糕、桂花糖、桂花茶、桂花酒等。

216. 十大功劳 *Mahonia fortunei*

俗名细叶十大功劳。小檗科十大功劳属。

花期：8月下旬开花，最佳观赏期8月下旬至9月，花期8～10月；果熟期11～12月。见图216。

习性：耐阴，忌烈日暴晒，喜温暖湿润气候，耐寒，耐旱，耐瘠薄，不耐涝，适应性强，在土层深厚、疏松肥沃、排水良好的壤土中生长较好；萌蘖萌芽能力强。播种、分株繁殖。

景观应用：叶形奇特，花果美观，可做绿篱和景观点缀，园林中多用于综合性公园、植物园、郊野公园等各类公园绿化，由于叶有尖刺，不适宜小区、学校及人流量大的场所绿化。

形态特征：常绿灌木，高0.5～2m，枝无刺。

花：花两性，黄色，辐射对称。总状花序4～10个簇生枝顶，长3～7cm，基部具芽鳞；芽鳞披针形至三角状卵形，长5～10mm，宽3～5mm；花梗长2～2.5mm；苞片卵形，急尖，长1.5～2.5mm，宽1～1.2mm；萼片9枚，离生，3轮，外萼片卵形或三角状卵形，长1.5～3mm，宽约1.5mm，中萼片长圆状椭圆形，长3.8～5mm，宽2～3mm，内萼片长圆状椭圆形，长4～5.5mm，宽2.1～2.5mm；花瓣6枚，2轮，长圆形，长3.5～4mm，宽1.5～2mm，基部2枚腺体明显，先端微缺裂，裂片急尖；雄蕊6枚，长2～2.5mm，花药2室，瓣裂；无花柱，柱头盾状。

果：浆果球形，直径4～6mm，紫黑色，被白粉。种子1粒，富含胚乳。

叶：奇数羽状复叶，互生，长10～28cm，宽8～18cm，具2～5对小叶，复叶柄长2.5～9cm；叶轴粗1～2mm，节间1.5～4cm，往上渐短；小叶对生，叶片狭披针形至狭椭圆形，长4.5～14cm，宽0.9～2.5cm，叶缘每边具5～10刺齿，先端急尖或渐尖，基部楔形，上面深绿色，背面黄绿色或淡绿色；叶脉正面不显，背面隆起；小叶无柄或近无柄。

其他用途：全株可供药用，有清热解毒、滋阴强壮之功效。

217. 中国石蒜 *Lycoris chinensis*

石蒜科石蒜属。

花期：8月上旬开花，有时7月下旬开花，最佳观赏期8月，花期8～9月；果熟期9～10月。见图217。

习性：喜阴湿环境，稍耐寒，耐旱，适应性强，不耐高温，不耐强光照射，在疏松、肥沃、湿润而又排水良好、腐殖质含量高的微酸性壤土中生长较好。播种、鳞茎繁殖。

景观应用：花形独特，花色艳丽，亭亭玉立，是优良的园林观赏花卉，常用于背阴处绿化或作林下地被花卉，作花境丛植，于山石间自然点缀，阴湿地方片植景观效果非常好，园林中多用于各公园游园绿化。

形态特征：多年生草本，地下鳞茎卵球形，皮褐色或黑褐色，直径约4cm。

花：花两性，黄色，艳丽。花茎单一，直立，实心，高约60cm；总苞片2枚，膜质，倒披针形，长约2.5cm，宽约0.8cm；伞形花序顶生，有花5～6朵；花被漏斗状，上部6裂，基部合生成筒状，裂片背面具淡黄色中肋，倒披针形，长约6cm，宽约1cm，强度反卷和皱缩，花被筒长1.7～2.5cm；雄蕊6枚，着生于喉部，与花被近等长或略伸出花被外，花丝黄色，丝状；雌蕊1枚，花柱细长，上端玫瑰红色，柱头极小，头状。

果：蒴果通常具3棱，室背开裂。种子近球形，黑色。

叶：单叶基生，春季出叶，带状，长约35cm，宽约2cm，顶端圆，绿色，中间淡色带明显。

218. 石蒜 *Lycoris radiata*

俗名彼岸花、曼珠沙华、龙爪花、蟑螂花、老鸦蒜、两生花。石蒜科石蒜属。

花期： 8月上旬开花，最佳观赏期8月中下旬至9月中旬，花期8~9月；果熟期9~10月。见图218。

习性： 喜阴湿环境，稍耐寒，耐旱，适应性强，不耐高温，不耐强光照射，在疏松、肥沃、湿润而又排水良好、腐殖质含量高的微酸性或中性壤土中生长较好。播种、鳞茎繁殖。

景观应用： 花形独特，花色艳丽，亭亭玉立，是优良的园林观赏花卉，常用于背阴处绿化或作林下地被花卉，作花境丛植，于山石间自然点缀，与假山、景石、水体、园林建筑等配置，阴湿地方片植，景观效果都非常好，园林中多用于花境和各类公园绿化。

形态特征： 多年生草本，地下鳞茎近球形，皮褐色或黑褐色，直径1~3cm。

花： 花两性，鲜红色，艳丽。花茎单一，直立，实心，高约30cm；总苞片2枚，膜质，披针形，长约3.5cm，宽约0.5cm；伞形花序顶生，有花4~7朵；花被漏斗状，上部6裂，基部合生成筒状，裂片狭倒披针形，长约3cm，宽约0.5cm，强度皱缩和反卷，花被筒绿色，长约0.5cm；雄蕊6枚，着生于喉部，显著伸出于花被外，比花被长1倍左右，花丝丝状；雌蕊1枚，花柱细长，柱头极小，头状。

果： 蒴果通常具3棱，室背开裂。种子近球形，黑色。

叶： 单叶基生，秋季花后出叶，狭带状，长约15cm，宽约0.5cm，顶端钝，深绿色，中间有粉绿色带。

其他用途： 鳞茎含有石蒜碱、伪石蒜碱、多花水仙碱、力可拉敏、加兰他敏等十多种生物碱；有解毒、祛痰、利尿、催吐、杀虫等功效，但有小毒；主治咽喉肿痛、痈肿疮毒、瘰疬、肾炎水肿、毒蛇咬伤等；石蒜碱具一定抗癌活性，并能抗炎、解热、镇静及催吐；加兰他敏和力可拉敏为治疗小儿麻痹症的要药。

219. 葱莲 *Zephyranthes candida*

俗名葱兰。石蒜科葱莲属。

花期： 8月上旬开花，最佳观赏期8月中旬至9月中旬，花期8～9月。见图219。

习性： 喜光，喜肥，喜温暖湿润气候，稍耐阴，不耐寒，不耐旱，不耐积水，在疏松、肥沃、湿润而又排水好的砂壤土中生长良好。分株、播种繁殖。

景观应用： 叶形秀丽，花繁色艳，适于作疏林地被植物，作花境、花坛、园路、台阶、岩石、景石、假山的点缀花卉，景观优美，多用于居住小区、单位庭院、各类公园游园的绿化，也可盆栽观赏。

形态特征： 多年生常绿草本；鳞茎卵形，直径约2.5cm，颈部长2.5～5cm。

花： 花两性，白色，辐射对称，外面常带淡红色，单生于花茎顶端。花茎纤细，中空；佛焰苞状总苞片褐红色，下部管状，顶端2裂，膜质；花梗长约1cm；花被不分花萼和花瓣，几无花被管，花被片6枚，长3～5cm，顶端钝或具短尖头，宽约1cm，近喉部常有很小的鳞片；雄蕊6枚，着生于花被管内，3长3短，长约为花被的1/2，花丝分离，花药背着，黄色；雌蕊花柱细长，柱头不明显3裂，白色。

果： 蒴果近球形，直径约1.2cm，室背3瓣开裂；种子黑色，扁平。

叶： 单叶基生，狭线形，肥厚，亮绿色，长20～30cm，宽2～4mm。

9月 开花植物

9月入秋，豫南仍绿意盎然，凤尾丝兰、野菊、粉黛乱子草、芒、芦苇，不知秋已到来，依然迎风开放。

图 220-1　凤尾丝兰（摄于信阳百花园）

图 220-2　凤尾丝兰（摄于信阳百花园）

图 221-1　野菊（摄于信阳震雷山）

图 221-2　野菊（摄于信阳震雷山）

图 222　粉黛乱子草（摄于信阳彭家湾）

图 223-1　芒（摄于信阳平桥）

图 223-2　芒（摄于信阳百花园）

图 224　芦苇（摄于信阳羊山公园）

220.凤尾丝兰 *Yucca gloriosa*

俗名凤尾兰、剑麻、丝兰。百合科丝兰属。

花期： 9月上旬开花，最佳观赏期9月中下旬至10月上旬，花期9～10月。见图220-1、图220-2。

习性： 喜光，喜温暖湿润气候，适应性强，耐寒、耐旱、耐阴、耐湿、耐瘠薄，喜土层深厚、疏松肥沃、湿润而排水良好的砂质壤土；萌芽力强，生长慢；抗污染。播种、分株、扦插繁殖。

景观应用： 四季常绿，形如凤尾，叶似利剑，花如白玉，高挺直立，花期持久，幽香宜人，姿态优美，是良好的园林观赏植物，孤植、列植、丛植、片植都非常美，植于花坛中央，草坪中点缀，假山、水景、岩石、建筑物配置，景观效果非常好，也可做绿篱、花篱景观，园林中常用于各类公园游园和工厂矿区绿化。由于其叶顶有硬刺，不宜在单位庭院、居住小区、学校等儿童经常活动的地方栽植。

形态特征： 常绿灌木，有时分枝，在豫南通常高不超过1m；根状茎明显，粗短，木质化；根粗壮，肉质。

花： 花大，两性，白色或黄绿色，下垂，排成狭长的圆锥花序。花莛从叶丛抽出，高大而粗壮，通常高1～2m；花序轴有乳突状毛；苞片三角状披针形，长5～6cm，宽1.5～2cm，宿存；花被近钟形，花被片6枚，卵状菱形，两轮，离生，长4～6cm，外轮被片宽约1.5cm，内轮被片宽约2cm；雄蕊6枚，短于花被片，花丝粗厚，上部常外弯，有疏柔毛，花药较小，箭形，"丁"字状背部着生；花柱短，长5～6mm，柱头3裂。

果： 蒴果椭圆形，不开裂，豫南未见结果。种子多数，扁平，常具黑色种皮。

叶： 单叶，近莲座状簇生于茎的顶端，坚硬，近剑形或长条状披针形，厚实，长25～60cm，宽2.5～5cm，全缘，直立斜展，顶端具一硬刺，边缘黄褐色，叶片正面嫩时有白粉，后脱落，微凹，背面灰绿色。

221. 野菊 *Chrysanthemum indicum*

俗名山菊花、疟疾草、路边黄。菊科菊属。

花期： 9月上旬开花，最佳观赏期9月中旬至10月，花期9～11月。见图221-1、图221-2。

习性： 喜光，喜湿，适应性强，耐旱，耐寒，耐瘠薄，不耐阴，喜土层深厚、疏松肥沃、富含腐殖质、排水良好的土壤。播种、扦插、分株繁殖。

景观应用： 以片植为主，作观赏花海，园林中主要应用于各类公园作地被。

形态特征： 多年生草本，高0.25～1m，有地下长或短的匍匐茎；茎直立或铺散，分枝或仅在茎顶有伞房状花序分枝，茎枝被稀疏的毛，上部及花序枝上的毛稍多或较多；植物有气味，无乳汁。

花： 花异型，黄色。头状花序，直径1.5～2.5cm，多数在茎枝顶端排成疏松的伞房圆锥花序或少数在茎顶排成伞房花序；边缘花雌性，舌状，外围1层，中央盘花两性管状；苞片约5层，外层卵形或卵状三角形，长2.5～3mm，中层卵形，内层长椭圆形，长11mm，全部苞片草质，边缘白色或褐色宽膜质，顶端钝或圆；花托突起，半球形，无托毛，无托片；花被舌状或管状，舌状花浅黄色，舌片长10～13mm，顶端全缘或2～3齿，管状花深黄色，顶端5齿裂；雄蕊4～5枚，着生于花冠管上，花药内向，合生成筒状，基部钝，无尾，顶端附片披针状卵形或长椭圆形；两性花花柱分枝线形，上端两裂，顶端截形。

果： 瘦果同形，近圆柱状而向下部收窄，长1.5～1.8mm，不开裂，有5～8条纵脉纹，无冠毛。种子无胚乳。

叶： 单叶互生，卵形、长卵形或椭圆状卵形，长3～7cm，宽2～4cm，羽状半裂、浅裂或分裂不明显而边缘有浅锯齿，裂片顶端尖，基部截形或稍心形或宽楔形，基生叶和下部叶花期脱落；叶柄长1～2cm，柄基无耳或有分裂的叶耳，两面同色或几同色，淡绿色，或干后两面成橄榄色，有稀疏的短柔毛，或下面的毛稍多。

其他用途： 叶、花及全草入药，味苦、辛、凉，清热解毒，疏风散热，散瘀，明目，降血压；花的浸液对杀灭孑孓及蝇蛆也有效。

222. 粉黛乱子草 *Muhlenbergia capillaris*

单子叶植物。禾本科乱子草属。

花期： 9 月上旬开花，最佳观赏期 9 月中旬至 10 月，花期 9～11 月；果熟期 10～12 月。果梗景观可延至 11 月。见图 222。

习性： 喜光，喜温暖湿润气候，稍耐阴，耐旱，耐寒，耐水湿，耐瘠薄，适应性强，在土层深厚、疏松肥沃、排水良好的潮湿酸性或微酸性土壤中生长较好。播种繁殖。

景观应用： 花梗如丝，花序粉紫色，常片植成花海、花坪，远看如一片片、一团团的紫红色云雾，壮观，美丽，也可孤植、丛植，作为花境材料，或点缀配置，观赏性极强，园林中常用于各种公园的绿化。

形态特征： 多年生草本，株高 30～90cm；常具长而被鳞片的匍匐根茎，根茎长 5～30cm，径 3～4.5mm，鳞片硬纸质有光泽；秆质较硬，直立，稍扁，具节，基部径 1～2mm，稍带紫色。

花： 花小，两性，白色带紫并渐变为粉紫色。圆锥花序疏松开展，有时下垂，长 8～27cm，每节簇生数分枝，分枝斜上升或稍开展，细弱；小穗柄粗糙，短于小穗，与穗轴贴生；小穗细小，紫红色或带灰绿色，披针形，长 2～3mm，脱节于颖之上，每穗有花 1 朵，稀 2 朵；颖薄，膜质，白色透明带紫色，先端常尖，常具 1 脉或第一颖无脉，长 0.5～1.2mm，宿存，近于相等或第一颖较短，短于或近等于外稃；外稃膜质，与小穗等长，具浅绿色斑纹，粗糙，先端尖或具 2 齿，下部疏生柔毛，具 3 脉，中脉延伸成芒，其芒纤细，劲直或稍弯曲，紫色或灰绿色；内稃膜质，与外稃等长，具 2 脉；鳞被 2 枚，小；雄蕊 2～3 枚，长 1～1.8mm，花药黄色；花梗细长，丝状，粉紫色，先端棍棒状增厚。

果： 颖果细长，圆柱形或稍扁压。种子椭圆形，棕褐色。

叶： 单叶互生，叶片扁平，狭披针形，先端渐尖，两面及边缘粗糙，深绿色，长 4～14cm，宽 4～10mm；叶鞘疏松，平滑无毛，短于节间；叶舌膜质，长约 1mm，无毛或具纤毛。

223. 芒 *Miscanthus sinensis*

俗名芒草。单子叶植物，禾本科芒属。

花期： 9 中旬开花，最佳观赏期 9 月下旬至 10 月中旬，花期 9～11 月；果熟期 10～12 月。观花观叶效果均较好。见图 223-1、图 223-2。

习性： 喜光，喜温暖湿润气候，耐旱，稍耐寒，适应性强，在土层深厚、疏松肥沃的酸性、微酸性土壤中生长较好；根状茎发达，萌蘖能力强。分株、播种繁殖。

景观应用： 花序大，植株丛生，叶如飘带，形态优美，常与假山、岩石、水景配置，园林中多用于街头花境和各种公园游园的绿化。

形态特征： 多年生草本；秆高 1～2m，无毛或在花序以下疏生柔毛，中空，节处之内有横隔板。

花： 圆锥花序大型，顶生，直立，长 15～40cm，由多数总状花序沿一延伸的主轴排列而成；主轴无毛，延伸至花序的中部以下，短于分枝，节与分枝腋间具柔毛；分枝较粗硬，直立，不再分枝或基部分枝具第二次分枝，长 10～30cm；小枝节间三棱形，边缘微粗糙，短柄长 2mm，长柄长 4～6mm；小穗同形，常孪生于各节，披针形，长 4.5～5mm，黄色有光泽，具不等长的小穗柄，基盘具等长于小穗的白色或淡黄色的丝状毛，花两性，第一小花常不发育；两颖近相等，厚纸质至膜质，第一颖背腹压扁，边缘内折成 2 脊，顶具 3～4 脉，边脉上部粗糙，顶端渐尖，背部无毛；第二颖舟形，常具 1 脉，粗糙，上部内折之边缘具纤毛；外稃透明膜质，第一外稃长圆形，内空，长约 4mm，边缘具纤毛；第二外稃明显短于第一外稃，先端 2 裂，裂片间具 1 芒，芒长 9～10mm，棕色，膝曲，芒柱稍扭曲，长约 2mm；内稃微小，第一内稃存在或否，第二内稃长约为其外稃的 1/2；雄蕊 3 枚，花药长 2～2.5mm，稃褐色，先雌蕊而成熟；花柱 2，甚短，柱头羽状，长约 2mm，紫褐色，从小穗中部之两侧伸出；鳞被 2 枚，楔形。

果： 颖果长圆形，暗紫色，胚大型。

叶： 叶鞘无毛，长于其节间；叶舌膜质，长 1～3mm，顶端及其后面具纤毛；叶片扁平宽大，线形，长 20～50cm，宽 6～10mm，下面疏生柔毛及被白粉，边缘粗糙。

品种： 花叶芒，又称斑叶芒，叶片有黄白色的条纹或斑块，观赏性强。

其他用途： 秆纤维用途较广，作造纸原料等。

224. 芦苇 *Phragmites australis*

俗名芦、苇、葭、蒹。单子叶植物，禾本科芦苇属。

花期： 9 月中旬开花，最佳观赏期 9 月下旬至 10 月上中旬，花期 9～10月。观花观叶效果均较好。见图 224。

习性： 喜光，喜温暖湿润气候，喜湿，不耐寒，在土层深厚、肥沃的浅水或低湿地中生长较好；根状茎发达，萌蘖能力强。分株、播种繁殖。

景观应用： 花穗长而美丽，植株形态优美，园林中常用于各种公园游园的水景和湿地绿化，野趣十足。

形态特征： 多年生水生草本，横走根状茎发达，深 50cm 左右；秆直立，高 1～3m，直径 1～4cm，具 20 多节，基部和上部的节间较短，最长节间 20～25cm，节间中空，节处之内有横隔板，节下被蜡粉。

花： 圆锥花序大型，长 20～40cm，宽约 10cm，分枝多数，长5～20cm，着生稠密下垂的小穗；小穗柄长 2～4mm，无毛；小穗两性，长约 12mm，含 4 花；颖具 3 脉，不等长，第一颖长 4mm，第二颖长约 7mm，顶端尖；第一不孕外稃雄性，长约 12mm，第二外稃长 11mm，狭披针形，具 3 脉，顶端长渐尖，无毛，基盘延长，两侧密生等长于外稃的丝状柔毛，与无毛的小穗轴相连接处具明显关节，成熟后易自关节上脱落；内稃长约3mm，两脊粗糙；鳞被 2 枚；雄蕊 3 枚，花药长 1.5～2mm，黄色。

果： 颖果，长约 1.5mm。

叶： 叶鞘下部短于而上部长于其节间；叶舌厚膜质，边缘密生一圈长约1mm 的短纤毛，两侧缘毛长 3～5mm，易脱落；叶片宽大，披针状线形，长30cm，宽 2cm，无毛，顶端长渐尖成丝形。

其他用途： 秆为造纸原料或作编席织帘及建棚材料，根状茎供药用。

10月 开花植物

　　10月是收获的季节，10月也是充满诗
意的季节；10月硕果累累；10月，茶、雪
松、木芙蓉、胡颓子、芦竹、菊花始开放。

图 225　茶（摄于信阳震雷山）

图 226　雪松（摄于信阳浉河）

图 227　木芙蓉（摄于信阳百花园）

图 228　胡颓子（摄于信阳平桥）

图 229　芦竹（摄于信阳彭家湾）

图 230-1　菊花（摄于信阳百花园）

图 230-2　菊花（摄于信阳百花园）

图 230-3　菊花（摄于信阳百花园）

图 230-4　菊花（摄于信阳百花园）

225. 茶 *Camellia sinensis*

俗名茶树、槚、茗。山茶科山茶属。

花期： 10月上旬开花，最佳观赏期10～11月，花期可持续至翌年1月。观叶植物，常绿，一年四季观赏效果均较好。见图225。

习性： 喜光，喜紫外线光照，忌强光，稍耐阴，喜温暖湿润气候，喜云雾环境，耐旱，不耐寒，不耐积水，喜土层深厚、疏松肥沃、有机质含量高、湿润而又排水良好的酸性和微酸性砂质壤土；萌芽力强，耐修剪；生长慢，寿命长。播种、扦插繁殖。

景观应用： 四季常绿，花朵洁白如雪，秋冬开化，花期较长，是优良的园林绿化树种，孤植、丛植、列植、片植，都有较好的景观效果，园林中常用于道路绿化、广场绿地及各类公园游园绿化。

植物文化： 中国茶文化博大精深，源远流长，茶圣陆羽，茶仙卢全，茶痴白居易，文豪苏东坡、词人李清照等文人志士都与茶有不解之缘，我国天南海北、古今之人，不分地位高低，均喜饮茶，茶，可谓国饮。唐代陆羽《茶经》曰：“茶者，南方之嘉木也”“啜苦咽甘，茶也”“茶茗久服，令人有力、悦志”；唐代卢全《走笔谢孟谏议寄新茶》诗中曰“一碗喉吻润，二碗破孤闷，三碗搜枯肠，惟有文字五千卷。四碗发轻汗，平生不平事，尽向毛孔散。五碗肌骨清，六碗通仙灵。七碗吃不得也，唯觉两腋习习清风生”；大诗人白居易“爱酒不嫌茶”，品茶、赏茶、种茶、制茶样样精通，其诗“春泥秧稻暖，夜火焙茶香”“嫩剥青菱角，浓煎白茗芽”“夜来一两勺，秋吟三数声”“鼻香茶热后，腰暖日阳中”“游罢睡一觉，觉来茶一瓯”“小盏吹醅尝冷酒，深炉敲火炙新茶”，一年四季时刻不离茶；郑愚《茶诗》赞道“嫩芽香且灵，吾谓草中英。夜臼和烟捣，寒炉对雪烹。惟忧碧粉散，常见绿花生。最是堪珍重，能令睡思清”；唐代诗人元稹作宝塔诗《一七令·茶》“茶。香叶，嫩芽。慕诗客，爱僧家。碾雕白玉，罗织红纱。铫煎黄蕊色，碗转曲尘花。夜后邀陪明月，晨前命对朝霞。洗尽古今人不倦，将至醉后岂堪夸”；网络东都漫士的七令《十大名茶》妙趣横生：“茶，嘉木－客迎，不夜侯－涤烦情，陆羽撰经－徽宗论评，安溪铁观音－岳阳君山茸，信阳毛尖汤绿－武夷岩茶色橙，杭州龙井旗枪尖－苏州洞庭碧螺形，庐山云雾翠绿－六安瓜片分明，台湾产乌龙－安徽出祁红，中药不分－酒病解醒，诗为友－文为朋，春芽－植灵，茗"；白居易邀"绿蚁新醅酒，红泥小火炉。晚来天欲雪，能饮一杯无？"

形态特征：常绿小乔木或乔木，常剪成灌木状，嫩枝无毛。

花：花两性，白色，1～3朵腋生。花柄长4～6mm，有时稍长；苞被分化为苞片及萼片，苞片2枚，早落；萼片5枚，阔卵形至圆形，长3～4mm，无毛，宿存；花瓣5～6枚，阔卵形，长1～1.6cm，基部略连合，背面无毛，有时有短柔毛；雄蕊长8～13mm，2～3轮，基部连生1～2mm，外轮近离生；花柱无毛，先端3裂，裂片长2～4mm。

果：蒴果1～3球形，有中轴，顶端3瓣开裂，高1.1～1.5cm，每球有种子1～2粒。种子圆球形或半圆形，种皮角质，胚乳丰富。

叶：叶革质，互生，长圆形或椭圆形，长4～12cm，宽2～5cm，先端钝或尖锐，基部楔形，上面发亮，下面无毛或初时有柔毛；羽状脉，侧脉5～7对，边缘有锯齿；叶柄长3～8mm，无毛；无托叶。

品种：长期广泛栽培，个体变化较大，品种较多，如信阳毛尖、江苏碧螺春、西湖龙井、君山银针、黄山毛峰、武夷岩茶、祁门红茶、都匀毛尖、六安瓜片、安溪铁观音等。其中信阳产的信阳毛尖为我国十大名茶之一，大文豪苏东坡曰"淮南茶，光州第一"，即为大别山区的特产信阳毛尖。

其他用途：种子可榨油，嫩芽嫩叶可食用，经加工为上等茶叶饮料。

226. 雪松 *Cedrus deodara*

俗名塔松、香柏、喜马拉雅雪松。裸子植物。松科雪松属。

花期：10月下旬开花，最佳观赏期10月下旬至11月，花期10～12月；果于翌年10月成熟。针叶植物，四季常绿，观叶效果极佳。见图226。

习性：喜光，喜温凉湿润气候，耐旱、耐寒、耐瘠薄，适应性强，喜土层深厚、疏松肥沃、排水良好的酸性或微酸性砂质壤土。播种、扦插繁殖。

景观应用：四季常绿，树形如塔，高大雄伟，叶如针芒，是豫南地区最常用的园林绿化树种之一，可孤植、列植、丛植成景，可与花灌木、地被搭配，与景石、水系、假山、建筑小品配置，层次分明，错落有致，色彩丰富，多用于道路行道树、城市节点、广场绿地及各类公园绿化。

形态特征：常绿乔木，高达50m，胸径达3m；树皮深灰色，裂成不规则的鳞状块片；枝平展、斜展或微下垂，基部宿存芽鳞向外反曲，有长短枝，小枝常下垂，一年生长枝淡灰黄色，密生短茸毛，微有白粉，2～3年生枝呈灰色、淡褐灰色或深灰色。冬芽小，有芽鳞。

花：球花单性，直立，雌雄同株，单生短枝顶端。雄球花长卵圆形或椭圆状卵圆形，长2～3cm，径约1cm，雄蕊多数，螺旋状着生，花丝极短，花药纵裂，花粉无气囊；雌球花卵圆形，淡紫色，长约8mm，径约5mm，珠鳞多数，螺旋状着生，珠鳞背面托短小苞鳞，腹面基部有2枚倒生胚珠，花期时珠鳞小于苞鳞，花后珠鳞增大发育成种鳞。

果：球果翌年成熟，直立，成熟前淡绿色，微有白粉，熟时红褐色，张开，卵圆形或宽椭圆形，长7～12cm，径5～9cm，顶端圆钝，有短梗；种鳞木质，宽大，排列紧密，中部种鳞扇状倒三角形，长2.5～4cm，宽4～6cm，上部宽圆，边缘内曲，中部楔状，下部耳形，基部爪状，鳞背密生短茸毛，腹面有2粒种子；苞鳞短小。种子近三角状，种翅宽大，膜质，比种子长，连同种子长2.2～3.7cm。

叶：叶针形，坚硬，绿色，常成三棱状，基部包有叶鞘，长枝上叶螺旋状散生、辐射伸展，短枝上叶簇生状，长2.5～5cm，宽1～1.5mm，先端锐尖，腹面两侧各有2～3条气孔线，背面4～6条，幼时气孔线有白粉；叶脱落后有隆起的叶枕。

227.木芙蓉 *Hibiscus mutabilis*

俗名芙蓉花、酒醉芙蓉。锦葵科木槿属。

花期：10月上旬开花，最佳观赏期10月中下旬至11月上旬，花期10～11月。见图227。

习性： 喜光，稍耐阴，喜温暖湿润气候，不耐寒，不耐旱，耐水湿，喜土层深厚、疏松肥沃、湿润而又排水良好的砂壤土；生长较快，萌蘖性强；对二氧化硫抗性较强；豫南露地栽植冬季地上部分常冻死，第二年春季根部萌发新枝，秋季正常开花。分株、播种、压条、扦插繁殖。

景观应用： 花大色艳，花团锦簇，是园林常用树种，可孤植、丛植、片植，多以丛植为主，点缀在墙边、路旁、厅前、溪畔，配置在假山、景石、小品、建筑侧旁，作花境、花篱、花墙均可，尤以水畔为佳，开花时花影凌波，相映成趣，于寂寞秋水中更显妖娆，园林中多用于单位庭院、居住小区、城市节点、道路绿化、广场绿地、各类公园和工厂矿区绿化。诗人苏东坡赞木芙蓉"溪边野芙蓉，花水相媚好。坐看池莲尽，独伴霜菊槁"。

形态特征： 落叶灌木，高 2～5m；小枝、叶柄、花梗和花萼均密被星状毛与直毛相混的细绵毛。

花： 花大，两性，美丽，初开时淡红色或白色，后变深红色，直径约 8cm，辐射对称，单生于枝端叶腋间，直立。花梗长 5～8cm，密被星状绵毛，近端具节；小苞片 8 枚，线形，长 10～16mm，宽约 2mm，密被星状绵毛，基部合生；萼钟形，长 2.5～3cm，裂片 5 枚，卵形，先端渐尖，宿存；花瓣 5 枚，近圆形，直径 4～5cm，外面被毛，基部具髯毛，基部与雄蕊柱合生；雄蕊柱长 2.5～3cm，无毛，不伸出花冠外，外面着生花药多数，生于柱顶；花柱枝 5 裂，疏被毛，柱头头状。

果： 蒴果扁球形，直径约 2.5cm，被淡黄色刚毛和绵毛，室背开裂。种子肾形，背面被长柔毛。

叶： 单叶互生，坚纸质，宽卵形至圆卵形或心形，直径 10～15cm，掌状分裂，常 5～7 裂，裂片三角形，先端渐尖，具钝圆锯齿，上面疏被星状细毛和点，下面密被星状细茸毛；掌状叶脉，主脉 7～11 条；叶柄长 5～20cm；托叶披针形，长 5～8mm，常早落。

变型： 重瓣木芙蓉，花重瓣。

其他用途： 花叶供药用，有清肺、凉血、散热和解毒之功效。

228. 胡颓子 *Elaeagnus pungens*

俗名羊奶子、三月枣、柿模、蒲颓子、半含春等。胡颓子科胡颓子属。

花期： 10 月上旬开花，最佳观赏期 10 月中旬至 11 月中旬，花期 10～12 月，有时翌年 3～4 月仍有花开；果熟期翌年 5～6 月。见图 228。

习性： 喜光，喜温暖湿润气候，耐寒，耐旱，稍耐阴，耐瘠薄，不耐涝，适应性强，在土层深厚、疏松肥沃、排水良好的壤土中生长较好。播种、扦插繁殖。

景观应用： 花、果具观赏性，可做花篱、花境和景观点缀，园林中多用于单位庭院、居住小区、各类公园绿化。

形态特征： 常绿直立灌木，高 3～4m；具刺，刺顶生或腋生，长 20～40mm，有时较短，深褐色；幼枝微扁棱形，密被锈色鳞片，老枝鳞片脱落，黑色，具光泽。

花： 花两性，白色或淡白色，下垂，密被鳞片，1～3 花生于叶腋锈色短小枝上。花梗长 3～5mm；萼筒圆筒形或漏斗状圆筒形，长 5～7mm，下部紧包围子房，在子房上骤收缩，上部裂片 4 枚，三角形或矩圆状三角形，长 3mm，顶端渐尖，内面疏生白色星状短柔毛；无花瓣；雄蕊 4 枚，着生于萼筒喉部，与裂片互生，花丝极短，分离，花药矩圆形，长 1.5mm；花柱单一，直立，无毛，细弱伸长，上端微弯曲，超过雄蕊，柱头偏向一边膨大或棒状。

果： 坚果椭圆形，长 12～14mm，为膨大肉质化的萼管所包围，呈核果状，幼时被褐色鳞片，成熟时红色；果核椭圆形，具 8 肋，果核内面具白色丝状绵毛；果梗长 4～6mm。

叶： 单叶互生，革质，椭圆形或阔椭圆形，长 5～10cm，宽 1.8～5cm，两端钝形或基部圆形，全缘，边缘微反卷或皱波状，上面幼时具银白色和少数褐色鳞片，成熟后脱落，具光泽，干燥后褐绿色或褐色，下面密被银白色和少数褐色鳞片；羽状叶脉，侧脉 7～9 对，与中脉开展成 50°～60° 的角，近边缘分叉而互相连接，上面显著凸起，下面不甚明显，网状脉在上面明显，下面不清晰；叶柄深褐色，长 5～8mm；无托叶。

其他用途： 种子、叶和根可入药，种子可止泻，叶治肺虚短气，根治吐血及煎汤洗疮疥有一定疗效。果实味甜，可生食，可酿酒和熬糖。茎皮纤维可造纸和人造纤维板。

229. 芦竹 *Arundo donax*

单子叶植物，禾本科芦竹属。

花期： 10月上旬开花，最佳观赏期10月，花期10～11月；果熟期11～12月。观花观叶效果均佳。见图229。

习性： 喜光，喜温暖湿润气候，喜水湿，不耐寒，在土层深厚、肥沃的浅水或低湿地中生长较好；根状茎发达，萌蘖能力强。分株、播种繁殖。

景观应用： 花序大而美，植株高挺，叶如飘带，形态优美，园林中常用于各种公园游园的水景和湿地绿化。

形态特征： 多年生草本，具发达匍匐根状茎；秆粗大直立，高 3～6m，直径 1～3.5cm，坚韧，具多数节，节间中空，节处之内有横隔板，常生分枝。

花： 圆锥花序极大型，长 30～90cm，分枝稠密，斜升，具多数小穗；小穗两性，长 10～12mm，含 2～4 朵小花，两侧压扁；小穗轴脱节于孕性花之下，轴节长约 1mm；两颖近相等，约与小穗等长或稍短，披针形，具 3～5 脉；外稃宽披针形，厚纸质，背部近圆形，无脊，通常具 3 条主脉，中脉延伸成 1～2mm 之短芒，背面中部以下密生长柔毛，第一外稃长约1cm；内稃长约为外稃之半；雄蕊 3 枚，花药长 2～3mm。

果： 颖果细小黑色。

叶： 叶鞘平滑，长于节间，无毛或颈部具长柔毛；叶舌截平，纸质，长约 1.5mm，先端及边缘具短纤毛；叶片宽大扁平，条状披针形，长 30～50cm，宽 3～5cm，上面与边缘微粗糙，基部白色，抱茎。

品种： 花叶芦竹，叶片具黄白色纵长条纹或斑块。

其他用途： 秆为制管乐器中的簧片，茎是优质纸浆和人造丝的原料；幼嫩枝叶的粗蛋白质达 12%，是牲畜的良好青饲料。

230. 菊花 *Chrysanthemum × morifolium*

俗名秋菊、鞠。菊科菊属。

花期：10 月中旬开花，最佳观赏期 10 月下旬至 11 月，花期可持续到 12 月；果熟期翌年 1～2 月。见图 230-1 至图 230-4。

习性：喜光，喜肥，喜温暖湿润气候，适应性强，耐旱，耐寒，耐瘠薄，不耐阴，不耐水湿，喜土层深厚、疏松肥沃、富含腐殖质、排水良好的微酸性和中性砂壤土；短日照植物，花期长，耐修剪。播种、扦插、分株、压条繁殖。

景观应用：菊花品种繁多，花形多样，颜色丰富，绚烂多彩，凌霜绽妍，是我国"十大名花"之一，也是"世界四大鲜切花"之一，是秋的象征。菊花孤植、丛植、片植均可，与假山岩石构景，与亭台楼阁配置，与单位小区相伴，与各种乔灌相依，美观大方，淡雅清爽，是花境组合常用的花卉植物。我国人民自古就有栽菊赏菊的习惯，点缀于房前屋后，盆栽于室内厅堂，大立菊千朵齐放、气势壮观，悬崖菊险奇飘逸、野趣横生，塔菊层次分明、庄严挺拔，造型菊形式多样、灵动活泼，盆景菊清新雅致、端庄秀丽，还能培植成菊塔、菊桥、菊篱、菊亭、菊门、菊球等精美的造型，适宜于各类居住小区、单位庭院、城市节点、道路绿化、广场绿地及各类公园绿化。

植物文化：菊花与梅、兰、竹并称为"花中四君子"，自古以来为世人所称道，是文人吟诗作画、抒情言志的对象，国画有吴昌硕的《菊花图》、娄师白的《菊》等，诗词则更多，陶渊明的《饮酒其五》、孟浩然的《过故人庄》、黄巢的《题菊花》、白居易的《咏菊》、李商隐的《菊花》，等等。晋代陶渊明的《饮酒其五》"采菊东篱下，悠然见南山"，反映了其不近繁华，不慕名利，洁身自爱，与自然相伴的悠闲生活；唐代李商隐的《菊花》"暗暗淡淡紫，融融冶冶黄。陶令篱边色，罗含宅里香。几时禁重露，实是怯残阳。愿泛金鹦鹉，升君白玉堂"，既描写了菊花的雅色和清香，赞扬了菊花凌霜傲骨的品格，又表达了自己想入朝为官的愿望；而唐代黄巢的《题菊花》"飒飒西风满院栽，蕊寒香冷蝶难来。他年我若为青帝，报与桃花一处开"，豪迈、大气，通过菊花表达了作者对封建剥削社会的不满，追求人人平等的抱负。

形态特征：多年生草本，高 60～150cm；茎直立，被柔毛，有气味，无乳汁。

花：头状花序单生或数个集生于茎枝顶端，直径 2.5～20cm，大小不一；花异型，边缘花雌性，外围 1 层或多层舌状，中央盘花两性管状；苞片多层，草质，边缘白色、褐色、棕褐色或黑褐色膜质，外层外面被柔毛；花托突起，半球形，无托毛，无托片；花被管状或舌状，舌状花黄色、白色、紫色、红色等，颜色各异，长短、大小不一，长 5mm 以上，管状花黄色，顶端 5 齿裂；雄蕊 4～5 枚，着生于花冠管上，花药内向，合生成筒状，基部钝，无尾，顶端附片披针状卵形或长椭圆形；两性花花柱分枝线形，上端两裂，顶端截形。

果：瘦果同形，近圆柱状而向下部收窄，不开裂，有 5～8 条纵脉纹，无冠毛。种子无胚乳。

叶：单叶互生，卵形至披针形，长 5～15cm，羽状浅裂或半裂，基部楔形，下面被白色短柔毛，裂片顶端圆或钝；有短柄。

品种：菊花是我国传统栽培花卉之一，品种非常多，根据花的大小有大菊、中菊、小菊，根据花的颜色有单色菊、复色菊，根据栽培方式有盆栽菊、地被菊、切花菊、造型菊，根据花瓣形状有平瓣菊、匙瓣菊、管瓣菊、桂瓣菊、畸瓣菊等。

其他用途：花是清凉药，味寒、甘苦、散风清热，明目平肝；可食用，制作菊花茶、菊花酒、菊花糕等。

11月 开花植物

自古逢秋悲寂寥，我言秋日胜春朝。虽是秋末冬初，仍有枇杷、八角金盘、油茶、茶梅盛开，不逊桃李芬芳。

图 231 枇杷（摄于信阳百花园）

图 232 八角金盘（摄于信阳羊山）

图 233 油茶（摄于新县）

图 234-1 茶梅（摄于信阳新县）

图 234-2　茶梅（摄于信阳）

231. 枇杷 *Eriobotrya japonica*

俗名卢桔、卢橘、金丸。蔷薇科枇杷属。

花期： 11 月上旬开花，有时 10 月下旬开花，最佳观赏期 11 月上旬至 12 月上旬，花期 11 ～ 12 月；果熟期翌年 5 ～ 6 月。常绿树种，观叶效果较好。见图 231。

习性： 喜光，耐半阴，喜温暖湿润气候，不耐寒，不耐旱，适宜土层深厚、疏松肥沃、湿润而排水良好的微酸性砂质壤土。播种、嫁接繁殖。

景观应用： 四季常绿，叶片大，花形美，可孤植、丛植、片植成景，是豫南常用的常绿树种之一。

形态特征： 常绿小乔木，高达 5m；小枝粗壮，黄褐色，密生锈色或灰棕色茸毛。冬芽常具数个鳞片。

花： 花两性，白色，径 12 ～ 20mm。圆锥花序顶生，长 10 ～ 19cm，具多花；总花梗和花梗密生锈色茸毛，花梗长 2 ～ 8mm；苞片钻形，长 2 ～ 5mm，密生锈色茸毛；萼筒浅杯状，长 4 ～ 5mm，萼片 5 枚，三角卵形，长 2 ～ 3mm，先端急尖，宿存，萼筒及萼片外面有锈色茸毛；花瓣 5 枚，长圆形或卵形，长 5 ～ 9mm，宽 4 ～ 6mm，基部具爪，有锈色茸毛；雄蕊 20 枚，远短于花瓣，花丝基部扩展；花柱 5 枚，离生，柱头头状，无毛。

果： 梨果球形或长圆形，直径 2 ～ 5cm，黄色或橘黄色，外有锈色柔毛，不久脱落；外果皮和中果皮肉质，内果皮膜质。种子 1 ～ 5 粒，球形或扁球形，直径 1 ～ 1.5cm，褐色，光亮，种皮纸质。

叶： 单叶互生，革质，披针形、倒披针形、倒卵形或长椭圆形，长 12 ～ 30cm，宽 3 ～ 9cm，先端急尖或渐尖，基部楔形或渐狭成叶柄，上部边缘有疏锯齿，基部全缘，上面光亮，多皱，下面密生灰棕色茸毛；羽状网脉，侧脉直出 11 ～ 21 对；叶柄短或几无柄，长 6 ～ 10mm，有灰棕色茸毛；托叶钻形，长 1 ～ 1.5cm，先端急尖，有毛。

其他用途： 果供生食、蜜饯和酿酒用；叶可供药用，有化痰止咳、和胃降气之效。

232. 八角金盘 *Fatsia japonica*

俗名手树、手掌树。五加科八角金盘属。

花期： 11 月上旬开花，有时 10 月下旬开花，最佳观赏期 11 月上旬至 12 月上旬，花期 11～12 月；果熟期翌年 4～5 月。常绿植物，观叶效果极佳。见图 232。

习性： 喜温暖湿润气候，耐阴，耐水湿，不耐寒，不耐旱，适宜土层深厚、疏松肥沃、湿润而排水良好的微酸性砂质壤土；生长快，萌芽力强；能抗二氧化硫。扦插、播种、分株繁殖。

景观应用： 四季常青，叶片硕大，形如手掌，叶形优美，是林下及阴湿地常用绿化植物，可与建筑、桥体、岩石、墙体、假山、水系及乔木配置，可孤植、丛植、片植成景，多用于单位庭院、居住小区、广场绿地、公园游园及矿区工厂绿化，也可盆栽观赏。

形态特征： 常绿灌木；枝幼时有棕色长茸毛，后渐脱落。

花： 花两性，白色或黄绿色。伞形花序组成圆锥花序，顶生，长 20～40cm，基部分枝长 14cm，密生褐色茸毛，伞形花序直径 3～5cm，有花 20 朵，花序轴被褐色茸毛；花萼筒短，全缘，无毛；花瓣 5 枚，卵状三角形，长 2.5～3cm，无毛；雄蕊 5 枚，花丝线形，与花瓣等长；花柱 5 枚，分离，花盘上位，肉质，凸起半圆形。

果： 果球形，直径 5mm，熟时黑色。

叶： 单叶互生，叶片大，近圆形，革质，直径 12～30cm，掌状 7～9 深裂，常 8 裂，裂片长椭圆状卵形，先端短渐尖，基部心形，幼时有棕色茸毛，后无毛，边缘有疏锯齿，上表面深亮绿色，下面色较浅，有粒状突起，边缘有时呈金黄色；叶脉放射状，主脉与裂片同数，两面隆起，侧脉及网脉下面稍显著；叶柄长 10～30cm，与叶近等长，无毛；托叶不明显。

233. 油茶 *Camellia oleifera*

俗名野油茶、山油茶。山茶科山茶属。

花期： 11 月中旬开花，最佳观赏期 11 月中下旬至翌年 1 月，花期 11 月至翌年 2 月。见图 233。

习性： 喜光，喜温暖湿润气候，喜肥，稍耐阴，耐旱，不耐寒，不耐积水，在土层深厚、疏松肥沃、有机质含量高、湿润而又排水良好的酸性或微酸性砂质壤土中生长较好；生长中等，寿命长。播种、扦插、嫁接繁殖。

景观应用： 油茶四季常绿，花朵洁白如雪，冬季开化，花期较长，是优良的园林绿化树种，孤植、丛植、列植、片植，都有较好的景观效果，园林中常用于道路绿化、广场绿地及各类公园绿化。

形态特征： 常绿灌木或小乔木；嫩枝有粗毛。

花：花白色，单朵顶生，两性，近于无柄。苞被未分化，苞片与萼片约 10 枚，由外向内逐渐增大，阔卵形，长 3～12mm，背面有贴紧柔毛或绢毛，花后脱落；花瓣 5～7 枚，倒卵形，长 2.5～3cm，宽 1～2cm，有时较短或更长，先端凹入或 2 裂，基部狭窄，近于离生，背面有丝毛，至少在最外侧的有丝毛；雄蕊长 1～1.5cm，外侧雄蕊仅基部略连生，偶有花丝管长达 7mm 的，无毛，花药黄色，背部着生；花柱长约 1cm，无毛，先端不同程度 3 裂。

果：蒴果大，球形或卵圆形，直径 2～4cm，有中轴，3 室或 1 室，3 片或 2 片裂开，每室有种子 1 粒或 2 粒，果片厚 3～5mm，木质，中轴粗厚；苞片及萼片脱落后留下的果柄长 3～5mm，粗大，有环状短节。种子圆球形或半圆形，种皮角质，胚乳丰富。

叶：叶革质，互生，椭圆形、长圆形或倒卵形，先端尖而有钝头，有时渐尖或钝，基部楔形，长 5～7cm，宽 2～4cm，有时较长，上面深绿色，发亮，中脉有粗毛或柔毛，下面浅绿色，无毛或中脉有长毛，边缘有细锯齿，有时具钝齿；羽状脉，侧脉在上面能见，在下面不很明显；叶柄长 4～8mm，有粗毛；无托叶。

品种：单籽油茶，变种，叶片、花、果均较小，果 1 室，有种子 1 粒。

其他用途：种子榨油，可食用。

234. 茶梅 *Camellia sasanqua*

俗名茶梅花。山茶科山茶属。

花期：花大而红艳，11 月中旬开花，最佳观赏期 11 月下旬至翌年 2 月，花期 11 月至翌年 3 月。见图 234-1、图 234-2。

习性：半喜光，耐阴，忌强光，喜温暖湿润气候，不耐旱，不耐寒，适生于土层深厚、疏松肥沃、湿润而又排水良好、富含腐殖质的酸性或微酸性砂质壤土中；抗病性较强，病虫害少；生长慢，寿命长。播种、嫁接、扦插繁殖。

景观应用：四季常绿，花朵红艳美丽，花期较长，孤植、丛植、列植、片植，都有较好的景观效果，与假山岩石构景，与亭台楼阁配置，与乔木高低呼应，点缀于小区庭院一角，建茶梅专类园，或盆栽于室内厅堂，美观、大方，园林中常用于居住小区、单位庭院、广场绿地及各类公园游园绿化。

形态特征：常绿灌木，嫩枝有毛。

花：花两性，红色，大小不一，直径 4～7cm，单朵顶生，无柄。苞被不分化，苞及萼片 6～7 枚，被柔毛，脱落；花瓣 6～7 枚，阔倒卵形，近离生，大小不一，最大的长 5cm，宽 6cm；雄蕊离生，长 1.5～2cm；花柱长 1～1.3cm，3 深裂几达基部。

果：蒴果球形，宽 1.5～2cm，1～3 室，有中轴，果爿 3 裂。种子褐色，无毛，圆球形或半圆形，种皮角质，胚乳丰富。

叶：叶革质，互生，椭圆形，长 3～5cm，宽 2～3cm，先端短尖，基部楔形，有时略圆，上面干后深绿色，发亮，下面褐绿色，无毛；羽状脉，侧脉 5～6 对，在上面不明显，在下面能见，网脉不显著，边缘有细锯齿；叶柄长 4～6mm，稍被残毛；无托叶。

12月 开花植物

朔风吹同云，万木不敢芳。年末岁尾，风霜雪雨，唯有蜡梅送幽香。

图 235-1　蜡梅（摄于信阳平桥羊山）

图 235-2　蜡梅（摄于信阳平桥）

图 235-3　蜡梅（摄于信阳平桥）

图 235-4　蜡梅（摄于信阳平桥）

235. 蜡梅 *Chimonanthus praecox*

俗名腊梅、梅花、黄梅花、蜡木、大叶蜡梅等。蜡梅科蜡梅属。

花期: 12月中旬开花,最佳观赏期12月下旬至翌年2月,花期12月至翌年3月;果熟期翌年9～10月。见图235-1至图235-4。

习性: 半喜光,喜温暖湿润气候,耐旱,耐寒,耐阴,怕风,怕水涝,喜土层深厚、疏松肥沃、排水良好的中性或微酸性土壤;萌枝能力强,耐修剪;生长中等,寿命长。分株、播种、压条繁殖。

景观应用: 蜡梅花艳香凝,娇俏秀丽,冰雕玉琢,凌寒傲雪,观赏性极强,是高雅名贵的园林绿化植物,多用于居住小区、单位庭院、公园游园栽植,漏窗透景,情幽意远,与景石、建筑、假山配置,古朴典雅,相得益彰,作盆景造型,或雅致,或苍劲,或飘逸,更体现出蜡梅的高风亮节。

植物文化: 蜡梅不与百花争艳,却在冰天雪地中独自开放。余秋雨形容蜡梅的花"冷艳",是"天底下的至色至香,只能与清寒相伴随""是一种高雅淡洁的清香,花瓣黄得不夹一丝混浊,轻得没有质地,只剩片片色影,娇怯而透明";宋代词人辛弃疾谓蜡梅"百花头上开,冰雪寒中见",并推荐为插花的上等材料,"折我最繁枝,还许冰壶荐";曾几描写蜡梅"江梅难以蜡妆成,女手虽工未必能";郑刚中称赞蜡梅"缟衣仙子变新装,浅染春前一样黄。不肯皎然争腊雪,只将孤艳付幽香"。蜡梅凌霜,花开一岁除;蜡梅傲雪,香盈新年首。

形态特征: 落叶灌木,直立,常丛生,高达4m;幼枝四方形,老枝近圆柱形,灰褐色,有皮孔;有油细胞;鳞芽裸露,通常着生于第二年生的枝条叶腋内,芽鳞片近圆形,覆瓦状排列、外面被短柔毛。

花: 花艳,两性,蜡黄色或黄白色,芳香,直径2～4cm,腋生,先花后叶,辐射对称;花梗短;花被片15～25枚,膜质,有紫红色条纹,圆形、长圆形、倒卵形、椭圆形或匙形,长5～20mm,宽5～15mm,螺旋状着生于花托外围,无毛,被片内短外长,基部有爪;雄蕊两轮,外育内败,育蕊5～6枚,长4mm,着生于花托上,花丝丝状,基部宽而连生,常被微毛,长于花药或等长，退化雄蕊长 3mm，长圆形，着生于雄蕊内面的花托上；花柱长达子房 3 倍，基部被毛；花托杯状。

果： 聚合瘦果，长圆形，着生果托之中，内有种子 1 粒；果托坛状或倒卵状椭圆形，近木质化，长 2～5cm，直径 1～2.5cm，被短柔毛，口部收缩，具钻状披针形被毛附生物。种子无胚乳，胚大，子叶叶状，席卷。

叶： 单叶对生，全缘或近全缘，纸质至近革质，叶面粗糙，卵圆形、椭圆形或长圆状披针形，长 5～25cm，宽 2～8cm，顶端急尖至渐尖，基部急尖至圆形，叶无毛，叶背叶脉上疏微毛，羽脉状，有叶柄；无托叶。

品种： 蜡梅品种很多，名称不够规范，多以花色和花形区分，常见品种有素心梅、磬口梅、金钟梅、狗牙梅、小花蜡梅、虎蹄梅等。

素心梅，花大，淡黄色，花瓣长椭圆形，向后反卷，花芯白色。

磬口梅，花瓣圆润，深黄色，花芯紫色，香气浓郁。

金钟梅，花瓣大，重瓣，形似金钟，香气浓郁。

狗牙梅，花小，花瓣尖，外瓣淡黄色，内瓣有紫条纹，香气浓郁。

小花蜡梅，花小，花瓣外层黄白色，内层花芯紫色条纹状，香气浓郁。

虎蹄梅，花瓣圆，蜡黄色，花芯微带红紫色，状如虎蹄，香气浓郁。

其他用途： 根、叶可药用，理气止痛、散寒解毒，治跌打、腰痛、风湿麻木、风寒感冒、刀伤出血；花解暑生津，治心烦口渴、气郁胸闷；花蕾油治烫伤。花可提取蜡梅浸膏 0.5%～0.6%；种子含蜡梅碱。

参考文献

陈传捷，2001．观叶良材——银叶菊 [J]．中国花卉盆景（2）：13.

陈锋，熊驰，2020．重庆爵床科一新归化种——蓝花草 [J]．耕作与栽培（5）：50–51.

陈霜，田中，2016．新优观赏花卉紫娇花 [J]．农村百事通（23）：25.

戴天澍，敬根才，张清华，等，1991．鸡公山木本植物图鉴 [M]．北京：中国林业出版社，1991.

公木，1994．毛泽东诗词鉴赏 [M]．长春：长春出版社.

古诗文网．https://www.gushiwen.cn.

郭翠娥，王林，2020．美女樱养护管理 [J]．中国花卉园艺（18）：34–35.

郭三梅，2020．美人梅的栽培及管理探索 [J]．中国林副特产（4）.

何燚，2020．早花百子莲庭园种植技术 [J]．现代园艺（5）：69–70.

胡军荣，2008．凤尾兰及其繁殖与应用 [J]．现代园艺（5）：37.

刘艳霞，2012．美丽月见草特性及其绿地栽培养护技术 [J]．现代园艺（9）：18–19.

马万忠，1995．值得推广的宿根花卉松果菊 [J]．中国花卉盆景（11）：36.

（明）李时珍，2002．本草纲目 [M]．北京：中国文史出版社.

史丹，唐菲，丁增成，等，2020．红花槭新品种'中国红' [J]．园艺学报（5）：2917–2918.

苏雪痕，1994．植物造景 [M]．北京：中国林业出版社.

汪舟明，崔娜欣，2006．梭鱼草与再力花 [J]．花木盆景（4）：15.

王遂义，1994.河南树木志 [M]．郑州：河南科学技术出版社.

吴明星，2010．诗经 [M]．长春：吉林出版集团有限责任公司.

余秋雨，1992．腊梅：文化苦旅 [M]．上海：东方出版中心.

张承安，1994．中国园林艺术辞典 [M]．武汉：湖北人民出版社.

张光琴，张莹，胡军荣，等，2013．彩叶树种水果蓝的开发与应用 [J]．北方园艺（5）：85-86.

张学珍，2021．粉黛乱子草的形态特征及栽培技术分析 [J]．现代园艺（10）：22-23.

赵攀，邓涛，丁伟，等，2019．北美海棠的品种特性及在园林中的应用 [J]．南方农业（10）：29.

赵天榜，郑同忠，李长欣，等，1994．河南主要树种栽培技术 [M]．郑州：河南科学技术出版社.

郑艳，2012．金森女贞在徐州园林上的应用及发展前景 [J]．安徽农学通报（12）：165，235.

中国科学院中国植物志编辑委员会，1974～2004．中国植物志 [M/OL]．北京：科学出版社．http://www.iplant.cn/frps.